W0268595

ISBN 978-3-540-04115-3   ISBN 978-3-540-35815-2 (eBook)
DOI 10.1007/978-3-540-35815-2

Fortschritte der chemischen Forschung 10. Band, 1. Heft

In kritischen Übersichten werden in dieser Reihe Stand und Entwicklung aktueller chemischer Forschungsgebiete beschrieben. Sie wendet sich an alle Chemiker in Forschung und Industrie, die am Fortschritt ihrer Wissenschaft teilhaben wollen.

In der Regel werden nur Beiträge veröffentlicht, die ausdrücklich angefordert worden sind. Schriftleitung und Herausgeber sind aber für ergänzende Anregungen und Hinweise jederzeit dankbar. Manuskripte können in den „Fortschritten der chemischen Forschung" in Deutsch oder Englisch veröffentlicht werden.

Jedes Heft der Reihe ist auch einzeln käuflich.

This series presents critical reviews of the present position and future trends in modern chemical research. It is addressed to all research and industrial chemists who wish to keep abreast of advances in their subject.

As a rule, contributions are specially commissioned. The editors and publishers will, however, always be pleased to receive suggestions and supplementary information. Papers are accepted for „Fortschritte der chemischen Forschung" in either German or English.

Single issues may be purchased separately.

Herausgeber:

Prof. Dr. *A. Davison*, Department of Chemistry, Massachusetts Institute of Technology, Cambridge, Mass. 02139/USA – Prof. Dr. *M. J. S. Dewar*, Department of Chemistry, The University of Texas, Austin, Texas 78712/USA – Prof. Dr. *K. Hafner*, Institut für Organische Chemie der TH, 6100 Darmstadt, Schloßgartenstraße 2 – Prof. Dr. *E. Heilbronner*, Laboratorium für Organische Chemie der ETH, CH-8006 Zürich, Universitätsstraße 6 – Prof. Dr. *U. Hofmann*, Institut für Anorganische Chemie der Universität, 6900 Heidelberg 1, Tiergartenstraße – Prof. Dr. *Kl. Schäfer*, Institut für Physikalische Chemie der Universität, 6900 Heidelberg 1, Tiergartenstraße – Prof. Dr. *G. Wittig*, Institut für Organische Chemie der Universität, 6900 Heidelberg 1, Tiergartenstraße.

Schriftleitung:

Dipl.-Chem. *F. Boschke*, Springer-Verlag, 6900 Heidelberg 1, Postfach 1780

Elektronenspektren konjugierter Verbindungen im ultravioletten und sichtbaren Bereich

Dr. R. Zahradnik

Institut für Physikalische Chemie, Tschechoslowakische Akademie der Wissenschaften, Prag

Inhalt

1. Einleitung

In dieser Arbeit werden Ergebnisse über die Anwendbarkeit der Hückelschen Methode der Molekülorbitale (*1—14*) (HMO (*13*)) zur Korrelation der Wellenzahlen der Maxima von Banden (vor allem der ersten intensiven Banden) der Elektronenspektren zusammengefaßt. Der weitaus überwiegende Teil der Angaben bezieht sich auf die $\pi \to \pi^*$-Übergänge zwischen Singulett-Zuständen in konjugierten organischen Verbindungen. Der kleinere Teil der Arbeit betrifft $\pi \to \pi^*$-Singulett-Triplett-Übergänge, $n \to \pi^*$-Übergänge und Charge-Transfer-Übergänge (*9—12*). Zum tieferen Verständnis und für Zwecke der Interpretation werden in der Arbeit auch Angaben der halbempirischen LCI-SCF-MO-Methode nach *Pariser*, *Parr* und *Pople* verwendet (*15—17*). Systematisch und möglichst erschöpfend ist die Arbeit nur in dem Teil über den Zusammenhang der ersten intensiven $\pi \to \pi^*$-Banden und der Charge-Transfer-Banden mit den HMO-Größen. Arbeiten, in denen andere Methoden verwendet wurden (FEMO (*18—21*), VB (*22, 23*)), sind nicht aufgenommen worden.

Ein großer Fortschritt im Studium der Elektronenspektren wurde in den fünfziger Jahren durch die Arbeiten von *Roothaan, Pariser, Parr, Pople, Moffitt, Dewar, Longuet-Higgins, Ham, Ruedenberg, McWeeny* und anderen erzielt. Das Ergebnis dieser Arbeiten (die in der Parrschen Sammelschrift zusammengefaßt sind (*24*)) ist die halbempirische LCI-SCF-Methode, die zur Interpretation der Elektronenspektren komplizierter konjugierter Moleküle geeignet ist.

Von großer Bedeutung für die Anwendung der einfachen MO-Theorie in der Spektroskopie sind die Arbeiten von *Dewar* (25—27) aus den Jahren 1950—1952. Trotz der positiven Ergebnisse dieser Arbeiten war zu Ende der fünfziger Jahre allgemein die Ansicht verbreitet, daß die einfache MO-Methode für das Studium der Elektronenspektren ungeeignet sei, und zwar in Hinsicht auf die zahlreichen in ihr enthaltenen Approximationen (die oft als drastisch bezeichnet werden); man glaubte, daß die Whelandsche Approximation (22) (Erwägung eines von Null verschiedenen Wertes des Überlappungsintegrals S) besser geeignet sei, und im allgemeinen nahm man an, daß vollkommenere Methoden angewendet werden müßten.

Es zeigt sich nun, daß diese Ansichten, insoweit es sich um die Korrelation der Anregungsenergien bestimmter Banden mit den HMO-Daten handelt, nicht ganz richtig sind. Ganz anders ist selbstverständlich die Situation hinsichtlich der quantenmechanischen Interpretation der Elektronenspektren, also der Berechnung der absoluten Werte der Anregungsenergien, Oszillatorstärken und der Polarisationsrichtungen der einzelnen Übergänge. Solche Informationen können aus den HMO-Daten nicht gewonnen werden; mittels der einfachen Methode ist es z.B. auch nicht möglich, die Anzahl der Banden in den Spektren benzoider Kohlenwasserstoffe im Bereich unterhalb 50kK richtig vorauszusagen. Ein weiterer grundsätzlicher Mangel der HMO-Methode ist die Unmöglichkeit, Singulett- und Triplett-Zustände zu unterscheiden, so daß die HMO-Anregungsenergien den Durchschnitt des Singulett- und des Triplett-Überganges darstellen.

Trotz dieser schwerwiegenden Mängel der HMO-Methode wurde in den letzten Jahren festgestellt, daß die HMO-Angaben mit Erfolg zur Korrelation der Wellenzahlen der Maxima (hauptsächlich der ersten intensiven) bei Reihen strukturell verwandter Stoffe verwertet werden können. Sie geben also *sehr wirksame und zweckmäßige Informationen über die Lage wichtiger Banden* in den Spektren und für das Abschätzen der Lagen der Maxima von Stoffen, deren Spektren bisher noch nicht gemessen worden sind. Gewisse Mängel mancher älterer Vergleiche der auf der einfachen MO-Methode beruhenden Daten mit experimentellen Ergebnissen hatten zur Folge, daß Korrelationen zwischen den HMO-Daten und Versuchsergebnissen erst in den letzten Jahren verwertet wurden. Es handelte sich vor allem um folgende Mängel: Arbeiten mit unzureichend großen Gruppen von Stoffen, Arbeiten mit strukturell inhomogenen Gruppen, die Annahme, daß die versuchsmäßig ermittelten und die theoretischen HMO-Anregungsenergien proportional seien, während in Wirklichkeit zwischen ihnen nur eine lineare Abhängigkeit besteht. Diese letztere Annahme führte dazu, daß der Wert der quantenchemischen Einheit der Energie unrichtigerweise aus der Richtungskonstante der durch den Punkt für Benzol und den Ursprung des Koordinatensystems gehenden Geraden berechnet wurde.

Es scheint, daß der einzige Versuch einer *graphischen Verarbeitung* der Abhängigkeit der experimentellen und der theoretischen HMO-Anregungsenergien vor 1960 von *Heilbronner* und seinen Mitarbeitern (28) unternommen wurde, obwohl, wie wir später zeigten, gerade diese Art der Verarbeitung der Daten (in diesem Zusammenhang) sehr nützlich ist. Es ist jedoch möglich, daß diejenigen, die sich vielleicht um eine weitergehende Verwertung der HMO-Angaben bemühten, durch die große Streuung der Daten im Diagramm enttäuscht waren, das durch Eintragen der Anregungsenergien der ersten intensiven Banden in den Elektronenspektren konjugierter Kohlenwasserstoffe in Abhängigkeit von den HMO-Energien der $N \to V_1$-Übergänge erhalten wird (Abb. 1). Im Jahre

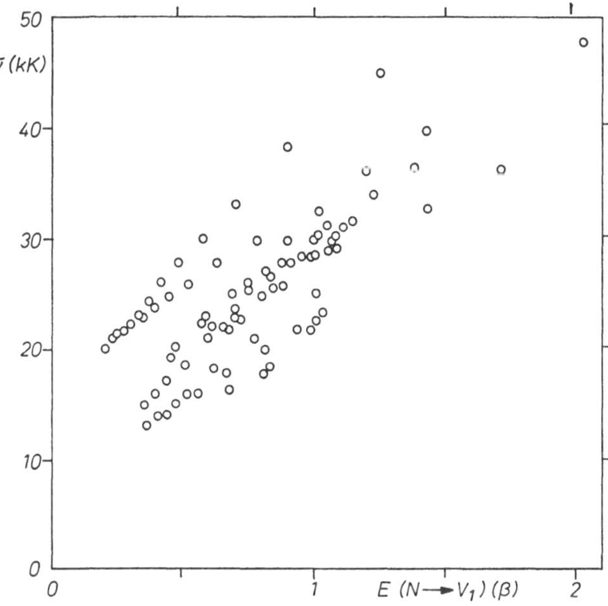

Abb. 1. Abhängigkeit der Wellenzahlen der Maxima der ersten intensiven Banden konjugierter Kohlenwasserstoffe von den HMO-Energien der $N \to V_1$-Übergänge. Daten für Polyene, α,ω-Diphenylpolyene, benzoide Kohlenwasserstoffe, ungeradzahlige $\alpha,\alpha,\omega,\omega$-Tetramethylpolyenyl-Kationen, ungeradzahlige α,ω-Diphenylpolyenyl-Kationen, Tropylium und seine Benzoderivate

1960 wurde gezeigt (29), daß eine analoge Abhängigkeit für die Reihe der Tropylium-Verbindungen (Tropylium und verschiedene seiner Benzoderivate) und für einfache Thione (30, 31) gilt. In der ersten Hälfte der sechziger Jahre wurden einige Dutzend Arbeiten über dieses Thema veröffentlicht. Im allgemeinen kann gesagt werden, daß

1. eine statistisch bedeutsame Korrelation zwischen den theoretischen und den experimentellen Daten bei einigen Dutzenden untersuchter Klassen konjugierter organischer Verbindungen gefunden wurde, und ferner, daß

2. einige wichtige Systeme ermittelt wurden, bei denen im Gegenteil keine Korrelation existiert (was für die Bestimmung des Anwendungsbereiches wichtig ist).

Somit ist es möglich, die Lage der ersten intensiven Banden (die häufig die Farbe bestimmen) bei sehr mannigfaltigen Strukturtypen konjugierter Verbindungen mit Hilfe der auf der HMO-Methode beruhenden Daten abzuschätzen. Für den Erfolg dieser Korrelationen ist es jedoch wesentlich, die Strukturtypen der untersuchten Verbindungen zu berücksichtigen (Abb. 2). In unserem Laboratorium haben wir diese Zusammenhänge systematisch studiert; die Ergebnisse anderer Autoren sowie unsere sind in dieser Arbeit zusammengefaßt.

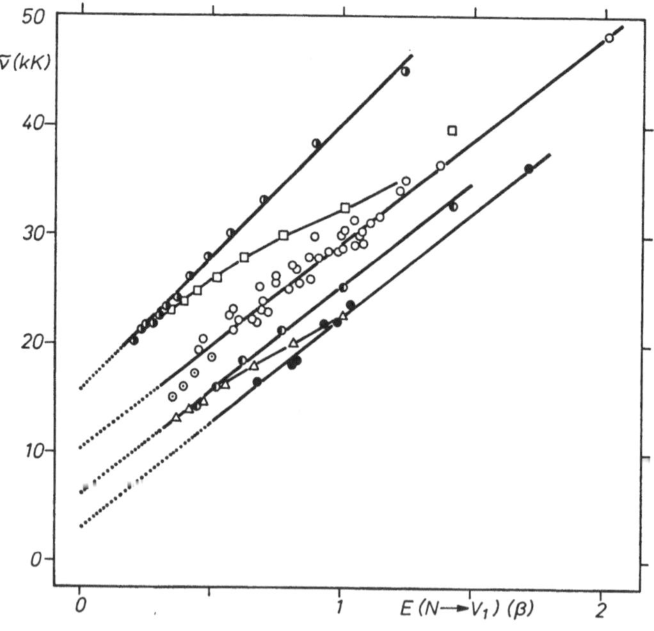

Abb. 2. Abhängigkeit wie in Abb. 1, jedoch mit Berücksichtigung der Strukturtype. Bezeichnung: ◑ Polyene (erstes Glied der Reihe: Butadien), □ α,ω-Diphenylpolyene (erstes Glied der Reihe: Diphenyl), ○ benzoide Kohlenwasserstoffe, ◐ ungeradzahlige α,α,ω,ω-Tetramethylpolyenyl-Kationen (erstes Glied der Reihe: Derivat des Allylkations), △ ungeradzahlige α,ω-Diphenylpolyenyl-Kationen, ● Tropylium und seine Polybenzo- und Naphthoderivate

2. Bemerkung zur Theorie der Elektronenspektren
(7, 9—12, 15—17, 24, 39)

Es existieren drei bedeutsame Charakteristiken der Banden in den Elektronenspektren, zwei sind skalar und eine ist vektoriell. Es handelt sich um

die *Wellenzahlen* der Absorptionsmaxima,

die *Oszillatorstärken* (evtl. nur die molaren Extinktionskoeffizienten der Absorptionsmaxima) und

die *Polarisationsrichtung* der Übergänge.

Diese Größen können aus Ergebnissen gewonnen werden, die mittels der üblichen Apparate gemessen wurden. Das Elektronenspektrum werden wir als interpretiert betrachten, wenn wir diese Größen auch durch quantenmechanische Berechnung erhalten und wenn die Übereinstimmung zwischen den theoretischen und den experimentellen Werten gut ist.

Die theoretischen Werte der *Energie des Grundzustandes* und der angeregten Zustände ergeben sich durch Lösung der Schrödingerschen Gleichung, die in folgender Form geschrieben werden kann:

$$\hat{H}\Psi_i = E_i\Psi_i, \tag{1}$$

wobei E_i die Elektronenenergie des Systems in dem durch die Wellenfunktion Ψ_i definierten Zustand bezeichnet und $\hat{H}$ der gesamte Hamilton-Operator ist. Die Lösung der Gleichung (1) ist sehr schwierig, und deshalb ist es vorteilhaft, vom Variationsprinzip auszugehen, das der Schrödingerschen Gleichung äquivalent ist:

$$\delta E_i = 0, \text{ wobei } E_i = \frac{\int \Psi_i \hat{H}\Psi_i \, d\tau}{\int \Psi_i^2 \, d\tau}. \tag{1a}$$

Hinsichtlich der Form der Wellenfunktion Ψ_i stellen wir Voraussetzungen auf, die vom physikalischen Gesichtspunkt aus einleuchtend sind, und dann bestimmen wir die freien Parameter in diesen Wellenfunktionen aus der Bedingung (1a). Vom Standpunkt der Wellenfunktionen und des Hamilton-Operators kommen bei ausgedehnten konjugierten Systemen vor allem zwei Versionen der MO-LCAO-Methode in Betracht.

Im ersten Fall wird der Hamilton-Operator in korrekter Weise (abgesehen von geringfügigen relativistischen Effekten und von Abweichungen von der Born-Oppenheimer-Näherung) in folgender Form angenommen:

$$\hat{H} = \sum_{\mu} H_{\mu}^c + \sum_{\mu < \nu} \frac{e^2}{r_{\mu\nu}}. \tag{2}$$

wo H_μ^c den Operator der kinetischen Energie des μ-Elektrons und den Operator der elektrostatischen potentiellen Energie des μ-ten Elektrons im Feld der Kerne und inneren Elektronen einschließt und $e^2/r_{\mu\nu}$ der Operator ist, der die Energie des gegenseitigen Abstoßens der Elektronen ausdrückt; μ und ν sind die Indices der Elektronen. Die Vielelektronen-Wellenfunktionen Ψ werden mit Hilfe der Einelektronen-Funktionen, der Molekülorbitale (φ_i), in Form der Slater-Determinante (oder einer Kombination der Slater-Determinanten) ausgedrückt: Auf diese Weise berücksichtigen wir in entsprechendem Maß die *Spin-Funktionen* der Elektronen (α, β). Für eine geschlossene Elektronenschale mit 2n Elektronen hat die normalisierte Slater-Determinante die Form (φ_i sind normalisiert):

$$\Psi(1,2,\ldots 2n) = \frac{1}{\sqrt{2n!}} \begin{vmatrix} \varphi_1(1)\alpha(1) & \varphi_1(1)\beta(1) & \varphi_2(1)\alpha(1) & \ldots & \varphi_n(1)\beta(1) \\ \varphi_1(2)\alpha(2) & \varphi_1(2)\beta(2) & \varphi_2(2)\alpha(2) & \ldots & \varphi_n(2)\beta(2) \\ & \cdot & & & \\ & \cdot & & & \\ & \cdot & & & \\ \varphi_1(2n)\alpha(2n) & \varphi_1(2n)\beta(2n) & \varphi_2(2n)\alpha(2_n) & \ldots & \varphi_n(2n)\beta(2n) \end{vmatrix} \tag{3}$$

Die Indexe bezeichnen die MO und die Zahlen in Klammern die Elektronen. Gewöhnlich wird die Slater-Determinante in verkürzter Form geschrieben:

$$\Psi(1, 2, \ldots 2n) = |\,\varphi_1\,\bar{\varphi}_1 \ldots \varphi_i\,\bar{\varphi}_i \ldots \varphi_n\,\bar{\varphi}_n\,|,$$

wobei φ_i anstelle von $\varphi_i\,(j)\,\alpha\,(j)$ und $\bar{\varphi}_i$ statt $\varphi_i\,(j)\,\beta\,(j)$ steht. Für die Slater-Determinante des Grundzustandes werden wir das Symbol Δ_0 verwenden und mit dem Symbol Δ_{ij} die lineare Kombination der Slater-Determinanten bezeichnen, die die durch Anregung des Elektrons aus dem i-ten in das j-te MO erhaltene Konfiguration beschreiben. Die Molekülorbitale φ_i für die Konstruktion dieser Determinante werden in der Regel in Form einer linearen Kombination der Atom-Orbitale χ_μ gesucht (die keine vollständige Gruppe von Funktionen bilden):

$$\varphi_i = \sum_\mu c_{i\mu}\,\chi_\mu, \tag{4}$$

wobei $c_{i\mu}$ der Entwicklungskoeffizient beim Atomorbital im i-ten Molekülorbital ist.

Durch Einsetzen in Gl. (1a) für $\hat{H}$ Gl. (2) und für Ψ Gl. (3) ergibt sich bei Anwendung der Variationsmethode das System der Gleichungen (5)

$$\sum_{\nu=1}^{n} c_\nu\,(F_{\mu\nu} - ES_{\mu\nu}); \quad \mu = 1,2,\ldots\ldots n, \tag{5}$$

aus denen die Werte der Entwicklungskoeffizienten c_r berechnet werden können, wenn wir für E Werte einsetzen, die folgender Bedingung entsprechen:

$$\mathrm{Det}\ |\ F_{\mu\nu} - E S_{\mu\nu}\ | = 0\ . \tag{6}$$

Die Ausdrücke $F_{\mu\nu}$ (Matrixelemente des Hartree-Fock-Operators) enthalten Integrale zweier Typen (a, b); diese Integrale in der LCAO-Näherung lauten:

$$\int \chi_\mu\, H^c\, \chi_\nu\, d\tau \equiv H^c_{\mu\nu} \tag{a}$$

$$\int \chi_\mu\,(1)\, \chi_\nu\,(1)\, \frac{e^2}{r_{12}}\, \chi_\rho\,(2)\, \chi_\sigma\,(2)\, d\tau \equiv (\mu\nu\,|\,\rho\sigma)\ . \tag{b}$$

Die Integrale des Typs (a) werden in den halbempirischen Methoden als *empirische Parameter* betrachtet (wenn μ und ν nicht benachbart oder identisch sind, werden sie als gleich Null angenommen). Die Integrale des Typs (b) sind sehr häufig, jedoch können die meisten von ihnen unter der Voraussetzung einer Null-Differentialüberlappung vernachlässigt werden. Diese Näherung ist vom Gesichtspunkt der Löwdinschen Orthogonalisation nicht so drastisch, wie es auf den ersten Anblick scheint. Es werden dann nur die Integrale der Typen $(\mu\mu\,|\,\mu\mu)$ und $(\mu\mu\,|\,\nu\nu)$ in Betracht gezogen, die auf verschiedene Weise approximiert werden können. Mathematisch besteht eine Schwierigkeit darin, daß die Elemente der Determinante (6) Funktionen der gesuchten Entwicklungskoeffizienten c_r sind; es handelt sich also um ein nichtlineares Problem, das durch Iteration gelöst werden kann. Praktisch geht man in der Regel so vor, daß zuerst die Elemente der Determinante mit Hilfe der durch die einfache Methode der Molekülorbitale gewonnenen Entwicklungskoeffizienten konstruiert werden (siehe unten); die Lösung des Säkularproblems wird für die Berechnung neuer Elemente der Determinante verwertet. Auf diese Weise wird solange fortgeschritten, bis sich die Koeffizienten aus dem n-ten und dem $(n+1)$-ten Schritt voneinander hinreichend wenig unterscheiden. Es handelt sich also um eine Iterationsmethode, die als Poplesche Näherung der SCF-MO-LCAO-Methode (*17*) bekannt ist. Es scheint, daß die π-Elektronen-Version dieser Methode derzeit am besten geeignet ist, die Eigenschaften konjugierter organischer Moleküle zu beschreiben, die sich im Elektronen-Grundzustand befinden (Dipolmomente, Bindungslängen, chemische Reaktivität). Für die Berechnung der Elektronenstruktur von Molekülen in angeregten Zuständen müssen die Elektronenzustände des Moleküls durch eine lineare Kombination der Slater-Determinanten beschrieben werden. Die Integrale, die in diesem Falle zahlenmäßig ausgewertet werden müssen, sind den in der SCF-Methode auftretenden Integralen analog; die entsprechende Methode heißt

„Methode beschränkter Konfigurations-Wechselwirkung nach Pariser und Parr" (15, 16, 24). Die Beschränktheit der Konfigurations-Wechselwirkung beruht darin, daß wir in den meisten Fällen nur eine gewisse Anzahl monoangeregter Zustände in Betracht ziehen.

In der zweiten Gruppe der Methoden wird explizite die Elektronenabstoßung (das zweite Glied auf der rechten Seite in Gl.(2)) nicht in Betracht gezogen, und die Berechnung wird mit einem Hamilton-Operator durchgeführt, in dem diese Abstoßung nur implizite erwogen wird. Es wird angenommen, daß der gesamte Hamilton-Operator als Summe der effektiven Hamilton-Operatoren ausgedrückt werden kann, deren jeder nur von den Koordinaten eines einzigen Elektrons abhängt:

$$\hat{H} = \sum_{\mu} H_{\mu}^{\text{eff}} . \tag{7}$$

Bei Berechnung der Energie mit Hilfe von Gl. (1a) treten nur Integrale der Type

$$\int \chi_{\mu} H^{\text{eff}} \chi_{\nu} \, d\tau , \tag{8}$$

auf, die im Falle, daß $\mu = \nu$ als *Coulombsches Integral* und im Falle, daß $\mu \neq \nu$ als *Resonanzintegral* bezeichnet werden (diese Integrale nehmen wir nur dann als von Null verschieden an, wenn μ und ν benachbart sind). Die Berechnung der Integrale (8) wird in einer einfachen MO-Methode nicht ausgeführt (die wichtigste dieser Methoden ist die Hückelsche Version (1, 13) der MO-Methode, HMO); diese Integrale werden als empirische Parameter der Methode betrachtet, und ihre aus der Erfahrung gewonnenen Werte sind in der Literatur tabellarisiert (13). Dies bedeutet, daß im Prinzip die Säkulardeterminante für die mannigfaltigsten Probleme direkt aufgestellt werden kann. Diese Näherung ist vom physikalischen Gesichtspunkt grundsätzlich weniger geeignet als die bei der ersten Gruppe der Methoden verwendete Annäherung. Nichtsdestoweniger zeigt es sich, daß die Reihenfolge der theoretischen Größen, die mittels der SCF- und der HMO-Methode für eine Reihe strukturell verwandter Stoffe berechnet wurden, sehr häufig die gleiche ist; die Größen sind oft linear voneinander abhängig, zumeist aber nicht direkt proportional. Wenn wir uns in irgendeinem Zusammenhang nur mit der Untersuchung befassen, ob eine Korrelation der theoretischen und der experimentellen Größen besteht, so können die auf der HMO-Methode beruhenden Angaben sehr nützlich sein.

In Tabelle 1 sind die Ausdrücke für $\hat{H}$ und Ψ zusammen mit jenen für die Matrixelemente des Hamilton-Operators für die drei am meisten angewendeten *Versionen der MO-LCAO-Methode* übersichtlich angeführt. Im Anhang 1 und 2 sind in der vorliegenden Arbeit die verwendeten

Tabelle 1. *Hamilton-Operator, Wellenfunktion und Matrixelemente dreier π-Elektronen-Versionen der MO-LCAO-Methode*

Methode	$\hat{H}$	Ψ	Matrixelemente des Hamilton-Operators [a]
SCF	$\sum_{\mu} H_{\mu}^{c} + \sum_{\mu < \nu} \sum \dfrac{e^2}{r_{\mu\nu}}$	Δ_{o}	$\beta_{\mu\nu} - \tfrac{1}{2} p_{\mu\nu} \gamma_{\mu\nu} + \left[\sum_{\sigma} (p_{\sigma\sigma} - z_{\sigma}) \gamma_{\mu\sigma} + \gamma_{\mu\mu} \right] \delta_{\mu\nu}$
(*Pople*)	(Gl. (2))	(s. Gl. 3)	
LCI	$\sum_{\mu} H_{\mu}^{c} + \sum_{\mu < \nu} \sum \dfrac{e^2}{r_{\mu\nu}}$	$C_{\mathrm{o}} \Delta_{\mathrm{o}} + \sum_{ij} C_{ij} \Delta_{ij}$	$F_{jl} \delta_{ik} - F_{ik} \delta_{jl} + 2(kj\,|\,G\,|\,li) - (kj\,|\,G\,|\,il)\,^{[b]}$
			$(F_{jl} = \sum_{\mu\nu} c_{j\mu} F_{\mu\nu} c_{l\nu};$
(*Pariser, Parr*)	(Gl. (2))	(s. Gl. 3)	$(kj\,|\,G\,|\,li) = \sum_{\mu\nu} c_{i\mu}\, c_{j\nu}\, c_{k\mu}\, c_{l\nu}\, \gamma_{\mu\nu})$
HMO	$\sum_{\mu} H_{\mu}^{\mathrm{eff}}$	Δ_{o} [c]	$\alpha^{\mathrm{HMO}} \delta_{\mu\nu} + \xi_{\mu\nu} \beta^{\mathrm{HMO}}$
(*Hückel*)	(Gl. (7))	(s. Gl. 3)	

[a] $\delta_{\mu\nu}$ (δ_{ij}) bedeutet das Kronecker-Delta.

[b] Ausdruck für das Matrixelement zwischen den Determinanten Δ_{ij} und Δ_{kl} (einfach-angeregte Singulettzustände): $\langle \mathrm{i} \rightarrow \mathrm{j} | \hat{H} | \mathrm{k} \rightarrow \mathrm{l} \rangle$.

[c] Bei Berechnung der Energie kann man sich in diesem Fall auf eine einfache Produktfunktion in folgender Form beschränken: $\varphi_1(1)\, \varphi_1(2) \ldots \varphi_n\,(2n-1)\, \varphi_n\,(2n)$.

Werte jener in den Matrixelementen auftretenden Größen angegeben, die als *empirische Parameter* angesehen werden.

Es muß hinzugefügt werden, daß die mono- und die bizentrischen Elektronen-abstoßungsintegrale mittels folgender Ausdrücke approximiert wurden:

$$\gamma_{\mu\mu} = (\mu\mu \,|\, \mu\mu) = I_\mu - A_\mu \quad \text{(nach (24))}, \tag{9}$$

(I_μ und A_μ bedeuten das Ionisationspotential und die Elektronenaffinität des Atoms μ im Valenzzustand)

$$\gamma_{\mu\nu} = (\mu\mu \,|\, \nu\nu) = \frac{14{,}399}{a_{\mu\nu} + r_{\mu\nu}} \; \text{eV} \quad \text{(nach (40))}, \tag{10}$$

wobei $r_{\mu\nu}$ der Abstand des μ-ten und ν-ten Konjugationszentrums in Å ist; die Konstante $a_{\mu\nu}$ ist bei Kohlenwasserstoffen gleich 3,128, und $p_{\mu\nu}$ bedeutet die Coulsonsche Bindungsordnung:

$$p_{\mu\nu} = \sum_i n_i \, c_{i\mu} \, c_{i\nu} \,, \tag{11}$$

wobei n_i die Besetzungszahl des i-ten MO ist ($p_{\mu\mu} = q_\mu$), und schließlich, $F_{\mu\mu}$ ($F_{\mu\nu}$) in der LCI-Theorie ist identisch mit dem Ausdruck für das diagonale (nichtdiagonale) Matrixelement in der Popleschen Methode.

Die *Anregungsenergie des Elektronenüberganges* ist durch den Unterschied der Energie des angeregten und des Grundzustandes gegeben. In der Näherung, die uns in diesem Zusammenhang vor allem interessiert, in der HMO-Methode, ist die π-Elektronenenergie des Systems (ungeachtet dessen, ob es sich um einen Singulett- oder Triplettzustand handelt) durch folgenden Ausdruck gegeben:

$$W = \sum_i n_i \, E_i \,, \tag{12}$$

wobei E_i die Energie ist, die dem i-ten MO (φ_i) zugehört, und zwar in Ausdrücken des Coulomb- und des Resonanzintegrals der HMO-Methode ($E_i = \alpha + k_i \beta$), und n_i die Besetzungszahl des MO bedeutet ($n_i = 0$, 1, 2). Mit Rücksicht auf Gl.(12) ist die mit dem Übergang des Elektrons aus dem i-ten in das j-te MO verbundene Energie offensichtlich durch den bloßen Unterschied der zugehörigen Orbitalenergien E_j und E_i gegeben, oder durch den Unterschied der Größen k, die die Eigenwerte des HMO-Hamilton-Operators sind (die durch die Diagonalisation der HMO-Matrix gewonnen werden)

$$^1\!\varDelta E_{i \to j} = {}^3\!\varDelta E_{i \to j} = k_j - k_i \tag{13}$$

Wenn wir die einzelnen MO laufend so beziffern, daß wir mit 1 das höchste besetzte MO, mit 2 das nächstliegende energieärmere MO usw. bezeichnen, und mit 1' das niedrigste unbesetzte MO und mit 2' das nächstliegende energiereichere MO, so ist der $1\rightarrow1'$-Übergang außerordentlich bedeutungsvoll, und wir werden ihn nach *Mulliken (41)* als $N\rightarrow V_1$-Übergang bezeichnen; für die zugehörige Energie $E\,(N\rightarrow V_1)$ gilt:

$$E\,(N\rightarrow V_1) = k_1' - k_1\,. \tag{14}$$

Bei benzoiden Kohlenwasserstoffen, ihren Heteroanaloga und Derivaten werden wir für empirische Korrelationen auch den Durchschnitt zweier nachfolgender Übergänge verwerten; die zugehörige Energie werden wir mit $\bar{E}(N\rightarrow V)$ bezeichnen:

$$\bar{E}\,(N\rightarrow V) = \tfrac{1}{2}\,[k_2' - k_1 + k_1' - k_2]\,. \tag{15}$$

Im HMO-Termschema können verschiedene $\pi\rightarrow\pi^*$-Übergänge gekennzeichnet werden (in Abb. 3a ist nur der $N\rightarrow V_1$-Übergang gekennzeichnet), ferner auch die $n\rightarrow\pi^*$-Übergänge und selbstverständlich auch die Übergänge, die die σ- und σ^*-MO umfassen (Abb. 3a). In Abb. 3b

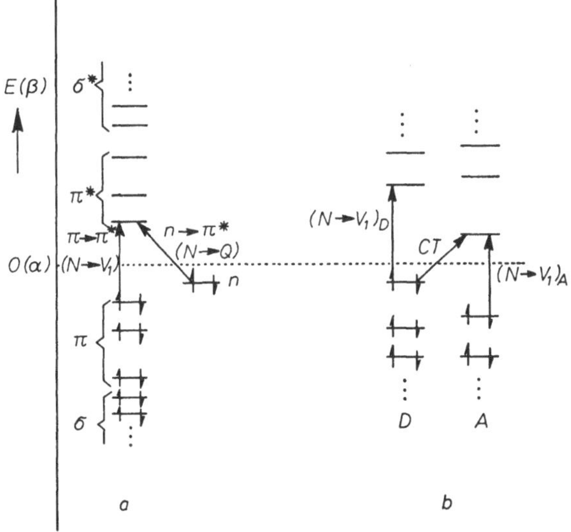

Abb. 3a und b. HMO-Termschema. a) Darstellung der $\pi\rightarrow\pi^*$- und $n\rightarrow\pi^*$-Übergänge. b) Darstellung der Charge-Transfer-Übergänge (CT) bei π-Komplexen (D: Donator, A: Akzeptor). Ein Sternchen bezeichnet die antibindenden MO

sind bei einem aus Donator und Akzeptor von π-Elektronen (Charge-Transfer-Komplex) bestehenden System die $N\rightarrow V_1$-Übergänge bei beiden Komponenten und außerdem der intermolekulare Charge-Transfer gekennzeichnet.

In diesem Zusammenhang muß auf die Anwendbarkeit der *Störungstheorie erster Ordnung* (9, 42, 43) für die Abschätzung der Änderung der Anregungsenergie, $\Delta E_{i \to j}$ (zumeist handelt es sich um einen $N \to V_1$-Übergang) hingewiesen werden, die durch die Änderung des Coulomb-Integrals in der Lage μ um den Wert δa_μ bewirkt wird (Zahlenwerte siehe (9)):

$$\Delta E(N \to V_1) = (c_{1'\mu}^2 - c_{1\mu}^2)\, \delta a_\mu \tag{16}$$

Wenn die Energie des $N \to V_1$-Überganges des ursprünglichen Systems $E(N \to V_1)$ beträgt und die analoge Energie des gestörten Systems $E'(N \to V_1)$, so gilt:

$$E'(N \to V_1) = E(N \to V_1) + \Delta E(N \to V_1) \tag{17}$$

$c_{1'\mu}$ ($c_{1\mu}$) ist der Entwicklungskoeffizient des niedrigsten unbesetzten (höchsten besetzten) MO, das bei dem AO χ_μ im ursprünglichen (ungestörten) System steht. Die Ausdrücke für die Berechnung der Oszillatorstärke sind im weiteren angeführt.

Die Ausdrücke für die Berechnung der Anregungsenergie beim Übergang des Elektrons aus dem i-ten in das j-te MO im Rahmen der Popleschen SCF-Methode (*17*) haben die Form:

$$^1\Delta E_{i \to j} = {}^1E_{i \to j} - {}^1E_0 = E_j - E_i - J_{ij} + 2K_{ij} \tag{18}$$

$$^3\Delta E_{i \to j} = {}^3E_{i \to j} - {}^1E_0 = E_j - E_i - J_{ij}, \tag{19}$$

wobei E_i die SCF-Orbitalenergien sind und J_{ij} und K_{ij} das Coulombsche und das Austauschintegral bedeuten (in der Symbolik der Tabelle 1 handelt es sich um die Integrale $(ii|G|jj)$ und $(ij|G|ij)$); diese Integrale können mit Hilfe der Entwicklungskoeffizienten der MO und mit Hilfe der Elektronenabstoßungsintegrale in der AO-Basis ausgedrückt werden. Der Ausdruck für die Anregungsenergie in der SCF-Methode ist dem entsprechenden Diagonalelement der LCI-Matrix gleich (vgl. Tabelle 1).

Für die *Oszillatorstärke* beim Übergang des Systems aus dem Grundzustand (Ψ_0) in den Zustand, in dem das Elektron aus dem i-ten in das j-te MO ($\Psi_{i \to j}$) angeregt wurde, gilt (*9, 10*):

$$f_{0 \to (i,j)} = 1{,}085 \cdot 10^{-5} \tilde{\nu}\, |\, \vec{Q}_{0 \to (i,j)}|^2 \tag{20}$$

wobei $\tilde{\nu}$ die Wellenzahl (kK) des Absorptionmaximums ist und wobei

$$\overrightarrow{Q}_{0\to(i,j)} = \int \Psi_{(i,j)} \sum_{\mu} \overrightarrow{r}_{\mu}\, \Psi_0\, d\tau \tag{21}$$

und $\overrightarrow{r}_{\mu}$ ist der Lagevektor des μ-ten Elektrons. Das Übergangsmoment $\overrightarrow{Q}$ ist ein Vektor, dessen Richtung die Polarisationsrichtung des zugehörigen Überganges ist.

In der LCI-Methode sind die Anregungsenergien, $^s\Delta E_i$, durch den Unterschied der Energien des angeregten (E_i) und des Grundzustandes (E_0) gegeben:

$$^s\Delta E_i = {}^sE_i - {}^sE_0\,,$$

wobei s die Multiplizität des Zustandes bezeichnet. Die Energien E_i erhält man durch Diagonalisierung der LCI-Matrix. Wenn die Elemente dieser Matrix mit Hilfe der SCF-Wellenfunktionen berechnet und in der Berechnung nur die monoangeregten Zustände in Betracht gezogen werden, so wird die Energie des Grundzustandes (die konventionell als gleich Null angesehen wird) nicht durch die CI beeinflußt, und die Anregungsenergien für den Übergang aus dem Grundzustand in verschiedene angeregte Zustände sind direkt den Energien der LCI-Wellenfunktionen gleich. Bei der Charakterisierung der einzelnen Banden im Elektronenspektrum ist es interessant, außer den angeführten drei Größen den Charakter der Wellenfunktion des entsprechenden angeregten Zustandes

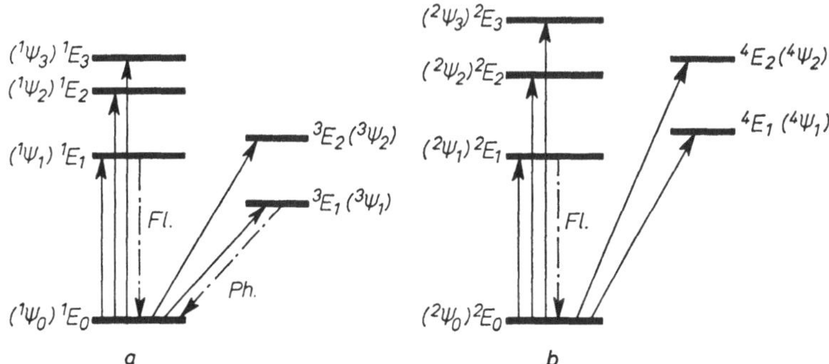

Abb. 4 a und b. LCI-Termschema. Ψ bedeutet die Wellenfunktionen der Zustände (Ψ_0 und Ψ_i bezeichnen den Grundzustand und den i-ten angeregten Zustand), E_i sind die zugehörigen Energien. Links oben ist die Angabe über die Multiplizität des Zustandes. Die vollen Linien bezeichnen die Absorption, die strichpunktierten die Emission (Fl. Fluoreszenz, Ph. Phosphoreszenz). a) Jablonsky-Diagramm; Übergänge zwischen Singulett- und S- und T-Zuständen (das System hat im Grundzustand eine geschlossene Elektronenschale). b) Analoges Diagramm für D- und Q-Zustände (das System hat im Grundzustand eine offene Elektronenschale) für den Fall eines Radikals, das sich von einem ungeradzahligen alternierenden System ableitet. Diese Systeme phosphoreszieren nicht (44)

zu kennen; hierüber informieren uns die Entwicklungskoeffizienten C_{ij} der LCI-Wellenfunktionen (vgl. Tabelle 1). Ihre Werte geben wir in dieser Arbeit manchmal tabellarisch an, jedoch hauptsächlich graphisch mit Hilfe von Kreisen eines Halbmessers, der dem zugehörigen Entwicklungskoeffizienten gleich ist; die Flächen dieser Kreise sind dem Gewicht der zugehörigen Konfiguration in der LCI-Wellenfunktion proportional.

Abb. 4 zeigt das *LCI-Termschema* für die S→S- und S→T-Übergänge (Abb. 4a) und für die D→D- und D→Q-Übergänge (Abb. 4b), also für Systeme, die im Grundzustand eine geschlossene Elektronenschale besitzen, und für Systeme, die im Grundzustand ein unpaariges Elektron aufweisen.

3. Korrelation der Wellenzahlen einiger Banden mit auf der HMO-Theorie beruhenden Angaben

3.1. Ergebnisse

In diesem Kapitel werden wir uns mit den Banden in Elektronenspektren befassen, die durch Übergänge von Elektronen zwischen jenen MO bedingt sind, deren Bildung durch eine Kombination derselben Gruppe von Atomorbitalen bewirkt wird, und nur ausnahmsweise auch mit Banden, die den Übergängen von Elektronen aus nichtbindenden Atomorbitalen entsprechen. Die durch intermolekularen Charge-Transfer bedingten Banden werden in Kapitel 5 diskutiert.

Der Erfolg eines Versuches der Korrelation experimenteller Anregungsenergien mit den HMO-Energien der N→V_1-Übergänge hängt davon ab, ob im Spektrum überhaupt eine durch einen mehr oder weniger „reinen" N→V_1-Übergang bewirkte Bande existiert, und ferner davon, ob wir diese Bande im Spektrum identifizieren können. Auf Grund der bei Anwendung der LCI-Methode erzielten Ergebnisse (*15—17, 24, 33, 45, 46*) ist anzunehmen, daß eine solche Bande fast immer vorhanden ist. Eine Komplikation wird meist dadurch verursacht, daß diese Bande nicht immer die erste π→π^*-Bande ist, wie dies nach der HMO-Theorie erwartet werden müßte. Wenn wir von einer möglichen Komplikation absehen, die durch n→π^*-Banden (*9*) verursacht wird (diese Banden sind gewöhnlich experimentell leicht von π→π^*-Banden zu unterscheiden), verbleibt eine zweite mögliche Komplikation, nämlich das Auftreten einer (manchmal weniger intensiven) Bande vor der dem N→V_1-Übergang entsprechenden Bande. Das Erscheinen einer solchen Bande ist mit Hilfe der Konfigurations-Wechselwirkung erster Ordnung (*45*) gut zu erklären. In manchen Fällen (vor allem bei benzoiden Kohlenwasserstoffen) verursacht die empirische Unterscheidung dieser Bande (a-Bande; $\log \varepsilon = 2$ bis 2,5) von der dem N→V_1-Übergang entsprechenden Bande (p-Bande; $\log \varepsilon = 4$ und mehr) keine Schwierigkeit.

Bei Heteroanaloga und manchen Derivaten von Kohlenwasserstoffen ist die Situation komplizierter, weil die erste Bande im Spektrum (die der α-Bande benzoider Kohlenwasserstoffe entspricht) erlaubt und daher relativ intensiv ist (log ε ungefähr 4), wodurch die Unterscheidung beider Banden erschwert wird. Empirisch haben wir jedoch bei zahlreichen Heteroanaloga und Derivaten festgestellt, daß die Einführung eines Heteroatoms in den Kohlenwasserstoff nicht mit einer qualitativen Änderung des Charakters der Absorptionskurve des Kohlenwasserstoffs verbunden ist; dies ermöglicht also die Verwertung der Ähnlichkeit beider Kurven für eine leichtere Auswahl der mit dem $N \to V_1$-Übergang verbundenen Bande. Es muß noch bemerkt werden, daß bei polyen-artigen Molekülen und organischen Ionen mit delokalisierter Ladung die erste Bande im Spektrum fast immer dem $N \to V_1$-Übergang entspricht.

Nachdem wir bei einigen Reihen strukturell verwandter Kohlenwasserstoffe festgestellt hatten, daß die Anregungsenergien der ersten intensiven Banden linear von den Energien der $N \to V_1$-Übergänge abhängen, war es möglich, mit der Untersuchung der Abhängigkeiten bei weiteren Reihen von Kohlenwasserstoffen und Kohlenwasserstoff-Ionen mit delokalisierter Ladung sowie ihrer Heteroanaloga und Derivative zu beginnen

Die untersuchten Stoffe wurden nach den an anderer Stelle (47, 48) angeführten Grundsätzen eingeteilt. Die einzelnen Reihen der Verbindungen (mit dem Namen der Gruppe oder des Mutterskeletts bezeichnet) sind mit Zahlen in Klammern versehen, die den Zahlen der Strukturformeln entsprechen. Die Ergebnisse der statistischen Verarbeitung der Abhängigkeiten experimenteller und theoretischer Größen sind in Tabelle 2 (L_a-Banden) und in Tabelle 3 (L_b- und B_b-Banden) zusammengefaßt; es handelt sich vor allem um die Konstanten a und b der Regressionsgeraden,

$$\tilde{\nu}_{\exp}(kK) = a\, E(N \to V_1)\, (\beta) + b \tag{22}$$

$$\tilde{\nu}_{\exp}(kK) = a\, \bar{E}(N \to V)\, (\beta) + b \tag{23}$$

wobei $E(N \to V_1)$ und $\bar{E}(N \to V)$ durch die Gleichungen (14) und (15) definiert sind. Ferner sind die Anzahl der Stoffe in der Gruppe und der Korrelationskoeffizient tabellarisiert. Wenn sich beim Korrelationskoeffizienten keine Anmerkung befindet, so bedeutet dies, daß es sich um eine statistisch bedeutsame Abhängigkeit auf dem 1%igen Niveau der Bedeutsamkeit handelt. Die mittlere quadratische Abweichung der Schätzung von $\tilde{\nu}$ (Gl. 22 und 23) liegt im Bereich von $\pm$ 0,5 bis $\pm$ 1,5 kK. Untersuchte Stoffe[1]

---

[1] Unter den Bezeichnungen Cyclobutadiene, Tropylium-Verbindungen, Fluoranthene, Thiophene usw. sind stets die Benzo-, Naphtho- ... Derivate des betreffenden Mutterskeletts zu verstehen, also des Cyclobutadiens, Tropyliums, Fluoranthens, Thiophens usw.

Tabelle 2. *Abhängigkeit zwischen den experimentellen und den theoretischen Anregungsenergien der ersten intensiven Banden.*
Konstanten der Regressionsgeraden (22) (a, b), Korrelationskoeffizienten (r) und Anzahl der Stoffe (n). $\tilde{\nu}$ ist in kK ausgedrückt und $E(N \rightarrow V_1)$ in β-Einheiten (Hinweise siehe Kap. 4)

Stoffe [a]	a	b	r	n	Anm.
I	21,23	17,23	0,989	9	—
I	25,62	14,95	0,997	8	b)
I	23,23	16,05	0,998	14	c)
I	24,23	14,74	0,998	9	d)
III	20,44	9,95	0,998	5	c)
VI	19,21	10,23	0,982	44	—
VII	18,45	13,66	0,999	5	f)
VIII	14,79	13,56	0,951	6	—
XI	14,88	7,98	0,999	7	—
XII	7,66	12,37	0,995	5	—
XIII	28,78	1,07	0,990	5	e)
XIV	15,75	6,05	0,98	6	—
XV	16,55	5,92	0,965	9	—
XX	22,40	1,14	0,932	8	—
XXI	11,48	9,28	0,720	5	h)
XXII	13,95	8,60	0,990	4	—
XXIV	14,21	7,15	0,981	14	—
XXV	19,90	2,83	0,996	7	—
XXVII	14,41	8,85	0,996	8	—
XXVIII	20,47	3,10	0,987	6	—
XXXI	22,58	5,80	0,957	28	i)
XXXIII	24,86	14,85	0,998	7	—
XXXIV	24,03	5,58	0,994	22	—
XXXVII	18,83	9,23	0,960	12	—
XL	28,19	2,26	0,999	4	—
XLV	20,45	10,95	0,982	43	j)
XLVI	23,09	9,94	0,967	6	—
XLVIII	14,73	10,03	0,962	20	k)
L	18,11	9,65	0,996	10	—
LIV	19,0	14,0	—	17	g)
LV	17,37	6,30	0,925	17	—
LVI	19,8	10,5	0,783	21	l)
LVII	15,6	7,2	—	35	—
LVIII	14,2	10	—	7	g)
LIX	14,7	6,3	—	7	g)
LX	19,0	10,0	—	5	g)
LXI	14,0	8,5	—	5	g)
LXII	14,0	14,0	—	16	g)
LXVI	47,6	—39,4	—	6	m)
LXVI	31,8	—17,5	0,804	19	m,n)
LXVII	20,82	4,33	0,995	7	—
LXVIII	19,99	10,57	0,996	6	—
LXIX	29,63	1,49	0,999	5	—
LXX	26,3	—6,3	—	6	m)

Tabelle 2 (Fortsetzung)

Stoffe [a]	a	b	r	n	Anm.
LXXI	21,76	6,36	0,955	32	—
LXXII	21,79	3,01	0,985	13	—

[a] Bezeichnungen siehe S. 18.
[b] Angabe für Äthylen ausgelassen.
[c] Bei den experimentellen Angaben wurden die Durchschnittswerte genommen.
[d] α,ω-Dimethylpolyene; der Einfluß der Methylgruppe wurde in der Berechnung nicht berücksichtigt.
[e] HMO-Daten für folgende Parameter: $\varrho_{C\equiv C} = 1,4$; $\varrho_{C-C} = 1$; der Einfluß der Methylgruppen wurde nicht berücksichtigt.
[f] Para-Reihe.
[g] Die Konstanten a und b wurden graphisch geschätzt.
[h] Die Korrelation ist statistisch nicht bedeutsam.
[i] Fluoranthene.
[j] Amine, Phenole, Halogenide.
[k] Es handelt sich um die Korrelation mit dem HMO-Übergang $1 \rightarrow 2'$.
[l] Die Korrelation der Verschiebungen der Wellenzahlen gegen die Mutterkohlenwasserstoffe ist enger.
[m] Die $N \rightarrow V_1$-Energien wurden nach der Methode von Janssen-Sandström berechnet.
[n] X und Y im LXVIa bedeutet O, S, N, Cl.

Tabelle 3. *Abhängigkeiten zwischen den experimentellen und den theoretischen Anregungsenergien der L_b- und B_b-Banden.*
Konstanten der Regressionsgeraden (23) (a, b), Korrelationskoeffizienten (r) und Anzahl der Stoffe (n). $\tilde{\nu}$ ist in kK ausgedrückt und $\bar{E}(N \rightarrow V)$ in β-Einheiten (Hinweise siehe Kap. 4)

Stoffe [a]	Bande	a	b	r	n
VI	L_b	15,52	7,48	0,982	27
XXXIV	L_b	13,77	9,88	0,989	21
XXXIV [b]	L_b	15,29	7,05	0,985	9
XLV	L_b	14,75	8,35	0,943	37
VI	B_b	23,76	11,64	0,965	40
XXXIV	B_b	20,25	11,43	0,928	22
XXXIV [b]	B_b	19,19	11,64	0,965	9
XLV	B_b	21,58	10,26	0,901	42

[a] Bezeichnungen siehe S. 18.
[b] Protonierte Pyridine.

Alternierende Kohlenwasserstoffe

Geradzahlige Polyene und verwandte Stoffe (I); ungeradzahlige Polyene, Kationen und verwandte Stoffe (II); α, ω-Dimethylacetylene (III); Cumulene (IV).

Cyclobutadiene (V).

Benzoide Kohlenwasserstoffe (VI); Polyphenyle (VII); Perinaphthene (VIII); α-Phenylpolyene (IX); geradzahlige α, ω-Diphenylpolyene (X); ungeradzahlige α,ω-Diphenylpolyene, Kationen (XI); ungeradzahlige α,ω-Diphenylpolyene, Anionen (XII); α,ω-Diphenylpolyacetylene (XIII); Arylmethyl-Kationen (XIV); Arylphenylmethyl-Kationen (XV); Di- und Triarylmethyl-Kationen (XVI).

$$H\text{-}(CH{=}CH)_m\text{-}H \qquad \overset{\oplus}{C}H_2{=}(CH{=}CH)_m\text{-}H \qquad CH_3\text{-}(C{\equiv}C)_m\text{-}CH_3$$

$$\text{(I)} \qquad\qquad \text{(II)} \qquad\qquad \text{(III)}$$

$$H_2C{=}(C)_m{=}CH_2$$

(IV)   (V)    (VI)    (VIIa)

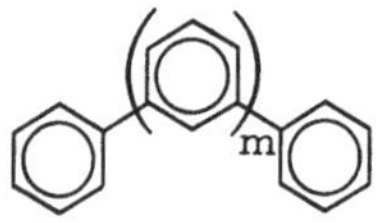

(VIIb) 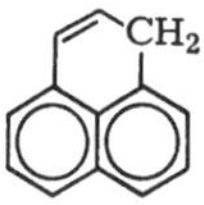   (VIII) 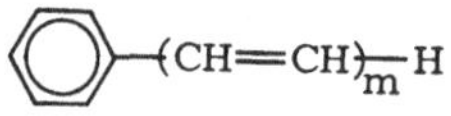   (IX)

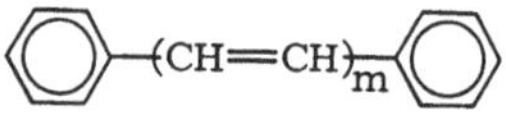

(X) 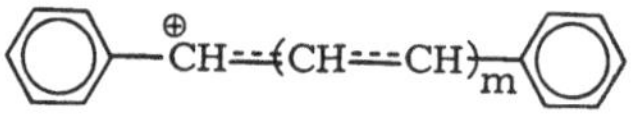   (XI)

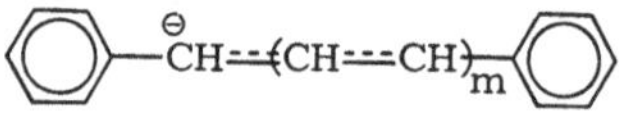

(XII)    (XIII) $R\text{-}\overset{\oplus}{C}H_2$ (XIV)

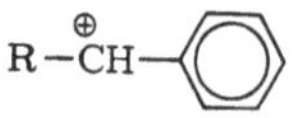

$R\text{-}\overset{\oplus}{C}H\text{-}$ (XV) $R\text{-}\overset{\oplus}{C}H\text{-}R'$ (XVIa) $R\text{-}\overset{\oplus}{C}\text{-}R'$ with R'' (XVIb)   (XVII) 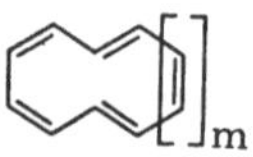   (XVIII)

(XIX)    (XX)

Cyclooctatetraene (XVII); große Cyclopolyene (XVIII) und eine Reihe von Polyphenylenen (XIX); Perinaphthyliumverbindungen (XX).

Nicht-alternierende Kohlenwasserstoffe

Cyclopentadienyl-Anionen (XXI); Cyclopentadienyl-Kationen (XXII); Fulvene (XXIII); ungeradzahlige α,ω-Dicyclopentadienylpolyene, Anionen (XXIV); Tropylium-Verbindungen (XXV); ungeradzahlige Hückelsche Cyclopolyene (XXVI); α-Tropyl-ω-phenylpolyene (und ω,ω-Diphenylpolyene), Kationen (XXVII); 1-Tropyl-2-aryläthylene, Kationen (XXVIII); ungeradzahlige α,ω-Dicycloheptatrienylpolyene, Kationen (XXIX); bicyclische Systeme (XXX); tricyclische Systeme (XXXI); tetracyclische und polycyclische Systeme (XXXII).

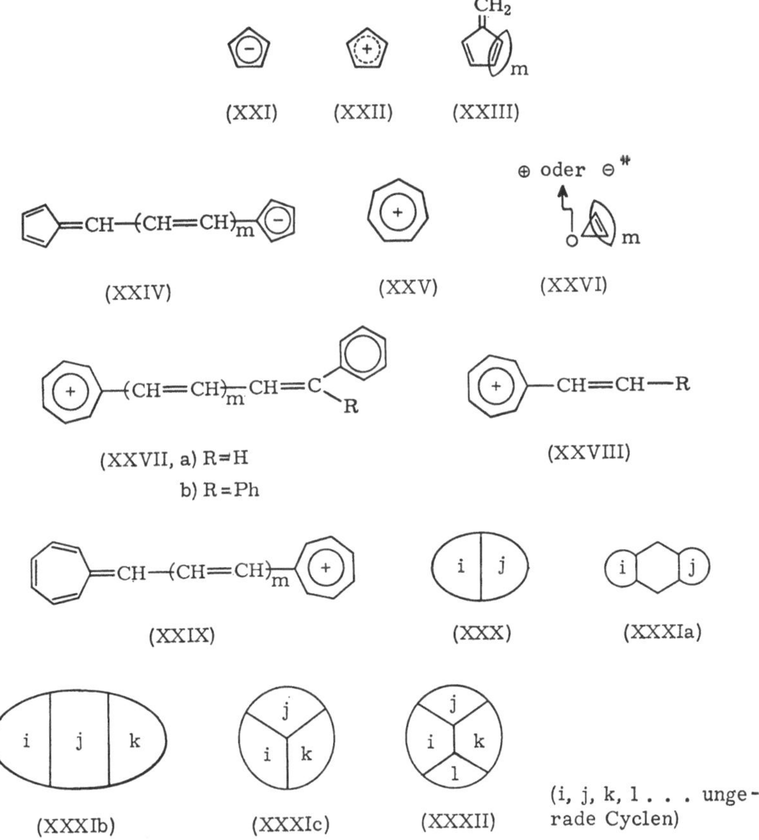

---

* $\oplus$ oder $\ominus$ je nach dem, um die gesamte Anzahl von Elektronen gleich $4n+2$ wäre

R. Zahradnik

Heteroanaloga

ω-Methylpolyenaldehyde (XXXIII); Pyridine (XXXIV); Pyrrole (XXXV); Furane (XXXVI); Thiophene (XXXVII); Thiopyriliumverbindungen (XXXVIII); Azaazulene und Thialene (XXXIX).

$$CH_3-(CH=CH)_{\overline{m}}-CHO$$

(XXXIII) (XXXIV)  (XXXV)  (XXXVI)  (XXXVII)

(XXXVIII) 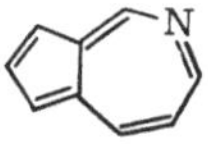 (XXXIXa) 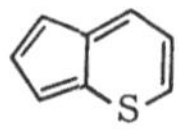 (XXXIXb)

Derivate

Ungeradzahlige $\alpha,\alpha,\omega,\omega$-Tetracyanopolyene, Anionen (XL); ω-Phenylpolyenaldehyde (XLI); ω-Hydroxy-Derivate ungeradzahliger α-Phenylpolyene (XLII); 1,ω-Diphenyl-polyen-1-one (XLIII); 1-Hydroxy-Derivate ungeradzahliger 1,ω-Diphenylpolyene (XLIV); Amine, Phenole, Halogenide (XLV)[2]; Thioharnstoffe (XLVI)[2]; Monothiocarbamate (XLVII)[2]; Nitroderivate (XLVIII)[2]; Carbäthoxyderivate (XLIX)[2]; Isothiocyanate (L)[2]; Dinitrophenyl-arylamine (LI)[2]; Formyl-Derivate (Aldehyde) (LII)[2]; Nitrile (LIII)[2]; Benzoyl-Derivate (LIV)[2]; Hydroxyderivate von Arylphenylmethyl-Kationen (LV)[2]; Chinone (LVI)[2]; Derivate von Di- und Triarylmethyl-Kationen (LVII); Perinaphthenone (LVIII); Hydroxy-Derivate des Perinaphthyliums (LIX); Fluorenone (LX)[3]; Hydroxy-Derivate von Fluorenylium-Kationen (LXI)[3]; α-Fulvenyl-ω-dimethylaminopolyene (LXII)[3]; Tropone (LXIII)[3]; Hydroxyderivate von Tropylium-Verbindungen (LXIV)[3]; andere schwefelhaltige Derivate (LXV).

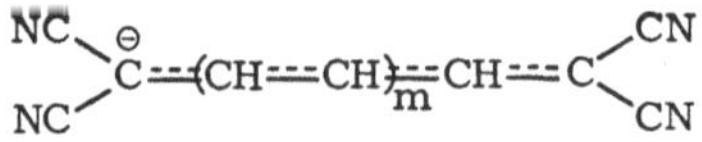

(XL)

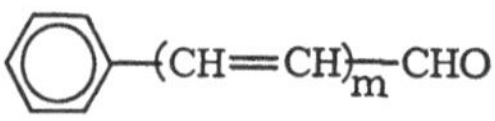

$$\underset{NC}{\overset{NC}{>}}\overset{\ominus}{C}=(CH=CH)_{\overline{m}}=CH=C\underset{CN}{\overset{CN}{<}}$$

(XLI)

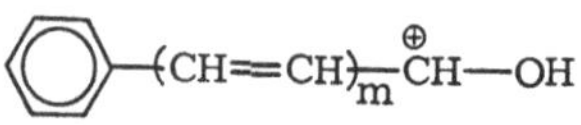

$$(CH=CH)_{\overline{m}}-CHO$$

(XLII)

$$(CH=CH)_{\overline{m}}-\overset{\oplus}{C}H-OH$$

---

[2] Derivate polynuklearer benzoider Kohlenwasserstoffe.
[3] Derivate nicht-alternierender Kohlenwasserstoffe.

20

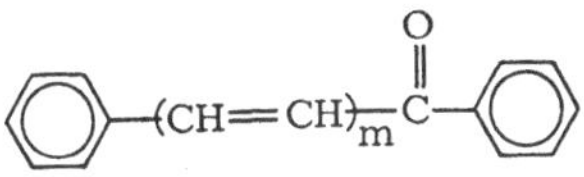

(XLIII)

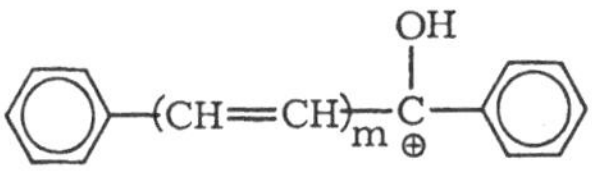

(XLIV)

R–X

(XLV, X = NH_2, OH, F, Cl, Br)

(XLV)

$R–NH \cdot CS \cdot NHn-C_4H_9$

(XLVI)

$R–NH \cdot COS^{\ominus}$

(XLVII)

$R–NO_2$

(XLVIII)

$R–COOC_2H_5$

(XLIX)

R–NCS

(L)

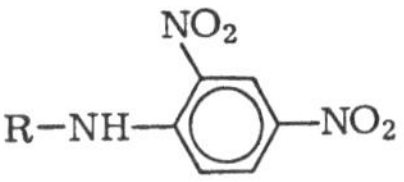

$R–NH–\!\!\langle\ NO_2\ \rangle\!\!–NO_2$

(LI)

R–CHO

(LII)

R–CN

(LIII)

$R–CO–\!\!\langle\ \rangle$

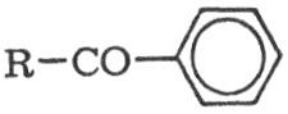

(LIV)

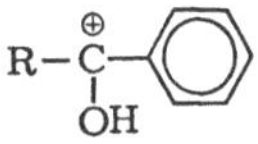

(LV)

(LVIa)

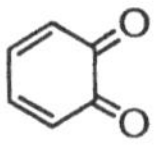

(LVIb)

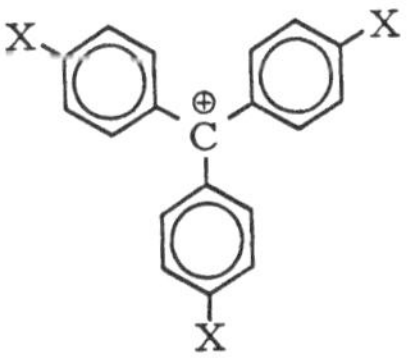

(LVII, X=H, NH_2, Cl, ...)

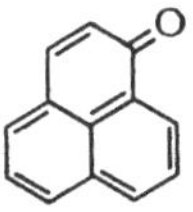

(LVIII)

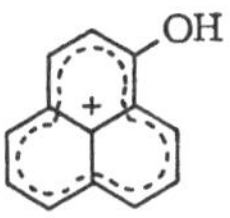

(LIX)

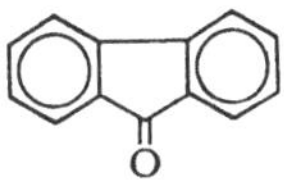

(LX)

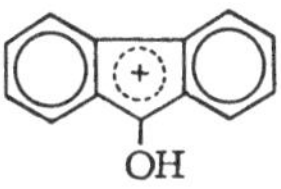

(LXI)

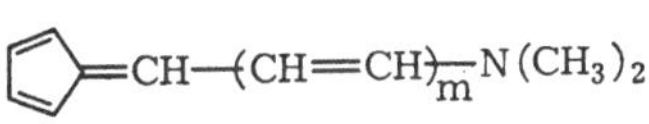

$\langle\ \rangle\!\!=\!\!CH–(CH=CH)_{\overline{m}}N(CH_3)_2$

(LXII)

(LXIII)

(LXIV)

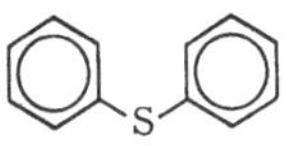

(LXVa)

Derivate der Heteroanaloga

Thione (LXVI); Polymethiniumsalze (LXVII); Merocyanine (LXVIII); Oxonole (LXIX); Thiohydrazide (LXX); Pyrimidine, Purine und Pteridine (LXXI); Thiopyrone (LXXII).

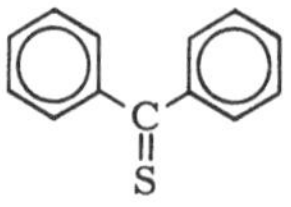

R. Zahradnik

(LXVb) 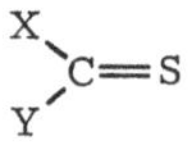 (LXVIa) 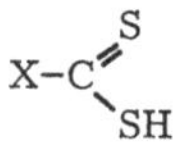 (LXVIb) (LXVII)

$H_2N\!-\!(CH\!=\!CH)_{\overline{m}}\,CH\!=\!\overset{\oplus}{N}H_2$ (LXVII)

$(CH_3)_2N\!-\!(CH\!=\!CH)_{\overline{m}}\,CHO$
(LXVIII)

$\overset{\ominus}{O}\!-\!(CH\!=\!CH)_{\overline{m}}\,CHO$
(LXIX)

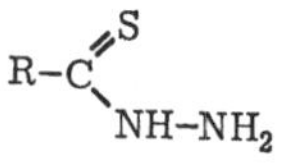

(LXX)

(LXXIa) 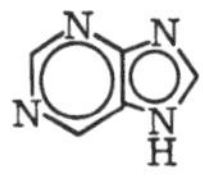 (LXXIb)  (LXXIc)  (LXXII, X, Y = O, S)

3.2. Diskussion

Die Ergebnisse werden von zwei Gesichtspunkten aus diskutiert: Vor
allem werden wir versuchen, sie als Ganzes zu charakterisieren, und in
einem weiteren Teil werden Bemerkungen zu den Spektren der einzelnen
Systeme angeführt (Kap. 4).

Die Ergebnisse der graphischen und statistischen Verarbeitung (Tabelle 2 und 3) der Abhängigkeiten der Wellenzahlen der ersten intensiven
Banden von den Energien der $N \rightarrow V_1$-Übergänge zeigen, daß es sich um
eine annähernd *lineare Abhängigkeit* im Falle der Polyene, benzoiden
Kohlenwasserstoffe, ihrer Heteroanaloga und Derivate und im Falle der
Kohlenwasserstoffionen handelt. Es muß jedoch hinzugefügt werden, daß
die Angaben auch für eine formal sehr homogene Gruppe von Verbindungen (z. B. benzoide Kohlenwasserstoffe) eine Zergliederung in Untergruppen
zeigen (*49—51*). Eine annähernd lineare Abhängigkeit erscheint auch in den
vinylogen Reihen, die von Systemen der mannigfaltigsten Typen abge
leitet sind. Dagegen existiert bei nicht-alternierenden Kohlenwasserstoffen und ihren Analoga eine Parallelität der angegebenen experimentellen und theoretischen Daten nur ausnahmsweise.

Die Daten für verschiedene Strukturtypen liegen gewöhnlich auf verschiedenen Geraden, deren Richtungstangenten einen Wert von 15 bis
25 kK/β^4 aufweisen. Es ist zweckmäßig, vor allem *drei Strukturtypen* zu
unterscheiden:

    (i)   Polyene mit ausgeprägtem Alternieren der Bindungen,
    (ii) benzoide Kohlenwasserstoffe und
    (iii) Kohlenwasserstoffionen mit delokalisierter Ladung.

---

[4] 2 bis 3 eV/β; 43 bis 71 kcal/β.

22

Die Abschnitte, die die zugehörigen Geraden auf der Koordinatenachse begrenzen, sind verschieden; der größte Abschnitt gehört Stoffen des Typs (i) zu und der kleinste Systemen des Typs (iii). Dies bedeutet also, daß die durch Eintragen der Versuchsdaten in Abhängigkeit von den HMO-Anregungsenergien erhaltenen Punkte auf Geraden liegen, die im allgemeinen *nicht* Null schneiden.

Die Angaben für Kohlenwasserstoffe, deren Grenzglieder den Strukturtypen (i) und (ii) zugehören (α-Arylpolyene, α,ω-Diarylpolyene, ihre Derivate, Cyclopolyene), entsprechen einer sigmoidalen Kurve, die im Bereich zwischen den Geraden liegt, die für Polyene (Type (i)) und benzoide Kohlenwasserstoffe (Type (ii)) gelten. Bei Ionen mit delokalisierter Ladung ist die Lage — in Übereinstimmung mit den Voraussagen von *Koutecký* und *Paldus* (52) — analog. Dies läßt sich überzeugend mit Hilfe der Daten für Tropylium- und Perinaphthylium-Verbindungen (cyclische Systeme), für ungeradzahlige $\alpha,\alpha,\omega,\omega$-Tetramethylpolyen-Kationen (Systeme mit gerader Kette) und für ungeradzahlige α,ω-Diphenylpolyen-Kationen (Übergangssysteme) zeigen (Zitate siehe Kap. 4) (Abb. 2).

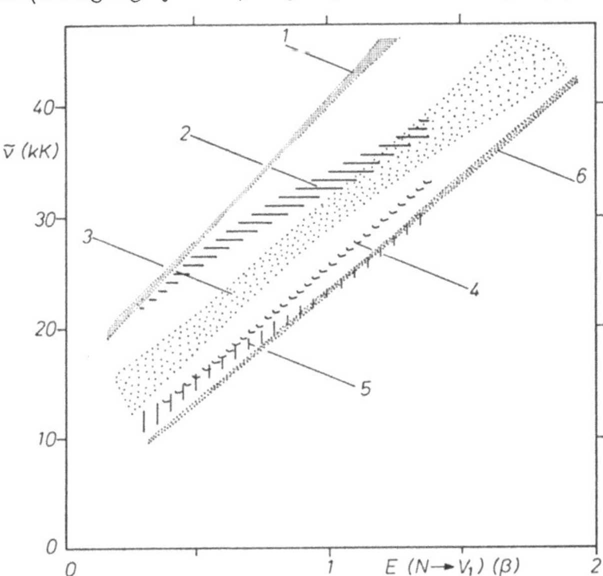

Abb. 5. Abhängigkeit der Wellenzahl der Maxima der ersten intensiven Banden von den Energien der N→V$_1$-Übergänge für verschiedene Verbindungsklassen. Bezeichnung: 1. Lineare Systeme mit alternierenden Bindungen (Polyene, ihre Analoga und Derivate). 2. Übergangsstoffe, die in Grenzfällen in die Systeme 1 und 3 übergehen (α-Phenylpolyene, α,ω-Diphenylpolyene, Annulene). 3. Cyclische alternierende Kohlenwasserstoffe (benzoide Kohlenwasserstoffe, ihre Heteroanaloga und Derivate). 4. Ungeradzahlige lineare Systeme in Ionenform (Polyenyl-Kationen). 5. Übergangssysteme, die in Grenzfällen in die Systeme 4 und 6 übergehen (α,ω-Diphenylpolyenyl-Ionen). 6. Cyclische Ionen (Tropylium, Perinaphthylium)

In Abb. 2 sind die experimentellen Werte von $\tilde{\nu}$ in Abhängigkeit von den $N \to V_1$-Energien für wichtige Gruppen von Kohlenwasserstoffen und Kohlenwasserstoff-Ionen eingetragen. Abb. 5 ergab sich aus einer Erweiterung von Abb. 2; hier sind die Bereiche bezeichnet, in denen die Angaben für wichtige Mutterskelette, deren Analoga und verschiedene Derivate liegen.

Eine Erklärung dieser Gliederung der Daten in Gruppen gemäß den Strukturtypen wurde vorgelegt (33). Mit Hilfe der „Methode der beschränkten Konfigurations-Wechselwirkung" wurde gezeigt, daß der durch die Elektronenabstoßung bewirkte Beitrag zur gesamten theoretischen Anregungsenergie eine vom Strukturtyp abhängige Größe ist: Er ist am größten bei Polyenen, kleiner bei benzoiden Kohlenwasserstoffen und am kleinsten bei Kohlenwasserstoff-Ionen mit delokalisierter Ladung. Die Unterschiede in den Größen dieser Beiträge sind eben solche, daß beim Eintragen der experimentellen Anregungsenergien in Abhängigkeit von den theoretischen (die den durch die Elektronenabstoßung bewirkten Beitrag einschließen) eine Gerade gewonnen wird, die durch den

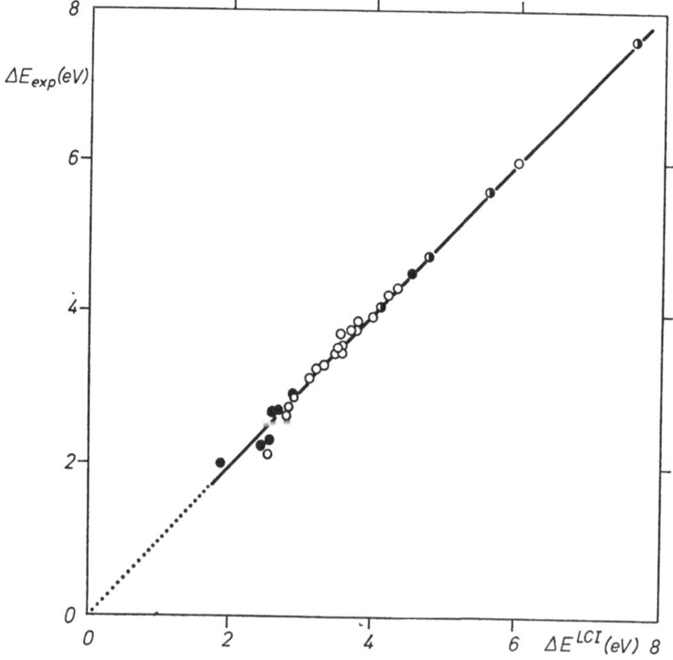

Abb. 6. Abhängigkeit der Anregungsenergien der ersten intensiven Banden von den LCI-SCF-Anregungsenergien (im Falle der Polyene LCI-SC-SCF-Energien). Bezeichnung: ◑ Polyene, ○ benzoide Kohlenwasserstoffe, ● Tropylium und seine Benzoderivate

Null-Punkt geht (Abb. 6). Bei der Konstruktion dieser Abbildung haben wir uns auf Kohlenwasserstoffe beschränkt, bei denen die Zuordnung der ersten Bande keine großen Schwierigkeiten verursacht.

Den Kohlenwasserstoff-Ionen mit delokalisierter Ladung, in denen alle Bindende-MO besetzt und alle Antibindende-MO unbesetzt sind (Hückelsche Ionen), gehört eine höhere $E(N \to V_1)$-Energie zu als den entsprechenden anti-Hückelschen Ionen. Die Energie der $N \to V_1$-Übergänge ist bei Ionen dieser zweiten Type im allgemeinen relativ so klein, daß bei vielen von ihnen das Auftreten der ersten intensiven Banden im nahen Infrarot-Bereich zu erwarten ist und daher damit gerechnet werden muß, daß bei diesen Ionen eine Wechselwirkung zwischen den Elektronen- und den Schwingunsübergängen erfolgen könnte. In Übereinstimmung hiermit liegen z. B. bei den anti-Hückelschen Fluorenylium-Kationen die ersten Banden an der Grenze des Infrarot-Bereiches.

Die Anregungsenergien der Maxima der $\alpha(L_b)$- und $\beta(B_b)$-Banden *benzoider Kohlenwasserstoffe* und der entsprechenden Banden ihrer Analoga (Pyridine, Pyrrole, Thiophene) und Derivate (Amine, Phenole, Halogenide) hängen linear von der durchschnittlichen Energie der dem $N \to V_1$-Übergang folgenden zwei Übergänge ab, also von der Energie $\bar{E}(N \to V)$. Dies ist zu ersehen, wenn wir erwägen, daß die LCI-Theorie diese Banden als Übergänge aus dem Grundzustand in Zustände interpretiert (*24, 45*), die durch die Wellenfunktionen

$$\Phi = c_1 \Psi_{1 \to 2'} \pm c_2 \Psi_{2 \to 1'}$$

beschrieben werden. Die Energie $\bar{E}(N \to V)$ wird eben mit Hilfe der HMO-Anregungsenergien der Übergänge $1 \to 2'$ und $2 \to 1'$ definiert.

4. Bemerkungen zu den Spektren einzelner Stoffgruppen

Die Wellenzahlen der Maxima der ersten intensiven Banden in den Spektren geradzahliger Polyene (I) und verwandter Systeme weisen eine gute Korrelation mit den $E(N \to V_1)$-Energien auf. Die Daten liegen aber in einem anderen Bereich als jene für benzoide Kohlenwasserstoffe. Wenn bei Polyenen und ihren Derivaten im Rahmen der einfachen MO-Theorie das Alternieren der Bindungen in Betracht gezogen wird, so verschieben sich selbstverständlich die Punkte für Polyene in den Bereich für alternierende Kohlenwasserstoffe (*53*) ohne ausgeprägte Alternation der Bindungen. Zwecks befriedigender Interpretation der experimentellen Daten muß, neben der Alternation der Bindungen, auch die Elektronenabstoßung (*54*) erwogen werden. *Kuhn* (*20*, s. auch *55*) wies als erster darauf hin, daß es wichtig ist, das Alternieren der Bindungen in Polyenen zu

berücksichtigen. Es muß bemerkt werden, daß der Einfluß der Bindungs-
alternation so bedeutend ist, daß ihre übliche Berücksichtigung im Rahmen der LCI-SCF-Methode mittels der Elektronenabstoßungsintegrale
nicht hinreicht, und daß zur Erzielung einer Übereinstimmung mit dem
Experiment auch die Abhängigkeit der β^{core}-Integrale von den Bin-
dungsordnungen (*50, 56*) in Betracht gezogen werden muß. Die Polarisationsrichtungen wurden untersucht erst unlängst (*57*).

Im Hinblick auf die sehr geringe Stabilität der von *ungeradzahligen
Polyenen* abgeleiteten Kationen (II) überrascht es nicht, daß es bisher
nur gelungen ist, ihre $\alpha,\alpha,\omega,\omega$-Tetramethyl-Derivate in Lösungen darzustellen (*58*). Die Gegenwart der Methylgruppen ist jedoch vom Gesichtspunkt breiterer Zusammenhänge zwischen Struktur und Absorption kein Hindernis (siehe unten). Die Wellenzahlen der Maxima der
ersten Banden weisen eine gute Korrelation mit den Energien der N→V₁-
Übergänge auf (*59*) (auch die LCI-Methode wurde angewendet (*59*), und
die Richtungstangente der Regressionsgerade ist jener der Gerade für
Tropylium-Verbindungen ähnlich, jedoch gehört zu ihr eine größere
additive Konstante (*52*). In der entsprechenden Arbeit (*52*) untersuchte
man, im Zusammenhang mit cyclischen Ionen vom Perinaphthylium-
Typ, auch die Lage der Punkte für das Allyl-Kation und für protoniertes
Mesitylen (Repräsentant des Pentadienyl-Kations) im Diagramm der
Abhängigkeit der Größe $\tilde{\nu}_{max}$ von $E(\text{N}→\text{V}_1)$. Die Daten für verschiedene
polyalkylsubstituierte Derivate des Allyl- und des Pentadienyl-Kations
(*60—62*) und für ein nichtklassisches Kation (LXXIII) (*63*) (das sich mit
seiner π-Elektronenstruktur anscheinend dem Heptatrienyl-Kation nähert) liegen auch im Bereich zwischen benzoiden Kohlenwasserstoffen
und cyclischen Ionen mit delokalisierter Ladung. Die LCI-HMO-Daten
für die Lage der ersten Bande beim System II sind systematisch hypso-

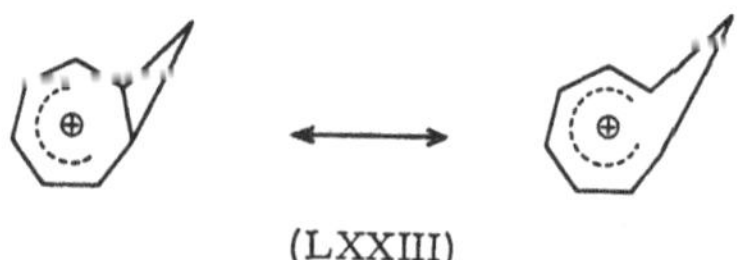

(LXXIII)

chrom gegen die experimentellen Werte verschoben. Dieser Unterschied
wird sichtlich teilweise durch den Hyperkonjugationseffekt der Methyl-
gruppen verursacht. Es ist jedoch klar, daß der Effekt zur Erklärung des
Unterschiedes zwischen dem theoretischen und dem experimentellen
Wert nicht hinreicht. Bei ungeradzahligen Polyenen muß aber auch den
Induktionseffekt der Methylgruppen erwogen werden.

Es wurde ein bemerkenswerter Unterschied in der Abhängigkeit der Wellenzahlen der ersten Banden der *a,ω-Dimethylacetylene* (III) und *Cumulene* (IV) von der Anzahl der in Konjugation befindlichen Atome festgestellt (*64*), und dieser Unterschied wird durch die Alternation der Bindungen in den Acetylenen verursacht (s. auch *65*). Durch Extrapolation läßt sich bei Acetylenen abschätzen, daß die erste Bande, bei sehr umfangreichen Systemen, im Bereich zwischen 700 und 800 mμ liegen wird.

Cyclobutadiene (V) (oder genauer Diphenylen und seine Benzoderivate) zeichnen sich durch ausgeprägte Absorptionskurven im UV- und sichtbaren Bereich mit einer deutlichen Schwingungsstruktur (*66*) aus. Die Wellenzahlen der nach ähnlichen Grundsätzen wie bei benzoiden Kohlenwasserstoffen ausgewählten Banden zeigen keine bedeutsame Korrelation mit den HMO-Energien der N$\rightarrow$V$_1$-Übergänge. Es erweist sich, daß das Elektronenspektrum des Diphenyls nicht mit Hilfe der LCI-SCF-Daten interpretiert werden kann; die Übereinstimmung zwischen den theoretischen und den experimentellen Werten ist durchaus unbefriedigend (*59*). Erst bei Berücksichtigung des besonderen Charakters des Kohlenstoffs im viergliedrigen Ring und bei Einbeziehung der doppelt angeregten Konfigurationen ist die Übereinstimmung mit dem Experiment gut (*67*).

Obwohl bei einer eingehenderen Analyse (*49—51*) in den Absorptionskurven *benzoider Kohlenwasserstoffe* (VI) zahlreiche Unklarheiten hinsichtlich der Zuordnung der Banden aufzufinden sind, und obwohl sich Strukturuntergruppen in einem ursprünglich sehr homogen erscheinenden Datenmaterial gezeigt haben, kann doch gesagt werden, daß die Situation bei dieser Kohlenwasserstoffgruppe verhältnismäßig klar ist (*13, 34, 36, 68—71*). Für benzoide Kohlenwasserstoffe wurde die Anwendbarkeit sowohl der LCI- als auch der SCF-Methode vor allem von den Autoren dieser Methoden bei mehreren Systemen (*15—17, 24*) und später systematisch bei ausgedehnten Reihen von Stoffen überprüft (*33, 35, 49, 72—75*). Die Ergebnisse der Diskussion der Spektren benzoider Kohlenwasserstoffe der Naphthalin- und des Anthracen-Typs (Reihenfolge der α- und der p-Banden) sind bekannt (*24*). Abb. 7 zeigt die Ergebnisse der LCI-SCF-Berechnungen für eine Gruppe wichtiger benzoider Kohlenwasserstoffe. In derselben Abbildung sind zwecks Vergleichs die Ergebnisse der Berechnungen der Lagen der α-, p- und β-Banden mit Hilfe empirischer Gleichungen (Gl. 22, 23 und Tabelle 2 und 3) mit Verwertung der HMO-Anregungsenergien angeführt. Die Übereinstimmung der theoretischen Werte mit den experimentellen ist vielversprechend. Abb. 7 zeigt auch die theoretischen Lagen der ersten S$\rightarrow$T-Übergänge und die experimentellen Angaben über die Lage der Phosphoreszenzbanden (*76*). Es ist ersichtlich, daß in allen Fällen die theoretischen Angaben bei niedrigeren Wellenzahlen liegen als die experimentellen. Ähnlich ist es

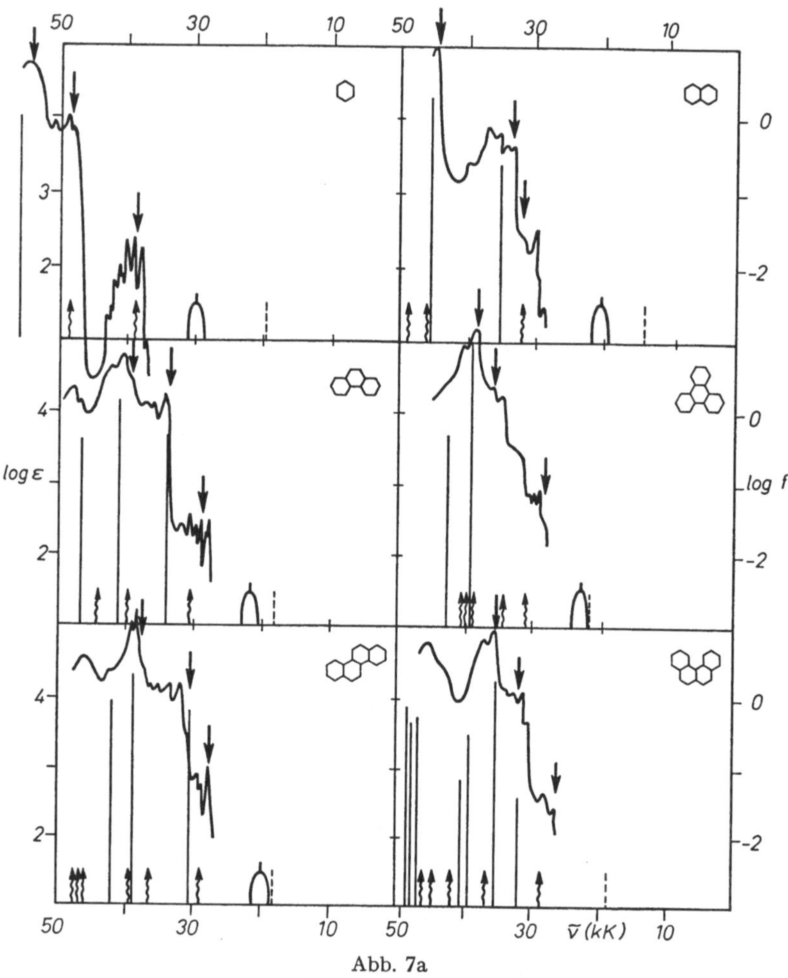

Abb. 7a

Abb. 7a u. b. Absorptionskurven benzoider Kohlenwasserstoffe (77). Die Lagen der Phosphoreszenzbanden (76) sind mit Bogen (∩) bezeichnet, deren Scheitel die Lage des Maximums der Bande angibt. Die Abszissen geben die Resultate der LCI-SCF-Berechnungen an; die punktierten kurzen Abstände betreffen die S→T-Übergänge. (Fortsetzung der Legende siehe unter Abb. 7b auf der gegenüberliegenden Seite)

bei einigen nicht-alternierenden Kohlenwasserstoffen und bei Systemen mit Heteroatomen, die wir experimentell und theoretisch untersuchten (59). In Abb. 8 sind die Wellenzahlen der ersten Triplettzustände in Abhängigkeit von den Energien der N→V₁-Übergänge eingetragen. Diese Abhängigkeit ist hinreichend eng, um sie für Interpolationszwecke verwerten zu können. Die LCI-Anregungsenergien für die S→T-Übergänge, die mit bei S→S-Übergängen bewährten Parametern berechnet wurden,

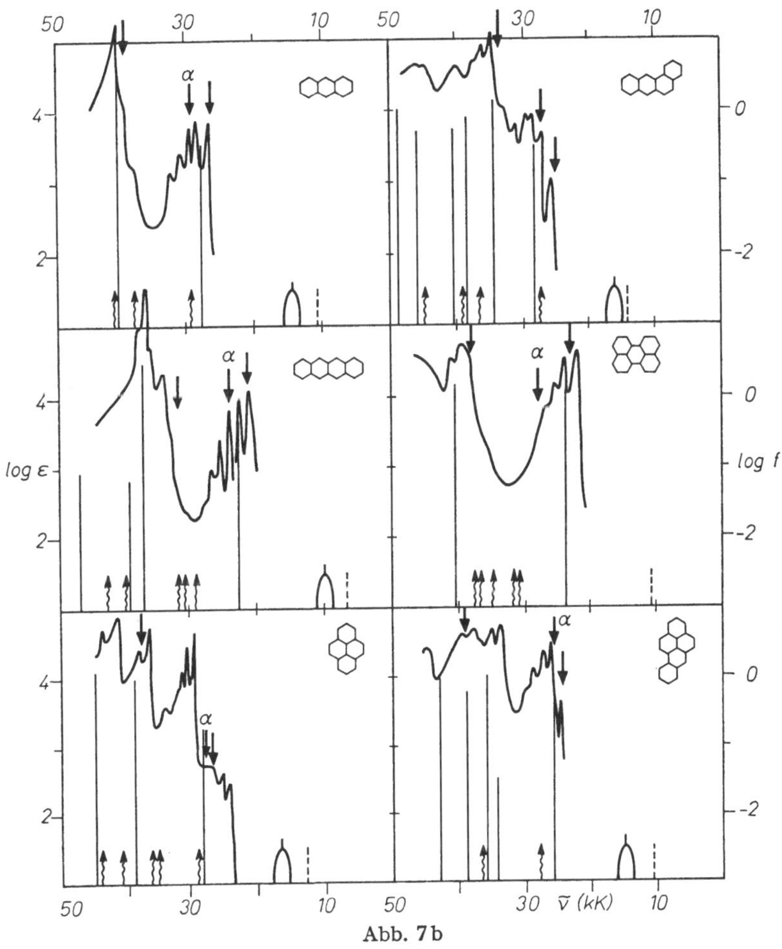

Abb. 7 b

Die verbotenen S→S-Übergänge sind durch eine Wellenlinie mit einem Pfeil gekennzeichnet. Die nach abwärts gerichteten Pfeile geben die Resultate der Berechnungen der Lagen der α-, p- und β-Banden mit Hilfe der Gleichungen 22 und
23 auf Grund der HMO-Daten an. Wenn die α-Bande nicht die niedrigste Wellenzahl hat, so ist der betreffende Pfeil mit dem Symbol α gekennzeichnet

führen zu keiner Übereinstimmung mit den Experimenten; die bathochrome Abweichung der theoretischen Daten ist aber systematisch und
beträgt 3 bis 4 kK (59).

Eine sehr interessante Gruppe benzoider Kohlenwasserstoffe stellen
Zethren und seine Derivate vor. Die Absorptionskurven, die von *Clar* und
Mitarbeitern (77, 78) dem Zethren zugeschrieben wurden, unterscheiden
sich wesentlich voneinander. Laut einer Mitteilung von *E. Clar* (79) ge-

29

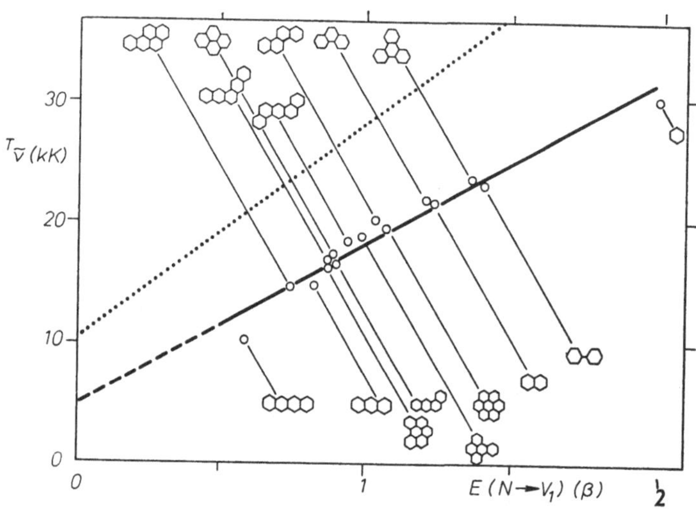

Abb. 8. Abhängigkeit der Wellenzahl der Maxima der Phosphoreszenzbanden benzoider Kohlenwasserstoffe (76) von den Energien $E(N{\rightarrow}V_1)$. Die Abhängigkeit zwischen $\tilde{\nu}$ und $E(N{\rightarrow}V_1)$ für die p-Banden bezoider Kohlenwasserstoffe ($S{\rightarrow}S$-Übergänge) ist punktiert dargestellt

hört die neuere Absorptionskurve mit Sicherheit zu dem Zethren, während der ursprünglich als Zethren angesehene Kohlenwasserstoff die Struktur LXXV oder LXXVI aufweist; es ist bisher noch nicht gelungen,

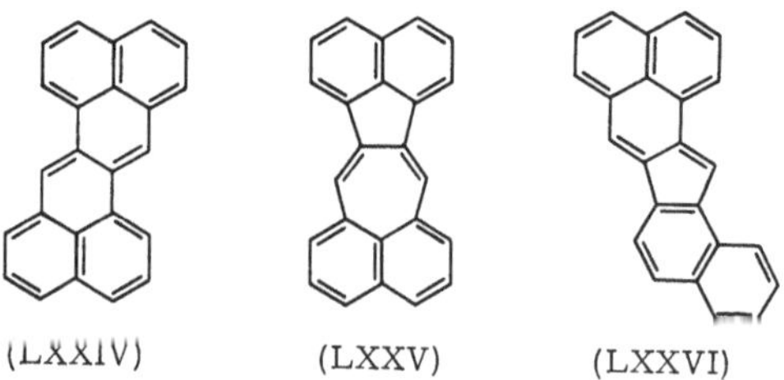

(LXXIV)   (LXXV)   (LXXVI)

die Konstitution experimentell zu bestimmen. Die Ergebnisse der LCI-HMO-Berechnung sprechen klar zugunsten der Struktur LXXVI (Abb. 9). Überdies sind die für Zethren ausgeführten Berechnungen in voller Übereinstimmung mit neuen experimentellen Angaben.

Bei *m-Polyphenylen* (VIIb) hängt die Lage der ersten Bande fast überhaupt nicht vom Umfang des konjugierten Systems ab; diese Tatsache wird von der HMO-Theorie erfaßt. Die Daten für p-Polyphenyle liegen an der äußersten Grenze des für nicht polyen-artige Kohlenwasserstoffe typischen Bereiches (in der Richtung zu den polyen-artigen

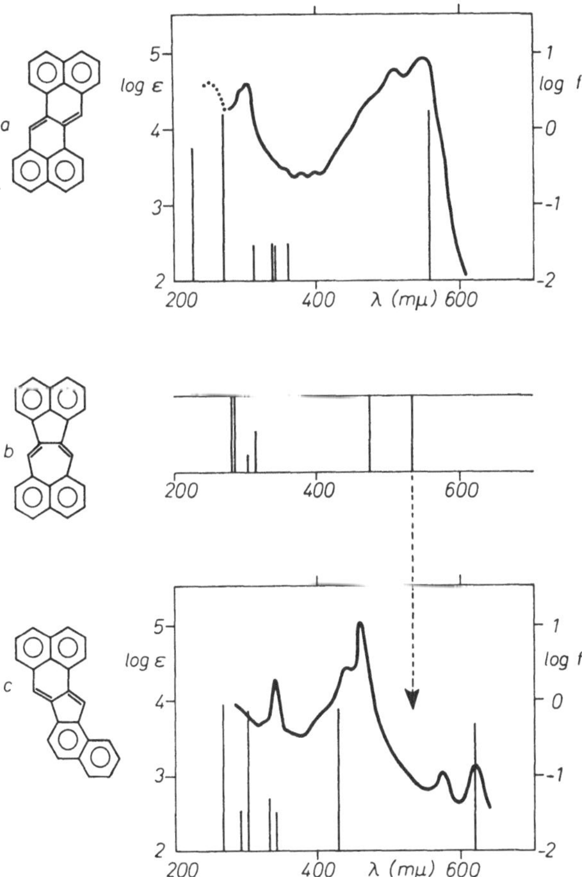

Abb. 9 a—c. Absorptionskurven des Zethrens (a) (*78*) und seines Isomers (c), das ursprünglich für Zethren gehalten wurde (*77*). In der Abbildung sind auch die Ergebnisse der LCI-HMO-Berechnung angeführt. Es ist ersichtlich, daß die für das System c erhaltenen theoretischen Werte der Lage der ersten Bande besser entsprechen als die Angaben für das System b

Kohlenwasserstoffen): Die relativ niedrigen Werte der $N \rightarrow V_1$-Energien können der Überschätzung der Werte der Resonanzintegrale der exocyclischen C—C-Bindungen entsprechend der HMO-Methode zugeschrieben werden (*59*). Bei Diphenyl ist die Übereinstimmung zwischen den LCI-SCF-Daten und den experimentellen Werten befriedigend (*59, 80—82*).

Die Daten für α-*Phenylpolyene* (IX), α,ω-Diphenylpolyene (X), Cyclopolyene (XVIII) und verschiedene ihrer Derivate, sowie auch für α,α,ω,ω-Tetraphenylpolyene liegen im Diagramm der Beziehung zwischen $\tilde{\nu}$ und $E(N \rightarrow V_1)$ — aus bereits erwähnten Gründen — im Bereich der sigmoidalen Kurve im Gebiet zwischen den Regressionsgeraden der Polyene und der benzoiden Kohlenwasserstoffe. 1,2-Diaryläthylene wurden mit Hilfe der HMO-Methode erfolgreich untersucht (83—85). Für die Tetraphenyl-Derivate wurden die $N \to V_1$-Energien für α,ω-Diphenylpolyene verwendet, denn infolge sterischer Hinderung der Koplanarität befindet sich in Konjugation nur der Teil, der den α,ω-Diphenylpolyenen entspricht. Bei Styrol und Stilben sind die LCI-SCF-Daten in befriedigender Übereinstimmung mit dem Experiment (59, 86—88); bei höheren Gliedern muß in der Berechnung die Alternation der Bindungslägen im Polyen-Teil des Moleküls berücksichtigt werden.

Ungerade α,ω-*Diphenylpolyene* (XI) wurden mit Hilfe der HMO (89—91) sowie LCI-HMO (59) untersucht; die Übereinstimmung der Theorie mit Experiment ist befriedigend.

Es wurde eine Reihe von *Arylmethyl-Kationen* sowie ihrer Methyl- und Hydroxy-Derivate (XIV) untersucht. Die Korrelation der Wellenzahlen der ersten Banden mit den $E(N \to V_1)$-Energien ist befriedigend (92). Wir verglichen die LCI-HMO-Spektraldaten mit den experimentellen Werten, und ferner schätzten wir mittels der Störungsrechnung die Größe des Einflusses der Substituenten. Obwohl die Größe Δc_μ^2 (μ bezeichnet das exocyclische Atom) (Gl. 16) bei allen untersuchten Systemen positiv ist (was der hypsochromen Verschiebung des Absorptionsmaximums bei Einführung der CH_3- oder der OH-Gruppe entspricht), sind die Unterschiede in ihrem Wert aber sehr bedeutend. So z. B. beträgt der Wert 0,5 für das 2-Anthrylmethyl- und das 9-Phenanthrylmethyl-Kation, während er sich für das 9-Anthrylmethyl-Kation Null nähert.

Bei der Verarbeitung nach der HMO-Methode liegen die Daten für die Arylphenylmethyl-Kationen (XV) im Bereich der Tropylium-Ionen, und dies ist im Einklang mit der Tatsache, daß es sich hier mehr oder weniger um cyclische Ionen handelt. Außer dem schon früher nach der LCI-Methode (52, 62, 93) studierten Diphenylmethyl-Kation (in der Studie (52) wurde auch der Einfluß der Geometrie des Systems untersucht) wurden einige weitere Systeme studiort (94); die ersten Banden in den Spektren sind im wesentlichen reine $N \to V_1$-Übergänge. Abb. 10 zeigt einen Vergleich der auf der LCI-Methode beruhenden theoretischen Daten mit den experimentellen Werten für Naphthylphenylmethyl-Kationen.

Das *Triphenylmethyl-Kation* ist das Muttersystem der Triphenylmethan-Farbstoffe. Die mittels der LCI-SCF-Methode berechnete Lage (22,8 kK) und Intensität stimmt gut mit den experimentellen Werten überein (23,2 kK) (59).

Bei *Benzo-cyclooctatetraenen* (XVII) erschwert die Nichtkoplanarität der Systeme die Ermittlung richtiger theoretischer Angaben. In Übereinstimmung mit der Vorstellung über die Ähnlichkeit großer Cyclopo-

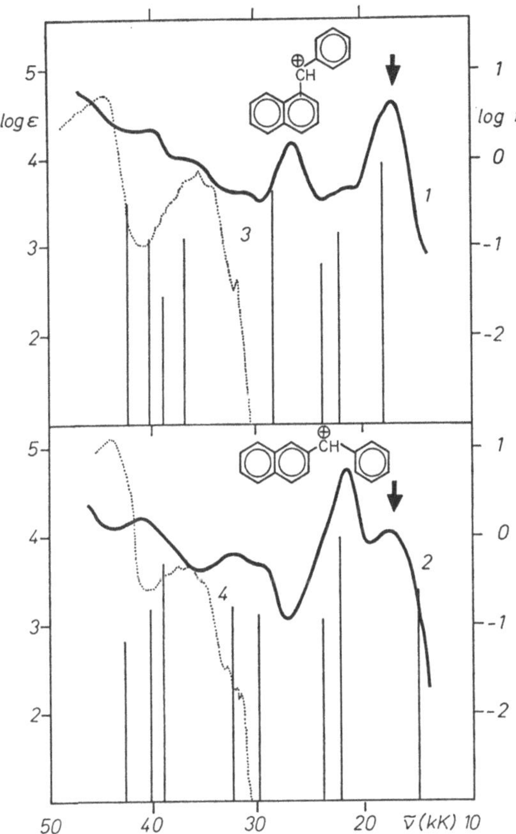

Abb. 10. Absorptionskurven der 1-Naphthyl-phenylmethyl- (1) und 2-Naphthyl-phenylmethyl- (2) Kationen, die aus den entsprechenden Carbinolen (Kurven 3 und 4) durch Auflösen in 96%iger H_2SO_4 erhalten wurden. Die Spektren der Carbinole wurden in methanolischen Lösungen aufgenommen. Die Abszissen bezeichnen die Ergebnisse der LCI-HMO-Berechnung. Die starken Pfeile zeigen die Lagen der Maxima der ersten Banden in Methylenchlorid (94)

lyene (XVIII) (Annulene) (95) mit den entsprechenden Polyenen liegen die Angaben für die Wellenzahlen der ersten Banden im Diagramm der Abhängigkeit der Größe $\tilde{\nu}$ von $E(N \rightarrow V_1)$ im Bereich der α,ω-Diphenylpolyene. Der Versuch einer Interpretation der Absorptionskurven der Annulene mit Hilfe der LCI-SCF-SC-Methode ist noch nicht abgeschlossen (59); theoretisch werden im langwelligen Bereich Banden erhalten, die keine Analogie in den experimentellen Absorptionskurven haben; die Ursachen dieses Widerspruchs werden untersucht. In diese Stoffgruppe reihen wir auch Polyphenylene (XIX) ($\frac{n}{2}$ Benzo[n]annulene) ein.

Diphenylen und Triphenylen sind bereits erwähnt worden. Tetra-, Hexa-
und Octaphenylen (XIX, $m = 2, 4, 6$) weisen Absorptionskurven (*96, 97*)
mit sehr diffusen Banden auf, was dafür spricht, daß diese Systeme bedeutsam nicht koplanar sind.

Die Wellenzahlen der ersten intensiven Banden der von Perinaph-
thenyl-Systemen (XX) abgeleiteten Kationen hängen annähernd linear
von den $N \rightarrow V_1$-Energien ab und außerdem liegen sie in nächster Nähe
der Angaben für Tropylium-Verbindungen. Dies ist im Einklang mit der
Tatsache, daß es sich um cyclische Ionen handelt. Die Übereinstimmung
zwischen den LCI-HMO- und den LCI-SCF-Daten mit den experimentellen Werten ist gut (*98*).

Nicht-alternierende Kohlenwasserstoffe

Die Wellenzahlen der ersten Banden der *Cyclopentadienyl-Anionen* in
Abhängigkeit von den $N \rightarrow V_1$-Energien weisen eine allzugroße Streuung
auf. Für die LCI-HMO-Daten wurde jedoch eine befriedigende Übereinstimmung mit dem Experiment (*99*) berichtet (*46*).

Die anti-hückelschen Cyclopentadienyl-Kationen absorbieren im
Übergang zwischen dem sichtbaren und dem nahen Infrarot-Bereich
(*100*). Der Unterschied zwischen den Lagen der Maxima der ersten Absorptionsbande beim Isoorbitalpaar Anion-Kation (der Cyclopentadienyl-
Type) beträgt für die untersuchten Stoffe ungefähr 8 kK, ist also bedeutend. Dies wird dadurch bewirkt, daß die $N \rightarrow V_1$-Anregung — bei allen
bisher studierten Systemen — bei natürlichen (Hückelschen) Ionen eine
wesentlich höhere Energie erfordert als bei nicht natürlichen (anti-
Hückelschen) Ionen. Die mittels der LCI-HMO-Methode durchgeführten
Berechnungen deuten darauf hin, daß die erste Bande im Elektronenspektrum bei höheren Wellenlängen liegt, also im nahen Infrarot-Bereich. Es wurde jedoch eine sehr gute Übereinstimmung zwischen den
Lagen der ersten Banden in H_2SO_4 (Möglichkeit der Messung bis zu ungefähr 800 mμ) und in Lösungen von CH_2Cl_2 mit einem Gehalt an $AlCl_3$
festgestellt, und es wurde keine neue Bande gefunden (*92*). Es scheint
daher, daß die nicht allzugute Übereinstimmung der Theorie (LCI-
HMO) mit dem Experiment auf die Theorie zurückzuführen ist: Das
starke Absinken der Ordnung der Zentralbindung beim Übergang vom
Fluorenyl-Anion zum entsprechenden Kation (p ist gleich 0,480 und
0,331) weist darauf hin, daß für Kationen die Anwendung der LCI-SCF-
SC-Methode zweckmäßig ist.

Pullman (*101*) zeigte, daß die HMO-Energien der $N \rightarrow V_1$-Übergänge
die durch Benzannelierung bewirkte hypsochrome Verschiebung der
ersten Absorptionsbande des *Fulvens* (XXIII, m = 1) erfassen. Dagegen
existiert keine lineare Abhängigkeit zwischen den Wellenzahlen der

ersten Banden der Fulvene (einschließlich der Heptafulvene (*102*)) und den HMO-Energien der $N \rightarrow V_1$-Übergänge. Die Fulvene sind Kohlenwasserstoffe ausgesprochen polyolefinischen Charakters; infolgedessen ist die Übereinstimmung zwischen den LCI-SCF-Anregungsenergien und den experimentellen Werten unbefriedigend. Die LCI-SCF-SC-Daten (*50*) sowie auch die LCI-SCF-Anregungsenergien, die mit verschiedenen Werten der β^{core}-Integrale der formal einfachen und doppelten Bindungen (*59*) (-2,086 und -2,550 eV) erhalten werden, sind in befriedigender Übereinstimmung mit dem Experiment (*103—105*).

Die lineare Beziehung zwischen $\tilde{\nu}_{max}$ und den $E(N \rightarrow V_1)$-Energien ist bei den von *„hochaciden Kohlenwasserstoffen"* (*106, 107*) abgeleiteten Anionen (XXIV) befriedigend (*108*). Die theoretischen Wellenzahlen (LCI-SCF) der ersten Banden sind systematisch bathochrom gegen die Wellenzahlen der Maxima der experimentellen Banden (*59*) verschoben.

Tropylium und seine Benzoderivate gehören zu den am gründlichsten studierten Systemen (*29, 46, 109, 110*). Die lineare Abhängigkeit der Größe $\tilde{\nu}_{max}$ von $E(N \rightarrow V_1)$ in einer Reihe von sieben Stoffen ist eine der ersten Korrelationen von Spektraldaten mit Hilfe der HMO-Werte (*29*, s. auch *89* und *112*). Es wurde eine gute Übereinstimmung der LCI-HMO-Daten mit den Absorptionskurven von Tropylium-Ionen berichtet, wenn die Tropole in Schwefelsäure gelöst waren (*46, 109*). Der Einfluß von Alkylgruppen beim Benzotropylium-Kation wurde mit Hilfe der Störungsrechnung erklärt (*111*). Ein Vergleich der Absorptionskurven mono- und disubtituierter Derivate des Dibenzotropylium-Kations erleichtert die Bestimmung der Anzahl und Lage der Elektronenbanden (*113*); es scheint, daß im Bereich von 19 bis 33 kK vier Elektronenbanden existieren, die von den LCI-HMO-Angaben gut erfaßt werden. Gemäß diesen Angaben ist die erste Bande durch einen fast reinen $1 \rightarrow 1'$-Übergang bedingt. Im Einklang hiermit ist der beobachtete Einfluß der Substituenten auf die Lage dieser Bande. Unlängst wurde das Spektrum des Triphenyl-cyclopropenylium-Kations mit Hilfe der HMO-Methode diskutiert (*114*).

Bei α-Tropyl-ω-phenyl- (und ω,ω-Diphenyl-) Polyen-Kationen (XXVII) und bei 1-Tropyl-2-aryläthylen-Kationen (XXVIII) existieren Korrelationen der Wellenzahlen der ersten Banden mit den Energien der $N \rightarrow V_1$-Übergänge (*89, 112, 115*). Eine erfolgreiche Interpretation (*116*) der Elektronenspektren wurde mit Hilfe der Methode „molecules in molecules" ausgeführt.

Von bicyclischen Systemen sind vor allem drei anzuführen, nämlich *Pentalen, Azulen und Heptalen*. Das erste dieser Systeme ist bisher noch nicht synthetisiert worden; aus den HMO-Termschema ist die Tendenz zur Bildung eines Pentalen-Dianions und eines Heptalen-Dikations zu ersehen. Das Pentalen-Dianion ist synthetisiert worden (*117*) ($\tilde{\nu}_{max} =$

37,3 kK, $\tilde{v}_{max}$(LCI-SCF) = 36,0 kK (59)). Es liegt auch ein Bericht über den Versuch der Berechnung des Elektronenspektrums des Heptalens vor (118). Azulen und seine Benzo-Derivate gehören zu den am gründlichsten studierten Kohlenwasserstoffen; ähnlich wie im Falle der Fulvene wurde keine lineare Beziehung zwischen $\tilde{v}_{max}$ und $E(N \to V_1)$ gefunden. Die Störungsrechnung funktioniert bei den Alkyl-Derivaten des Azulens recht befriedigend. Erfolgreich war die Interpretation der Spektren dieser Kohlenwasserstoffe mittels der LCI-HMO-Methode (46, 109, 120). Kürzlich wurde ein Versuch der Verallgemeinerung für bicyclische Systeme unternommen (121). Aus den MO-Charakteristiken der ersten Vinyloga des Azulens kann geschlossen werden, daß z. B. ein aus einem 7- und einem 9-gliedrigen Ring bestehender azulenoider Kohlenwasserstoff wahrscheinlich synthetisiert werden kann und relativ stabil sein wird. Die erste Bande wird wahrscheinlich bei 12 kK liegen. Die Aussichten für die Synthese anderer azulenoider Systeme sind gleichfalls verhältnismäßig günstig. Nicht lange nach dieser Voraussage wurde ein bis-dehydroazulenoides System synthetisiert (122), das aus einem 5- und einem 11-gliedrigen Ring besteht. Abb. 11 zeigt einen Vergleich der LCI-SCF-Angaben mit der experimentellen Absorptionskurve[5]. Es ist ersichtlich, daß die charakteristische Azulen-Bande im sichtbaren Bereich, ähnlich wie bei [7,9]-Azulen, erhalten geblieben ist; sie hat einen ähnlichen Charakter (fast reiner $N \to V_1$-Übergang) wie die analoge Bande im Azulen.

Von indacenoiden Kohlenwasserstoffen (123) ist bisher nur ein einziger synthetisiert worden, *s-Indacen* (LXXVII) (124), dessen theoretische Charakteristiken seine große Unbeständigkeit erfassen. Dagegen deuten die HMO-Charakteristiken bei den Systemen LXXVIII und LXXIX an, daß diese Systeme ähnlich stabil sein werden wie Azulen.

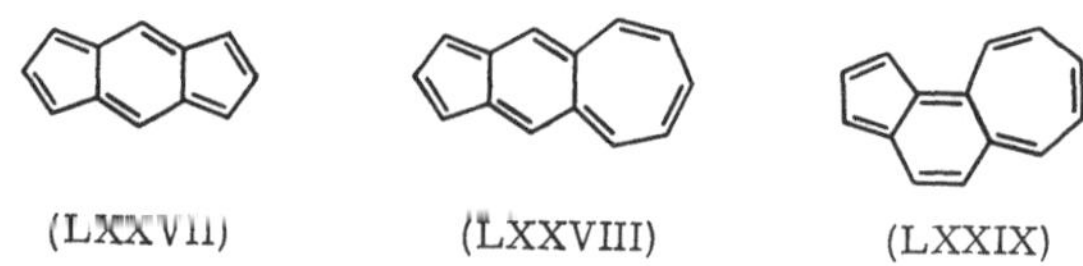

(LXXVII)   (LXXVIII)   (LXXIX)

Auf Grund der Ergebnisse der LCI-Berechnungen ist zu erwarten, daß der Kohlenwasserstoff LXXVIII blau und der Kohlenwasserstoff LXXIX blaugrün sein wird (123).

Von den neun möglichen kata-kondensierten ungeradzahligen tricyclischen Systemen (121, 125) der Type XXXIb stehen die Absorptionskurven (126) für zwei Systeme zur Verfügung. Vor allem handelt es sich um

---

[5] Herrn Prof. *F. Sondheimer* (Cambridge) danke ich für die Abbildung der Absorptionskurve.

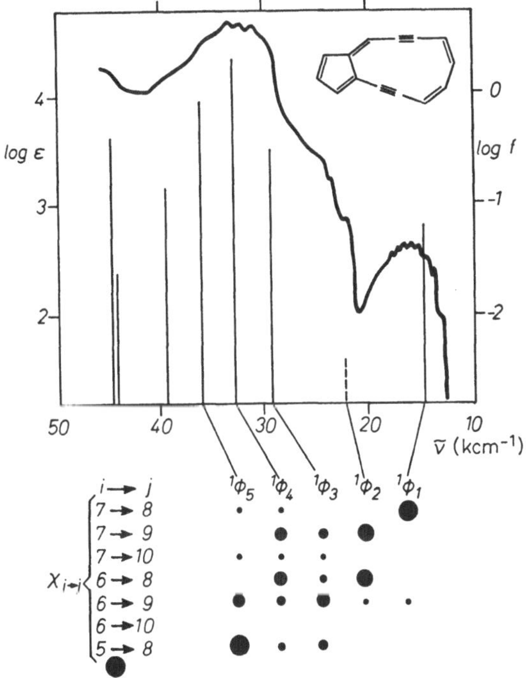

Abb. 11. Absorptionskurve für Bis-dehydro[5,11]azulen (*Sondheimer*, F.: Privatmitteilung) und LCI-SCF-Daten. $\beta^C_{C\equiv C} = 1{,}2\,\beta^C_{C=C}$ (*59*)

das Lithiumsalz des Anions (LXXX) und ferner um das Methylen-Derivat des Kations (LXXXI), das durch Protonierung des Pentaleno-heptalens entsteht. Die Lagen der ersten Absorptionsbanden wurden auf

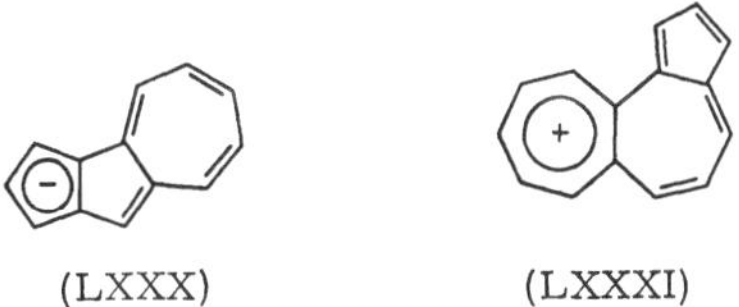

(LXXX)   (LXXXI)

Grund der N→V$_1$-Energien mit Hilfe der Regressionsgeraden für die Korrelation von $\tilde{\nu}$ mit E(N→V$_1$) bei Tropylium-Verbindungen geschätzt. Die Übereinstimmung zwischen Theorie und Experiment ist für die Systeme LXXX und LXXXI sehr gut; deshalb ist die Voraussage als einleuchtend zu betrachten, daß die ersten Banden der verbleibenden sieben Systeme zwischen 14 und 18 kK liegen werden (*125*).

R. Zahradnik

Für die neun untersuchten (*121*, *125*, *127*) perikondensierten tricyclischen Systeme der Type XXXIc stehen Angaben für fünf Stoffe zur Verfügung; die Übereinstimmung zwischen den LCI-Daten und den Experimenten ist gut. Für die übrigen vier Systeme wurden die Elektronenspektren vorausgesagt. Zur Illustration werden in Abb. 12 die theoretischen LCI-SCF- und LCI-HMO-Daten mit den experimentellen Werten für Dimethylcyclopent[ef]heptalen verglichen (s. auch *128*, *129*). Die Abbildung zeigt, daß die auf den HMO- und den SCF-Orbitalen beruhenden theoretischen Werte sich nur wenig unterscheiden. Für diesen Kohlenwasserstoff stehen zahlreiche Angaben über den Einfluß verschiedener Substituenten auf die Lage der ersten Bande zur Verfügung, und diese Bande erinnert in Lage, Intensität und Charakter (nahezu reiner N→V₁-

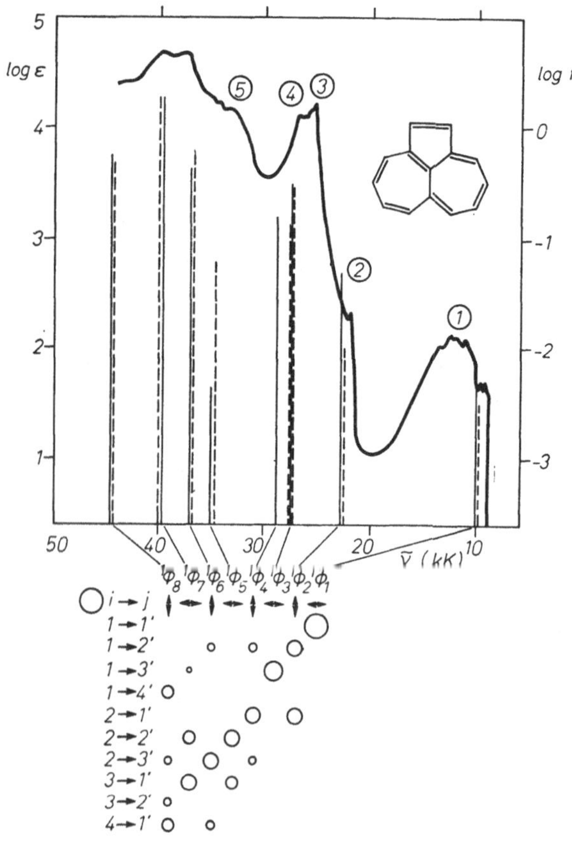

Abb. 12. Absorptionskurve des Dimethylcyclopent[ef]heptalens in Hexan (*126*) und Ergebnisse der LCI-SCF-(——) und LCI-HMO- (……) Berechnungen (*125*)

Übergang) an die charakteristische Bande des Azulens. Der Einfluß des Substituenten kann sehr gut durch die Störungstheorie erster Ordnung reproduziert werden.

Bei Acenaphthylen und Fluoranthen wurde auch *die Polarisation der Fluoreszenz* untersucht, wodurch es möglich war, die relativen Polarisationsrichtungen (*130*) der Übergänge zu bestimmen. Bei Acenaphthylen wurde eine sehr gute Übereinstimmung der Theorie mit dem Experiment erzielt, während bei Fluoranthen die Lage etwas komplizierter ist. Erwähnenswert ist das hier völlige Versagen der Methode „molecules in molecules", wenn es sich auch vom formalen Gesichtspunkt um ausgesprochen geeignete Systeme handelt. In voller Übereinstimmung mit dem Ergebnis des Studiums der Spektren des Acenaphthylens mittels der Methode der Fluoreszenzpolarisation ist auch die empirische Zuordnung der fünf Banden (*131*). Auf Grund der Störungstheorie kann die Richtung der Verschiebung der Banden bei Einführung der Nitrogruppe in die Stellungen 3 und 5 richtig geschätzt werden. Obwohl Versuche einer Korrelation der Wellenzahlen der ersten intensiven Banden mit den $N \rightarrow V_1$-Energien bei nicht alternierenden Kohlenwasserstoffen im allgemeinen zweifelhaft sind, war es bei der Reihe der Fluoranthene im Hinblick auf den Umfang und die (formale) Strukturhomogenität der Gruppe doch verlockend, Versuche in diesem Sinne zu unternehmen (*132, 133*). In den Absorptionskurven wurde, entsprechend einheitlichen Grundsätzen, die p-Bande zugeordnet; obgleich die erzielte lineare Korrelation nicht schlecht ist, muß doch vor einer Überschätzung ihrer Bedeutung gewarnt werden. Mit Hilfe der LCI-HMO-Methode wurden die Spektren einiger Fluoranthene mit Erfolg interpretiert.

Perikondensierte tetracyclische Systeme sind studiert worden (*134*). Die $N \rightarrow V_1$-Energien bei neutralen Kohlenwasserstoffen bleiben ohne Bedeutung, wogegen die Ergebnisse der LCI-HMO- und der LCI-SCF-Methode gut sind (*125*). Sehr interessant ist ein tetracyclischer Kohlenwasserstoff, Dibenz[cd,ij]azulen, für den *Heilbronner* und Mitarbeiter (*135*) einen Triplett-Grundzustand oder ein sehr niedrig gelegenes Triplett voraussagten. Interessant von chemischen Gesichtspunkt sind die Reidschen Kohlenwasserstoffe (*136, 137*), die sich formal durch Kondensation eines fünf- oder siebengliedrigen Ringes mit einem perikondensierten tricyclischen System ableiten, das ein nichtbindendes Molekülorbital besitzt (Perinaphthenyl, Benz[cd]azulenyl); die Übereinstimmung der LCI-HMO-Daten mit den Absorptionskurven des Indenyl-perinaphthenyls ist gut. Die weiteren untersuchten polycyclischen Kohlenwasserstoffe enthalten eine Azulen- und eine Perinaphthenyl-Struktureinheit (*59, 138*).

Heteroanaloga

Im Diagramm der Beziehung zwischen $\tilde{\nu}$ und $E(N \to V_1)$ liegen die Daten für ω-Methyl-polyenaldehyde nahezu auf derselben Geraden wie jene für die Polyene (*59*, s. auch *13*).

Für Heteroanaloga des Pyridin-Typs (und auch für Derivate benzoider Kohlenwasserstoffe und für Systeme der Thiophen-Gruppe) ist eine intensive Bande charakteristisch, die mit ihrer Lage ungefähr der L_b-Bande in den Mutterkohlenwasserstoffen entspricht; das Ansteigen der Intensität dieser Bande beim Übergang von Kohlenwasserstoffen zu Derivaten wird durch Verminderung der Symmetrie der Moleküle bewirkt. Infolgedessen ist manchmal die Auswahl von Banden schwierig, die in ihrer Lage den L_a-Banden entsprechen. Es wurde jedoch wiederholt festgestellt, daß die Unterschiede in den Lagen der Banden der Paare Kohlenwasserstoff-Heteroanalogen nur einigen Einheiten bzw. wenige Zehntel mμ betragen. Mit Hilfe der HMO-Daten ist es möglich, nicht nur die L_a-Banden zu korrelieren, sondern auch die L_b- und B_b-Banden (*36, 38, 71, 139—142*).

Studien der Heteroanaloga auf Grund genauerer Methoden stammen erst aus der letzten Zeit (*16, 143—147*). Unklarheiten und Probleme hinsichtlich der Polarisationsrichtung, die in einigen dieser Arbeiten (*146*) auftraten, führten zu befriedigenden Ergebnissen bei der eingehenden Untersuchung der großen Gruppe von Heteroanaloga (*147*).

Die Ähnlichkeit der Absorptionskurven der *Pyrrole* und *Thiophene* mit den Absorptionskurven isoelektronischer benzoider Kohlenwasserstoffe ist sehr groß; bei *Furanen* ist dies aber nicht der Fall. Dies ist offensichtlich durch die größere Elektronegativität des Sauerstoffs (im Vergleich mit Schwefel und Stickstoff) bedingt und damit auch durch den weniger wirkungsvollen Eingriff des Sauerstoffs in die Konjugation. Zwischen den Wellenzahlen der empirisch gewählten Banden der Thiophene (und Pyrrole), die mit ihrer Lage den L_a-Banden der Kohlenwasserstoffe entsprechen, und den $N \to V_1$-Energien existiert eine annähernd lineare Abhängigkeit. Für Thiophen (*148*) und Pyrrol (*149*) und für ihre Benzo-Derivate wurde eine ziemlich gute Übereinstimmung zwischen LCI-SCF-Daten und den experimentellen Absorptionskurven gefunden. Dagegen ist die Übereinstimmung für die Wellenzahlen der $S \to T$-Übergänge, ähnlich wie bei anderen Klassen von Verbindungen, wenig befriedigend.

Bei *Thiopyrilium* (XXXVIII) und Dithiolium-Verbindungen sowie ihren Benzo-Derivaten wurde keine lineare Abhängigkeit zwischen den ersten Banden und $E(N \to V_1)$ festgestellt (*150*).

Im Falle der Heteroanaloga des *Azulens* sind vor allem Azalene und Thialene (XXXIX) erwähnenswert. Die Anwendung der HMO-Daten hat, ähnlich wie bei den Muttersubstanzen, keine Aussicht auf Erfolg. (Das einzige qualitativ richtige Ergebnis betrifft die Tatsache, daß die $E(N{\to}V_1)$-Energien bei allen diesen intensiv gefärbten Stoffen klein sind.) Die hypsochrome Verschiebung der ersten Bande um 60 mμ beim Übergang von Azulen zu 5-Azaazulen (*151*) wird durch die LCI-SCF-Berechnung (*59*) gut erfaßt. Ähnlich günstig ist die Situation auch bei den Schwefelanaloga des Azulens (Abb. 13).

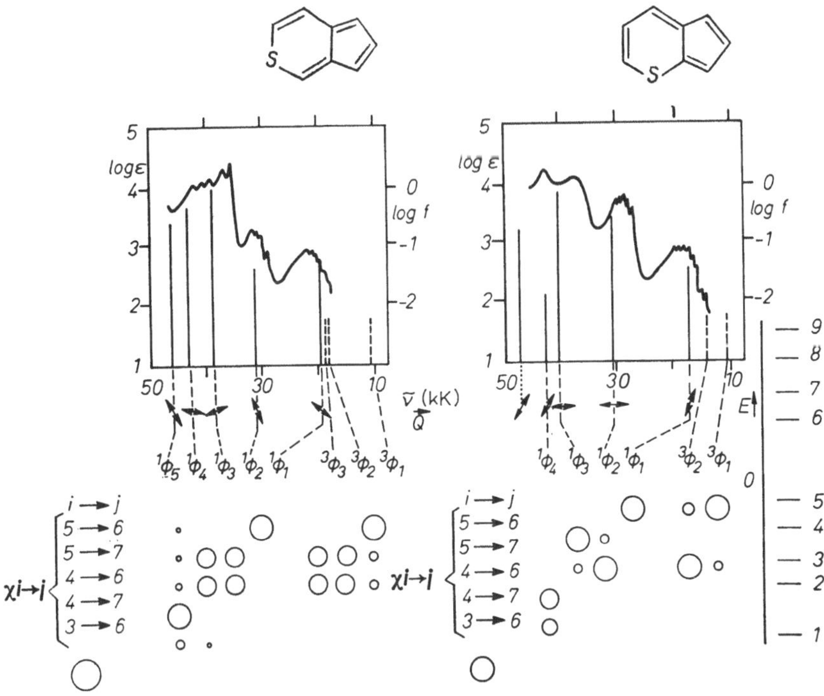

Abb. 13. Absorptionskurven des Thialens und Isothialens und Ergebnisse der LCI-SCF-Berechnungen (*148*)

Parallelität wurde gefunden zwischen den $N{\to}V_1$-Energien und Schwingungszahl der ersten Banden bei N-Heteroderivaten von Sesquifulvalenen (*152*).

Derivate

Die Fragen des Einflusses von Substituenten auf die Elektronenspektren konjugierter Systeme fesseln die Aufmerksamkeit schon seit langer Zeit. Sie sind sowohl vom theoretischen als auch vom praktischen Gesichtspunkt (vor allem in der Farbenchemie) von Bedeutung. Sie wurden sehr systematisch von *Platt* und Mitarbeitern studiert (*153*, s. auch *154*), und die Ergebnisse wurden in Form von Regeln für die Schätzung des Einflusses der Substituenten auf die Lage und Intensität der Banden zusammengefaßt (*155*).

Je nach der Größe der Störung des Muttersystems, die der eingeführte Substituent bewirkt, ist die Absorptionskurve des Derivates der Absorptionskurve des Muttersystems ähnlich oder unähnlich. Die Wechselwirkung des Muttersystems und des Substituenten ist um so größer, je fester die π-Bindung zwischen Substituent und Muttersystem ist (oder je größer das Resonanzintegral dieser Bindung ist), je größer die Konjugationsfähigkeit der den Substituenten bindenden Stellung ist und je mehr sich der Substituent mit seiner Elektronegativität der Elektronegativität des den Substituenten bindenden Zentrums (die dem Wert des Coulombschen Integrals nahe ist) nähert. Je größer die Wechselwirkung zwischen Substituent und Muttersystem ist, um so mehr unterscheidet sich die Absorptionskurve des Derivates von jener des Muttersystems und um so weniger deutlich ist die Vibrationsstruktur der Elektronenbanden. So z.B. besteht eine auffallende Ähnlichkeit der Absorptionskurven des 2-Hydronaphthalins und des Naphthalins, wogegen die Absorptionskurven des 1-Aminonaphthalins und des Naphthalins bedeutende Unterschiede aufweisen. Wesentliche Änderungen der Absorptionskurven der Derivate treten auch dann ein, wenn der Substituent selbst ein relativ starker Akzeptor von Elektronen ist; in einem solchen Falle erscheint im Spektrum des Derivates eine Bande, die einen inneren Charge-Transfer zugehört. Dies ist z.B. bei Nitroverbindungen der Fall.

Amine, Phenole, Phenolate und Halogenderivate sind (neben Arylmethyl-Ionen) die einfachsten Derivate (*37, 71*). Ähnlich wie bei Heteroanaloga benzoider Kohlenwasserstoffe erschwert auch hier die erhöhte Intensität der L_b-Bande die Wahl der Bande, die der L_a-Bande benzoider Kohlenwasserstoffe entspricht. Die empirische Zuordnung wird dagegen durch die Tatsache erleichtert, daß die Lagen der L_a- und B_b-Banden der Derivate in der Nähe der Lagen der analogen Banden benzoider Kohlenwasserstoffe liegen. Mittels der HMO-Methode ist es nicht möglich, die Verschiebungen zu reproduzieren, die den Übergang von Kohlenwasserstoff zu den Derivaten begleiten; dagegen existiert aber eine Korrelation zwischen den Wellenzahlen der L_a-Banden und den $E(N \rightarrow V_1)$-Energien (Abb. 14) sowie zwischen den Wellenzahlen der L_b- und B_b-Banden und den $\bar{E}(N \rightarrow V)$-Energien (Abb. 15). Derivate benzoider Kohlenwasserstoffe wurden intensiv mit den semi-empirischen Methoden studiert (*156—170*). Die Berechnungen der Spektren mittels der LCI-SCF-Methode für eine umfangreiche Gruppe von Aminen, Phenolen und Phenolaten bestätigen nur teilweise die Richtigkeit der früheren empirischen Zuordnung der

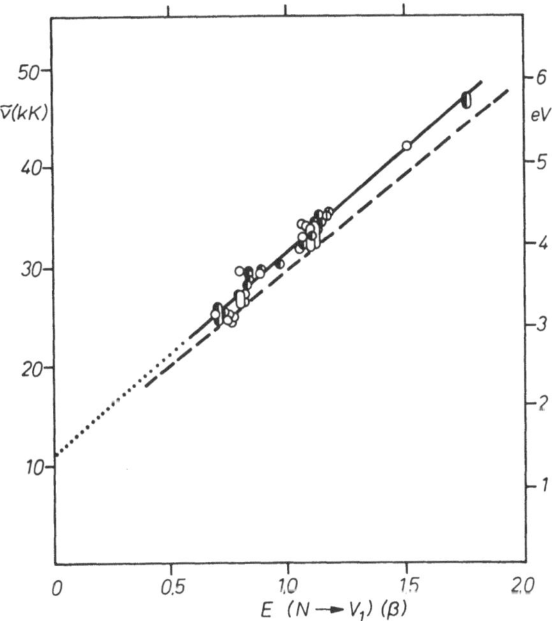

Abb. 14. Abhängigkeit der Wellenzahlen der Maxima der Banden, die den L_a-Banden in benzoiden Kohlenwasserstoffen entsprechen, und bei Amino- (○), Hydroxy- (◐), Chlor-, Brom- und bei Fluorderivaten (◑) benzoider Kohlenwasserstoffe von den Energien $E(N{\to}V_1)$. Zwecks Vergleiches ist die Regressionsgerade für benzoide Kohlenwasserstoffe punktiert angegeben (*37*)

Banden und erfassen im großen und ganzen gut den Charakter der ersten drei bis vier Banden (*167, 168*). Einige Ergebnisse zeigt Abb. 16. Ähnlich wie bei Aminen benzoider Kohlenwasserstoffe versagt auch bei Amino-fluoranthenen (*171*) der Versuch, mittels der HMO-Theorie die relativen Verschiebungen vorauszusagen, die den Übergang von Kohlenwasser-stoff zum Derivat begleiten.

Die Absorptionskurven der Thioharnstoffe (XLVI) (*172*), Monothio-carbamate (XLVII), Carbäthoxyderivate (XLIX) (*173*), Isothiocyanate (L) (*174*), Aldehyde (LII) und Nitrile (LIII) (*175*), die sich von benzoiden Kohlenwasserstoffen ableiten nähern sich mit ihrer Form den Absorp-tionskurven der Muttersubstanzen.

Die Korrelation zwischen den Wellenzahlen der ersten intensiven Banden polynuklearer Chinone und der $N{\to}V_1$-Energien ist unbefriedigend ((*176*, s. auch *177—179*); LCI-Berechnungen (*180, 181*)); die HMO-Daten (zum Unterschied von jenen für Amine und ähnliche Derivate) erfassen jedoch im großen und ganzen gut die Verschiebungen der Banden, die

R. Zahradnik

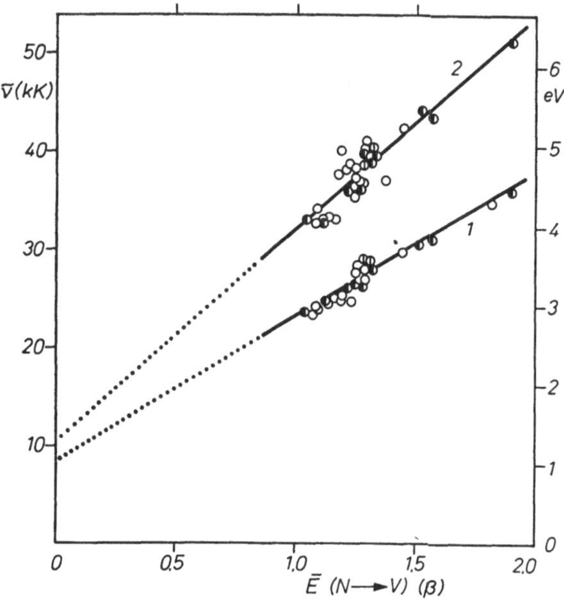

Abb. 15. Abhängigkeit der Wellenzahlen der Maxima der Banden, die den benzoiden
L$_b$-(1) und B$_b$-(2) Banden analog sind, für Amino- (O), Hydroxy- (◑), Chlor-,
Brom- und Fluor-Derivate (◐) benzoider Kohlenwasserstoffe von den Energien
$\bar{E}$(N→V) (*37*)

den Übergang von Kohlenwasserstoffen zu Chinonen begleiten (*176*). Die
Lage der ersten Bande eines Chinons, das durch Oxydation eines Reidschen Kohlenwasserstoffs (*136*) mit CrO_3 gebildet wird, spricht dafür,
daß das Chinon die Struktur LXXXII und nicht die Struktur LXXXIII
(*182*) besitzt.

Empirisch stellten wir fest (*172*), daß die Wellenzahlen der ersten
Banden der Nitroverbindungen (XLVIII) nicht mit den HMO-Energien
der 1→1'-Übergänge korreliert werden können, daß aber eine Parallelität
mit den Energien der 1→2'-Übergänge besteht (vgl. LCI-Daten (*183*,
184)). Es muß noch bemerkt werden, daß die Absorptionskurven der
Nitroverbindungen zumeist aus zwei oder drei sehr breiten Banden ohne
Vibrationsstruktur bestehen; ähnlich ist es bei Dinitro-Derivaten (LI)
(*172*).

Mono-, di- und trisubstituierte Derivate des Triphenylmethyl-Ka-
tions (und des Triarylmethyl-Kations) (LVII) bilden die Gruppe der
Triphenylmethan-Farbstoffe. Für einige Dutzend dieser Systeme wurden
HMO-Berechnungen durchgeführt (*185*, s. auch *25*, *186—188*), wobei
festgestellt wurde, daß die Wellenzahlen der Maxima der ersten Banden

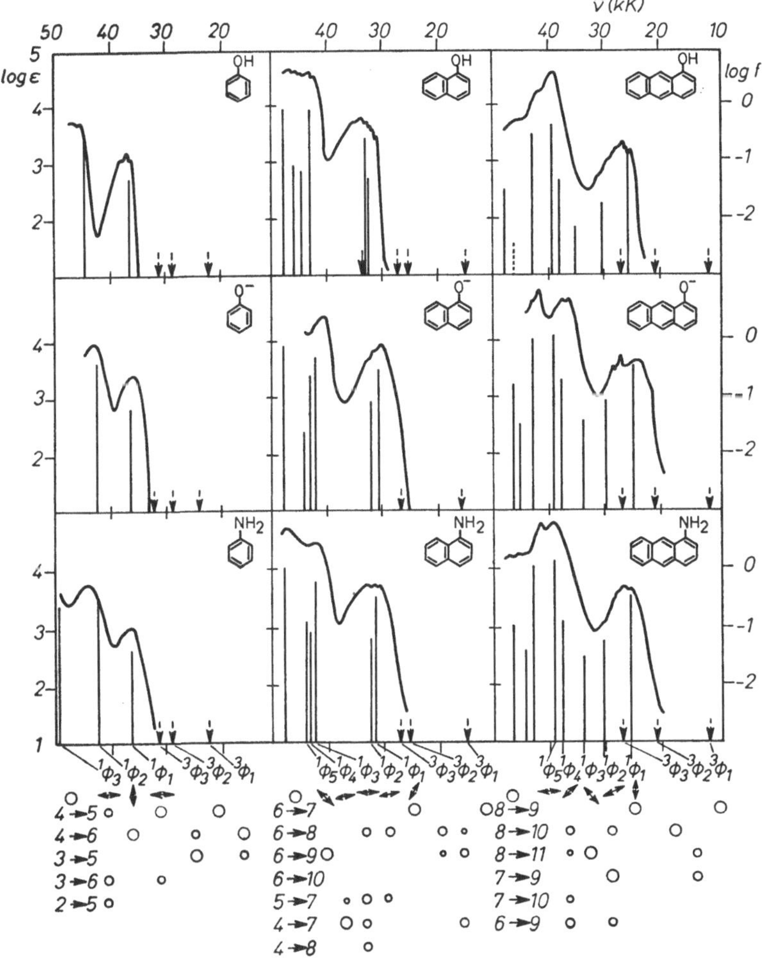

Abb. 16. Absorptionskurven des Phenols, 1-Naphthols, 2-Naphthols, der entsprechenden Phenolate und analoger Amine in 50%igem wässrigem Methanol (das im Falle der Phenolate auch 0,2N-NaOH war) und Ergebnisse der LCI-SCF-Berechnungen. Bei den Daten für die Amine sind auch Angaben über die gewichtsmäßige Vertretung der einzelnen Konfigurationen in den LCI-Wellenfunktionen und über die Polarisationsrichtungen angeführt (*167*)

zwar nicht sehr eng, jedoch statistisch bedeutsam mit den $E(N \rightarrow V_1)$-Energien korreliert werden können.

Es wurden einige Reihen von *Carbonylverbindungen* untersucht (LII, LIV, LVIII, LX, LXIII). Hierbei wurden Absorptionskurven sowohl in inerten Lösungsmitteln als auch in Schwefelsäurelösungen registriert, in denen eine O-Protonierung erfolgt. Diese protonierten Formen nähern sich mit ihrer Struktur (wie auf Grund der IR- und UV-Spektren zu schließen ist) den Hydroxy-Derivaten der entsprechenden Kohlenwasser-

(LXXXII)   (LXXXIII)

stoff-Kationen. Im Falle des Tropons kann dies durch das Schema LXIII, LXXXIV, LXXXV angedeutet werden.

(LXIII)   (LXXXIV)   (LXXXV)

Die große bathochrome Verschiebung der ersten intensiven Bande, die allgemein die Protonierung der Carbonylverbindungen begleitet, und die befriedigende Übereinstimmung zwischen der Lage der ersten intensiven Bande im protonierten Keton und im Ausgangskation unterstützen die Annahme, daß es sich tatsächlich um π-Ionen nach LXXXV und nicht um n-Ionen wie LXXXIV handelt. Ein Vergleich der Wellenzahlen der ersten intensiven Banden der Carbonylverbindungen mit den $N \to V_1$-Energien zeigt vor allem, daß die Korrelationen in allen Fällen weniger eng sind als die analogen Korrelationen bei Derivaten des Amin-Typs. Ferner zeigt sich, im Einklang mit den bei Kohlenwasserstoff-Systemen gewonnenen Erfahrungen, daß die Daten für Ketone im Bereich der Kohlenwasserstoffe und die Daten für protonierte Ketone im Bereich der Kohlenwasserstoffionen liegen (*100, 189, 190*). Für Perinaphthenone weisen die Ergebnisse der LCI-SCF-Berechnungen darauf hin, daß die ersten Banden zum größten Teil durch die Anregung in den Zustand bedingt sind, in dem die 1,1'-Konfiguration (*190*) dominiert. Gemäß dem Effekt des Lösungsmittels kann angenommen werden, daß auf dem langwelligen Ast der ersten $\pi \to \pi^*$-Bande die n $\to \pi^*$-Bande zum Vorschein kommt.

Obwohl bei neutralen nicht alternierenden Systemen allgemein die Wellenzahlen der ersten Banden mit den $N \to V_1$-Energien nicht korreliert sind, überrascht es doch nicht, daß in den vinylogen Reihen eine

Parallelität zwischen $\tilde{\nu}$ und $E(\mathrm{N}\rightarrow\mathrm{V}_1)$ existiert (im Hinblick auf die sehr große Strukturähnlichkeit der Glieder dieser Reihe). Im großen und ganzen kann gesagt werden, daß die Punkte für die Reihe der α-Fulvenyl-ω-dimethylaminopolyene (LXII) im Bereich der benzoiden Kohlenwasserstoffe liegen, wobei aber die Punktreihe eine klare Abweichung vom linearen Verlauf aufweist (*191*).

Mit Hilfe der LCI-Methode wurden die Spektren von Tropon und seinen Derivaten interpretiert (*105, 192*).

Bei Verbindungen des *Thiophenol-Typs* und bei Substanzen, die eine Benzothiophenon-Struktureinheit enthalten, standen für die HMO- Korrelation keine genügend umfangreichen Reihen strukturell verwandter Stoffe zur Verfügung, aber die LCI-SCF-Anregungsenergien und die Oszillatorstärken stimmen ziemlich gut mit den Versuchsdaten überein (*193*).

Mit Hilfe der HMO-Methode wurden auch die Lagen und Intensitäten der Banden in Phenyl-azo-azulenen berechnet (*194, 195*).

Derivate der Heteroanaloga

Thione (LXVI) verschiedener Typen (*30, 31, 196—199*) (sowie Thiohydrazide (LXX) (*200*)) wurden gründlich vom Gesichtspunkt der Korrelationen zwischen $\tilde{\nu}_{\mathrm{max}}$ und $E(\mathrm{N}\rightarrow\mathrm{V}_1)$ studiert. Außer den $\pi\rightarrow\pi^*$-Banden wurden auch die Korrelationen der $\mathrm{n}\rightarrow\pi^*$-Banden verfolgt (Näheres über die $\mathrm{n}\rightarrow\pi^*$-Banden siehe (*201*)).

Polymethiniumsalze (LXVII), Merocyanine (LXVIII) und Oxonole (LXIX) fesseln die Aufmerksamkeit schon seit längerer Zeit (*19, 202*). Im Diagramm der Beziehung zwischen $\tilde{\nu}_{\mathrm{max}}$ und $E(\mathrm{N}\rightarrow\mathrm{V}_1)$ liegen die Daten für diese Systeme nicht im Bereich der Polyene; dies ist in Übereinstimmung mit der vom chemischen Gesichtspunkt verständlichen Tatsache, daß es sich hier um Systeme ohne Alternation der Doppelbindungen handelt. Mit Erfolg wurden auch LCI-Berechnungen angewendet (*203*).

Derivate heterocyclischer Verbindungen wurden mit Hilfe sowohl der Störungstheorie (*204*) als auch der HMO-Methode (*205, 206*) und der LCI-Methode (*207*) untersucht. Auch in einer Gruppe strukturell nicht sehr homogener „Biochemikalien" (*208*) sowie in den Reihen der Pyrimidine, Purine und Pteridine (LXXI) (*209*) besteht eine Parallelität zwischen $\tilde{\nu}_{\mathrm{max}}$ und den Energien $E(\mathrm{N}\rightarrow\mathrm{V}_1)$. (Halbempirische Berechnungen siehe Ref. (*210—214*).

Eine enge Parallelität zwischen experimentellen und theoretischen HMO-Werten besteht bei Pyronen und Thiopyronen (*215—217*).

5. Charge-Transfer-Spektren

In konjugierten Verbindungen ist die Anregung eines Elektrons aus dem höchsten besetzten in das niedrigste unbesetzte π-Molekülorbital mit der Bildung einer Absorptionsbande verbunden; in der Regel handelt es sich um die erste langwellige intensive Bande. In Gegenwart einer weiteren Verbindung im untersuchten System, deren LFMO (HOMO) niedriger (höher) liegt als das LFMO (HOMO) in der ursprünglichen Substanz, ist eine intermolekulare Anregung des Elektrons, zum „Charge-Transfer", möglich. Dieser Übergang ist mit dem Entstehen einer neuen Bande im Absorptionsspektrum verbunden, die bei größeren Wellenlängen liegt als der langwelligsten der Absorptionsbanden der Komponenten. Das Molekül, in dem das Elektron angeregt wird, ist der Donator, das Molekül, das das Elektron aufnimmt, ist der Akzeptor (218—221).

Mulliken (219, 220) hat mit Hilfe der VB-Methode gezeigt, daß eine einfache Beziehung zwischen der Energie der ersten Charge-Transfer-Bande ($h\nu$) und dem Ionisationspotential des Donators (I_D) zu erwarten ist:

$$h\nu = I_D - C + 2\beta^2/(I_D - C)$$

wobei C eine Konstante und β das Resonanzintegral der Bindung zwischen Donator und Akzeptor ist. Da der Wert der Konstanten C ungefähr 6 eV beträgt und I_D in der Regel größer ist als 8 eV, so ist, für kleine Werte von β, die Abhängigkeit zwischen ν und I_D ungefähr linear.

Wenn die Wechselwirkung zwischen Donator und Akzeptor schwach ist, in einer Reihe strukturell verwandter Donatoren (Akzeptoren) mit einem bestimmten Akzeptor (Donator) auch auf Grund einer qualitativen Erwägung der Spektraleigenschaften der π-Komplexe zu erwarten, daß eine Parallelität zwischen der Anregungsenergie der Charge-Transfer-Banden und der Summe der Energien des HOMO-Donators und des LFMO-Akzeptors besteht. Ist eine dieser Größen bei der gegebenen Reihe konstant, so ist anzunehmen, daß eine lineare Abhangigkeit beim Eintragen der experimentellen Anregungsenergien in Beziehung zu den HOMO-Energien (Reihe der Donatoren) oder LFMO-Energien (Reihe der Akzeptoren) erhalten wird. Es ist klar, daß Korrelationen der ersten Type zur *Schätzung des Ionisierungspotentials* und jene der zweiten Type zur *Schätzung der Elektronenaffinitäten* dienen können.

Briegleb (221, 222) befaßte sich mit umfangreichen und systematischen Studien direkter Korrelationen zwischen den Anregungsenergien der Charge-Transfer-Banden und den Ionisationsenergien der Donatorkomponente des Komplexes. Die Zusammenhänge mit den HMO-Energien (k_1) wurden von einigen Autoren (13, 223—227) untersucht, die feststellten, daß die experimentellen und die theoretischen Größen korreliert sind. Diese Korrelationen sind aber nicht als ganz befriedigend anzusehen, denn die Donatoren gehörten oft verschiedenen Strukturtypen an, und daher waren die Gruppen nicht homogen; außerdem waren die Gruppen der untersuchten Stoffe manchmal klein.

Wir haben gezeigt (228, 229), daß sämtliche zugänglichen Angaben der Wellenzahlen der ersten Charge-Transfer-Banden der Komplexe für Reihen strukturell naher Donatoren mit einem bestimmten Akzeptor mit den HMO-Energien der höchsten besetzten π-Molekülorbitale (k_1) der Donatoren korreliert werden können:

$$\tilde{\nu}_{CT}^{(\text{kK})} = a\,k_1(\beta) + b. \tag{24}$$

In einem analogen Fall, der eine Reihe strukturell verwandter Akzeptoren (230, 231) mit einem konstanten Donator betrifft, ist die Erfüllung folgender Gleichung zu erwarten:

$$\tilde{\nu}_{CT}^{(\text{kK})} = a\,k_{1'}(\beta) + b, \tag{25}$$

wobei k_1' die Energie des niedrigsten unbesetzten MO-Akzeptors ist.

Die Ergebnisse der statistischen Verarbeitung der experimentellen und der theoretischen Größen (laut Gl. (24)), die benzoide Kohlenwasserstoffe mit dreizehn verschiedenen Akzeptoren betreffen, sind in Tabelle 4

Tabelle 4. *Abhängigkeiten der Wellenzahlen der ersten Charge-Transfer-Banden $\tilde{\nu}$ der π-Komplexe benzoider Kohlenwasserstoffe mit verschiedenen Akzeptoren von den Energien des höchsten besetzten π-Molekülorbitals (HOMO) des Donators.*
Konstanten der Regressionsgeraden (24) (a, b), Korrelationskoeffizienten (r) und Anzahl der Stoffe (n). $\tilde{\nu}$ ist in kK ausgedrückt und die HOMO-Energie in β-Einheiten

Akzeptor	a	b	r	n[a]
Tetracyanochinodimethan	26,32	1,58	0,991	9
Tetracyanoäthylen	26,28	2,20	0,961	20
Chloranil	25,82	5,25	0,984	13
Bromanil	22,46	6,45	0,954	8
2,4,7-Trinitrofluorenon	24,78	7,78	0,976	18
Tropylium (Tetrafluoroborat)	24,45	8,37	0,997	5
1,3,5-Trinitrobenzol	26,55	10,13	0,903	17
p-Benzochinon	26,97	10,18	0,988	6
Tetrachlorphthalsäureanhydrid	22,79	13,50	0,993	6
Jod	20,87	14,58	0,989	6
Maleinsäureanhydrid	21,00	16,61	0,916	5
Phthalimid	19,99	17,42	0,961	6
Phthalsäureanhydrid	18,54	18,11	0,964	6

[a]) Anzahl der Substanzen.

R. Zahradnik

angegeben; analoge Ergebnisse für Heteroanaloga und Derivate über Komplexe mit Tetracyanoäthylen und Chloranil sind in Tabelle 5 zusammengefaßt.

Tabelle 5. *Abhängigkeiten der Wellenzahlen der ersten Charge-Transfer-Banden $\tilde{v}$ der π-Komplexe benzoider Kohlenwasserstoffe, ihrer Azaanaloga, Brom- und Amino-Derivate mit Tetracyanoäthylen (A) und Chloranil (B) von den Energien des höchsten besetzten π-Molekülorbitals (HOMO) der Donatoren.*
Konstanten der Regressionsgeraden (24) (a, b), Korrelationskoeffizienten (r) und Anzahl der Stoffe (n). $\tilde{v}$ ist in kK ausgedrückt und die HOMO-Energie in β-Einheiten

Donator	Ak-zeptor	a	b	r[a]	n[b]
Benzoide Kohlenwasser-stoffe	A	26,275	2,202	0,961	20
	B	25,824	5,249	0,984	13
Azaanaloga	A	22,370	6,386	0,951	9
	B	23,204	8,301	0,959	7
Bromderivate	A	21,105	5,354	0,989	7
	B	23,919	6,471	0,992	7
Aminoderivate	A	26,462	3,420	0,957	10
	B	25,020	5,893	0,911	13

[a]) Alle Daten sind auf 1%igem Niveau
[b]) Anzahl der Stoffe.

Die Beziehungen zwischen den experimentellen Wellenzahlen der ersten CT-Banden und den entsprechenden theoretischen Größen sind nur dann befriedigend, wenn wir den Strukturtyp der Verbindungen in ähnlicher Weise berücksichtigen, wie dies bei den ersten intensiven Banden in den Elektronenspektren der Fall war. Hier handelt es sich vor allem um benzoide Kohlenwasserstoffe und Polyene und ferner um α,ω-Diphenylpolyene, die den Übergang zwischen diesen beiden Gruppen bilden (Abb. 17). Bei benzoiden Kohlenwasserstoffen bilden (in allen untersuchten Fällen) die Angaben für sehr symmetrische Gebilde (Symmetriegruppe D_{3h} oder D_{6h}), bei denen das höchste bindende MO entartet ist, eine besondere Untergruppe. Auf die Größe der Elektronenaffinität der Donatoren kann aus dem Wert der Konstanten b geschlossen werden, die in Gl. (24) auftritt.

Auf die Rolle der Bindungsalternierung bei den Korrelationen von CT-Daten wurde schon früher hingewiesen (53). Kürzlich wurde gezeigt (232), daß mit Anwendung der Daten der LCI-SCF-SC-Methode eine befriedigende Übereinstimmung zwischen Theorie und Experiment erzielt werden kann. Beim Eintragen der Versuchsdaten in Abhängigkeit von den theoretischen wird eine einzige lineare Abhängigkeit für verschiedene Kohlenwasserstoffklassen erhalten.

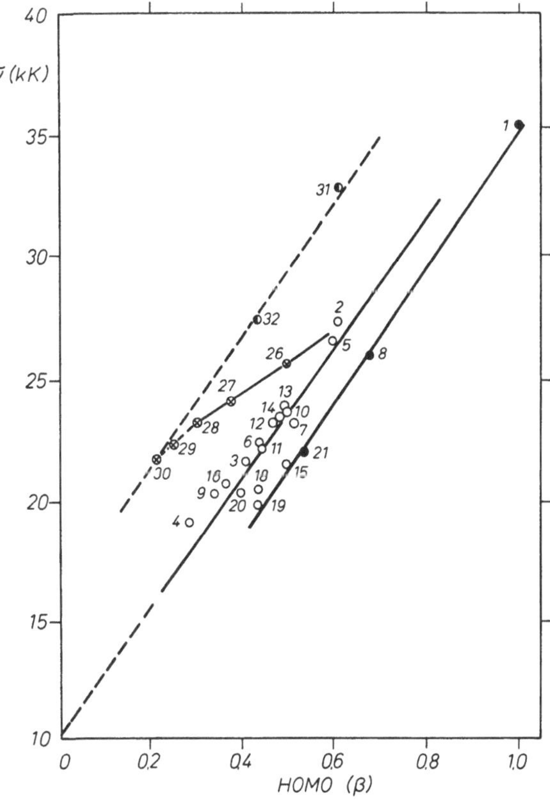

Abb. 17. Abhängigkeit der Wellenzahlen der Maxima der ersten Charge-Transfer-Banden der π-Komplexe konjugierter Kohlenwasserstoffe mit 1,3,5-Trinitrobenzol von der Energie des höchsten besetzten π-MO-Bahn des Donators (k_1).
Bezeichnung: ○ (●) benzoide Kohlenwasserstoffe (mit entartetem HOMO), ◑ Polyene, ⊗ α,ω-Diphenylpolyene. 1 Benzol, 2 Naphthalin, 3 Anthracen, 4 Tetracen, 5 Phenanthren, 6 Pyren, 7 Chrysen, 8 Triphenylen, 9 Perylen, 10 Picen, 11 Benz(a)anthracen, 12 Dibenz(a,h)anthracen, 13 Dibenz(a,c)anthracen, 14 Dibenz(a,j)anthracen, 15 Benz(e)pyren, 16 Benz(a)pyren, 18 Dibenz(a,e)pyren, 19 1,12-Benzoperylen, 20 3,4-Benzotetraphen, 21 Coronen, 27 1,4-Diphenylbutadien, 26 Stilben, 28 1,6-Diphenylhexatrien, 29 1,8-Diphenyloctatetraen, 30 1,10-Diphenyldecapentaen, 31 1,3-Butadien, 32 1,3,5-Hexatrien (228)

Nachtrag 1

Coulomb- ($a_\mu = a + \delta_\mu\beta$) und Resonanz- ($\beta_{\mu\nu} = \varrho_{\mu\nu}\beta$) Integrale der p_z-Atomorbitale der HMO-Methode.
(Die Berechnungen in dieser Arbeit wurden, insoweit im Text nicht anders angegeben, mit den folgenden Parametern durchgeführt)

p_z-Atomorbital	δ_μ[a]	$\delta_{\mu C}$[a]
C	0	1
N (Pyridin)	0,5	1
N (Pyrrol)[b]	1,5	0,8
N (Anilin)	1	1
N (Nitril)	0,5	1,4
O (Keton)[b]	1	1
O (Chinon)	1,3	2
O (Phenol)[b]	2	0,8
S (Thioketon)	0,5	0,9
S (Thiophen)	1	0,6
F[b]	3	0,7
Cl[b]	2	0,4
Br[b]	1,5	0,3
J	1,3	0,25

[a] Wenn das Kronecker-Delta in Tabelle 1 gleich 1 ist, bezeichnen wir die Konstante $\xi_{\mu\mu}$ mit dem Symbol δ_μ; wenn sie gleich Null ist, verwenden wir für diese Konstante das Symbol $\varrho_{\mu\nu}$.

[b] Von *Streitwieser* empfohlene Werte (*13*).

[c] Induktionseffekt berücksichtigt: $\delta_{C(O)} = 0,2$.

Nachtrag 2

Empirische Parameter der LCI-SCF-Methode.
(Die Berechnungen in dieser Arbeit wurden, insoweit im Text nicht anders angegeben, mit folgenden Parametern durchgeführt)

Atom	I_μ (eV)[a]	A_μ (eV)[b]	$\beta_{C\mu}$ (eV)[c]	Z_μ[d]	$l_{C\mu}$ (Å)[e]
=O	13,6	2,3	—2,318	1	1,2
—OH	32,9	10,0	—2,318	2	1,4
(A_r^+) OH	32,9	10,0	—1,391	2	1,4
—O⁻	21,0	9,5	—2,318	2	1,4
—NH$_2$	27,3	9,3	—1,854	2	1,4
=S	12,8	2,9	—1,000	1	1,4
—S—	22,9	11,0	—2,46	2	1,4
=C—	11,22	0,69	—2,318	1	1,4

[a] Entspricht $\beta_{\mu\mu}$ in Tabelle 1, siehe auch Gl. (9).

[b] Gl. (9).

[c] Entspricht $\beta_{\mu\nu}$ in Tabelle 1.

[d] Entspricht Z_σ in Tabelle 1.

[e] Bindungslänge.

6. Literatur

1. *Hückel, E.:* Z. Physik *76*, 628 (1932).
2. *Mulliken, R. S.:* J. Chem. Phys. *3*, 564 (1935).
3. — Phys. Rev. *61*, 277 (1942).
4. *Lennard-Jones, J. E.:* Proc. Roy Soc. (London) Ser. A *158*, 280 (1937).
5. *Coulson, C. A.:* Proc. Roy. Soc. (London) Ser. A *169*, 413 (1939).
6. — Valence. Oxford: Clarendon Press 1952.
7. *Pullman, B.,* et *A. Pullman:* Les théories électroniques de la chimie organique. Paris: Masson 1952.
8. *Matsen, F. A.:* im Buch Chemical Applications of Spectroscopy (West W., red.). New York: Interscience 1956.
9. *Murrell, J. N.:* The Theory of the Electronic Spectra of Organic Molecules. London: Methuen 1963.
10. *Salem, L.:* The Molecular Orbital Theory of Conjugated Systems. New York: Benjamin 1966.
11. *Sandorfy, C.:* Die Elektronenspektren in der theoretischen Chemie. Weinheim: Verlag Chemie 1961.
12. *Jaffé, H. H.,* and *M. Orchin:* Theory and Applications of Ultraviolet Spectroscopy. New York: Wiley 1962.
13. *Streitwieser, A., Jr.:* Molecular Orbital Theory for Organic Chemists. New York: J. Wiley 1961.
14. *Mason, S. F..* Quart. Rev. (London) *15*, 287 (1961).
15. *Pariser, R.,* and *R. G. Parr:* J. Chem. Phys. *21*, 466 (1953).
16. — — J. Chem. Phys. *21*, 767 (1953).
17. *Pople, J. A.:* Trans. Faraday Soc. *49*, 1375 (1953).
18. *Bayliss, N. S.:* Quart. Rev. (London) *6*, 319 (1952).
19. *Kuhn, H.:* J. Chem. Phys. *16*, 840 (1948).
20. — Angew. Chem. *71*, 93 (1959).
21. *Platt, J. R. (red.):* Free-Electron Theory of Conjugated Molecules (A Source Book). New York: J. Wiley 1964.
22. *Wheland, G. W.:* Resonance in Organic Chemistry. New York: J. Wiley 1955.
23. *Baldock, N. S.:* Proc. Phys. Soc. (London) A *63*, 585 (1950).
24. *Parr, R. G.:* Quantum Theory of Molecular Electronic Structure. New York: Benjamin 1964.
25. *Dewar, M. J. S.:* J. Chem. Soc. *1950*, 2329.
26. — J. Chem. Soc. *1952*, 3532.
27. — J. Chem. Soc. *1952*, 3544.
28. *Meuche, D., H. Strauss* u. *E. Heilbronner:* Helv. Chim. Acta *41*, 57 (1958).
29. *Naville, G., H. Strauss* u. *E. Heilbronner:* Helv. Chim. Acta *43*, 1221, 1243 (1960).
30. *Janssen, M. J.:* Thesis. Utrecht 1959.
31. — Rec. Trav. Chim. *79*, 1066 (1960).
31a. *Götz, H.,* u. *E. Heilbronner:* Helv. Chim. Acta *44*, 1365 (1961).
32. *Zahradník, R.,* and *J. Koutecký:* Tetrahedron Letters *18*, 632 (1961).
33. *Koutecký, J., J. Paldus,* and *R. Zahradník:* J. Chem. Phys. *36*, 3129 (1962).
34. *Heilbronner, E.,* and *J. N. Murrell:* J. Chem. Soc. *1962*, 2611.
35. *Koutecký, J., J. Paldus* u. *V. Vítek:* Collection Czech. Chem. Commun. *28*, 1468 (1963).
36. *Zahradník, R.:* Kvantová organická chemie. St. pedag. nakl., Praha 1963.
37. —, u. *J. Koutecký:* Collection Czech. Chem. Commun. *28*, 904 (1963).

38. *Koutecký, J.*, u. *R. Zahradnik:* Collection Czech. Chem. Commun. *28*, 2089 (1963).
39. *Coulson, C. A.:* Bulletin of the Photoelectric Spectrometry Group No. 3 (1961).
40. *Mataga, N.*, u. *K. Nishimoto:* Z. Physik. Chem. (Frankfurt) *13*, 140 (1957).
41. *Mulliken, R. S.:* J. Chem. Phys. *8*, 234 (1940).
42. *Coulson, C. A.:* Proc. Phys. Soc. (London) A *65*, 933 (1952).
43. *Longuet-Higgins, H. C.*, and *R. G. Sowden:* J. Chem. Soc. *1952*, 1404.
44. —, and *J. A. Pople:* Proc. Phys. Soc. (London) A *68*, 591 (1955).
45. *Dewar, M. J. S.*, and *H. C. Longuet-Higgins:* Proc. Phys. Soc. (London) A *67*, 795 (1954).
46. *Koutecký, J., P. Hochman*, and *J. Michl:* J. Chem. Phys. *40*, 2439 (1964).
47. *Zahradnik, R.*, u. *J. Michl:* Collection Czech. Chem. Commun. *30*, 515 (1965).
48. — Bisher nicht veröffentlicht.
49. *Koutecký, J., P. Hochmann*, and *M. Titz:* J. Phys. Chem. *70*, 2768 (1966).
50. *Hochmann, P.:* Dissertation. Prag 1967.
51. *Titz, M.:* Dissertation. Prag 1967.
52. *Koutecký, J.*, u. *J. Paldus:* Collection Czech. Chem. Commun. *28*, 1483 (1963).
53. *Gotebiewski, A.*, u. *J. Nowakowski:* Acta Physiol. Polon. *25*, 647 (1964).
54. *Hochmann, P., J. Koutecký, É. Szabo* u. *J. Fišer:* Collection Czech. Chem. Commun. *31*, 2287 (1966).
55. *Simpson, W. T.:* J. Am. Chem. Soc. *73*, 5363 (1951); *77*, 6164 (1955).
56. *Forster, L. S.:* Theoret. Chim. Acta *5*, 81 (1966).
57. *Parkhurst, L. J.*, and *B. G. Anex:* J. Chem. Phys. *45*, 862 (1966).
58. *Sorensen, T. S.:* J. Am. Chem. Soc. *87*, 5075 (1965).
59. *Zahradnik, R.:* Bisher nicht veröffentlicht, 1966.
60. *Rosenbaum, J.*, and *M. C. R. Symons:* J. Chem. Soc. *1961*, 1.
61. *Deno, N. C., H. G. Richey, Jr., J. D. Hodge*, and *M. J. Wisotsky:* J. Am. Chem. Soc. *84*, 1498 (1962).
62. *Dallinga, G., E. L. Mackor*, and *A. A. Verrijn Stuart:* Mol. Phys. *1*, 123 (1958).
63. *von Rosenberg, J. L., Jr., J. E. Mahler*, and *R. Pettit:* J. Am. Chem. Soc. *84*, 2842 (1962). .
64. *Krauch, H.:* J. Chem. Phys. *28*, 898 (1958).
65. *Nishimoto, K.:* Bull. Chem. Soc. Japan *39*, 2320 (1966).
66. *Clar, E.:* Polycyclic Hydrocarbons, Bd. 1 und 2. London: Academic Press. Berlin — Heidelberg — New York: Springer 1964.
67. *Peradejordi, F.:* Persönliche Mitteilung, 1966.
68. *Coulson, C. A.:* Proc. Phys. Soc. (London) *60*, 257 (1948).
69. *Heilbronner, E.*, u. *J. N. Murrell:* Theoret. Chim. Acta (Berl.) *1*, 235 (1963).
70. *Goodwin, T. H.*, u. *D. A. Morton-Blake:* Theoret. Chim. Acta (Berl.) *2*, 75 (1961).
71. *Nishimoto, K.:* Bull. Chem. Soc. Japan *39*, 645 (1966).
72. *Hummel, R. L.*, and *K. Ruedenberg:* J. Phys. Chem. *66*, 2334 (1962).
73. *Becker, R. S., I. S. Singh*, and *E. A. Jackson:* J. Chem. Phys. *38*, 2144 (1963).
74. *Allinger, N. L., M. A. Miller, L. W. Chow, R. A. Ford*, and *J. C. Graham:* J. Am. Chem. Soc. *87*, 3430 (1965).
75. *Michl, J.*, and *R. S. Becker:* J. Phys. Chem. im Druck.
76. *Turro, N. J.:* Molecular Photochemistry. New York: Benjamin 1965.
77. *Clar, E.:* Aromatische Kohlenwasserstoffe. 2. Aufl. Berlin — Göttingen — Heidelberg: Springer 1952.
78. —, *K. F. Lang* u. *H. Schulz-Kiesow:* Chem. Ber. *88*, 1520 (1955).
79. — Persönliche Mitteilung, 1965.
80. *Suzuki, H.:* Bull. Chem. Soc. Japan *32*, 1340 (1959).
81. *Gondo, Y.:* J. Chem. Phys. *41*, 3928 (1964).

82. *Grinter, R.:* Mol. Phys. *11,* 7 (1966).

83. *Suzuki, H.:* Bull. Chem. Soc. Japan *33,* 619 (1960).

84. *Drefahl, G.,* u. *G. Rasch:* Z. Phys. Chem. *213,* 352 (1960).

85. *Rasch, G.:* Z. Phys. Chem. *216,* 92 (1961).

86. *Basu, R.:* Theoret. Chim. Acta (Berl.) *2,* 215 (1964).

87. *Beveridge, D. L.,* and *H. H. Jaffé:* J. Am. Chem. Soc. *87,* 5340 (1965).

88. *Perkampus, H.-H.,* u. *J. V. Knop:* Theoret. Chim. Acta (Berl.) *6,* 45 (1966).

89. *Zahradník, R., C. Párkányi, J. Michl,* and *V. Horák:* Tetrahedron *22,* 1341 (1966).

90. *Scheibe, G.,* u. *G. Hohlneicher:* Ferienkurs über Theoretische Chemie, Konstanz, Sept. 1963.

91. *Sondermann, J.,* u. *H. Kuhn:* Ber. *99,* 2491 (1966).

92. *Zahradník, R., A. Kröhn, J. Pancíř* u. *D. Šnobl:* Collection Czech. Chem. Commun., im Druck (1968).

93. *Verrijn Stuart, A. A.,* and *E. L. Mackor:* J. Chem. Phys. *27,* 826 (1957).

94. *Horák, V., C. Párkányi, J. Pecka* u. *R. Zahradník:* Collection Czech. Chom. Commun. *32,* 2272 (1967).

95. *Sondheimer, F., R. Wolovsky,* and *Y. Amiel:* J. Am. Chem. Soc. *84,* 274 (1962).

96. *Rapson, W. S., H. M. Schwartz,* and *T. E. Stewart:* J. Chem. Soc. *1944,* 73.

97. *Wittig, G.,* u. *G. Lehmann:* Ber. *90,* 875 (1957).

98. *Zahradník, R., M. Tichý, P. Hochmann,* and *D. H. Reid:* J. Phys. Chem. *71,* 3040 (1967).

99. *Streitwieser, A., Jr.,* and *J. I. Brauman:* J. Am. Chem. Soc. *85,* 2633 (1963).

100. *Michl, J., R. Zahradník,* and *P. Hochmann:* J. Phys. Chem. *70,* 1732 (1966).

101. *Pullman, B.:* Chimia *15,* 4 (1961).

102. *Bergmann, E. D., E. Fischer, D. Ginsburg, Y. Hirshberg, D. Lavie, M. Mayot, A. Pullman,* et *B. Pullman:* Bull. Soc. Chim. France *18,* 684 (1951).

103. *Julg, A.,* et. *P. François:* Compt. Rend. *258,* 2067 (1964).

104. *Straub, P. A., D. Meuche* u. *E. Heilbronner:* Helv. Chim. Acta *49,* 517 (1966).

105. *Inuzuka, K.,* and *T. Jokata:* J. Chem. Phys. *44,* 911 (1966).

106. *Kuhn, R.:* Angew. Chem. *75,* 174 (1963).

107. *Jutz, Ch.,* u. *H. Amschler:* Angew. Chem. *73,* 806 (1961).

108. *Zahradník, R.,* u. *J. Michl:* Collection Czech. Chem. Commun. *30,* 1060 (1965).

109. *Heilbronner, E.,* and *J. N. Murrell:* Mol. Phys. *6,* 1 (1963).

110. *Meier, W., D. Meuche* u. *E. Heilbronner:* Helv. Chim. Acta *45,* 2628 (1962).

111. *Meuche, D., Simon ,W.* u. *E. Heilbronner:* Helv. Chim. Acta *42,* 452 (1959).

112. *Boyd, G. V.,* and *N. Singer:* Tetrahedron *22,* 547 (1966).

113. *Michl, J.,* u. *R. Zahradník:* Collection Czech. Chem. Commun. *31,* 2311 (1966).

114. *Basu, R.,* u. *S. K. Bose:* Theoret. Chim. Acta (Berl.) *4,* 94 (1966).

115. *Zahradník, R., J. Pancíř, A. Kröhn,* u. *Ch. Jutz:* Bisher nicht veröffentlicht, 1965.

116. *Hohlneicher, G., R. Kiessling, Ch. Jutz* u. *P. A. Straub:* Ber. Bunsenges. phys. Chem. *70,* 60 (1966).

117. *Katz, T. J.,* and *M. Rosenberger:* J. Am. Chem. Soc. *84,* 865 (1962).

118. *Dauben, H. J., Jr.,* and *D. J. Bertelli:* J. Am. Chem. Soc. *83,* 4657 (1961).

119. *Heilbronner, E.:* Tetrahedron *19,* 289 (1963).

120. *Pariser, R.:* J. Chem. Phys. *25,* 1112 (1956).

121. *Zahradník, R.:* Angew. Chem. *77,* 1097 (1965).

122. *Mayer, J.,* and *F. Sondheimer:* J. Am. Chem. Soc. *83,* 602 (1966).

123. *Zahradník, R., J. Michl* u. *J. Kopecký:* Collection Czech. Chem. Commun. *31,* 640 (1966).

124. *Hafner, K.:* Angew. Chem. *75,* 1041 (1963).

125. *Zahradník, R., P. Hochmann* u. *K. Hafner:* In Vorbereitung, 1967.

126. *Hafner, K.:* Persönliche Mitteilung, 1966.

127. *Hochmann, P., R. Zahradník* u. *V. Kvasnička:* Collection Czech. Chem. Commun. im Druck (1968).

128. *Ali, M. A.,* and *C. A. Coulson:* Mol. Phys. *4,* 65 (1961).

129. *DasGupta, N. K.,* u. *M. A. Ali:* Theoret. Chim. Acta (Berl.) *4,* 101 (1966).

130. *Heilbronner, E., J.-P. Weber, J. Michl* u. *R. Zahradník:* Theoret. Chim. Acta (Berl.) *6,* 141 (1966).

131. *Michl, J.,* u. *R. Zahradník:* Collection Czech. Chem. Commun. *31,* 2259 (1966).

132. *Zahradník, R.,* u. *J. Michl:* Collection Czech. Chem. Commun. *31,* 3442 (1966).

133. — —, and *J. Koutecký:* J. Chem. Soc. *1963,* 4998.

134. — —, and *J. Pancíř:* Tetrahedron *22,* 1355 (1966).

135. *Baumgartner, P., E. Weltin, G. Wagniere* u. *E. Heilbronner:* Helv. Chim. Acta *48,* 751 (1965).

136. *Reid, D. H.:* The Chemical Society, Special Publ. No. 12, 69 (1958).

137. *Zahradník, R.,* u. *J. Michl:* Collection Czech. Chem. Commun. *30,* 520 (1965).

138. *Jutz, Ch.,* u. *R. Kirchlecher:* Angew. Chem. *78,* 493 (1966).

139. *Coppens, G., C. Gillet, J. Nasielski,* and *E. Vander Donckt:* Spectrochim. Acta *18,* 1441 (1962).

140. *Mason, S. F.:* J. Chem. Soc. *1963,* 3999.

141. — Physical Methods in Organic Chemistry (Katritzky, A. R., red.), Bd. 2. New York: Acad. Press 1963.

142. *Derkosch, J., O. E. Polansky, E. Rieger* u. *G. Derflinger:* Monatsh. *92,* 1131 (1961).

143. *McWeeny, R.,* and *T. E. Peacock:* Proc. Phys. Soc. (London) A *70,* 41 (1957).

144. *Nishimoto, K.,* u. *N. Mataga:* Z. Physik. Chem. (Frankfurt) *12,* 335 (1957).

145. *Woźnicki, W., J. Dolewski, K. Jankowski, J. Karwowski* u. *S. Kwiatkowski:* Bull. Acad. Polon. Sci. *12,* 655 (1964).

146. *Favini, G., I. Vandoni* u. *M. Simonetta:* Theoret. Chim. Acta (Berl.) *3,* 45 (1965).

147. *Koutecký, J.:* In Vorbereitung.

148. *Zahradník, R., J. Fabian, A. Mehlhorn,* and *V. Kvasnička:* Organosulfur Chemistry (M.J. Janssen, Red.). New York: Interscience 1966.

149. *Mataga, N., Y. Torihashi* u. *K. Ezumi:* Theoret. Chim. Acta (Berl.) *2,* 158 (1964).

150. *Zahradník, R.:* Advances in Heterocyclic Chemistry (Katritzky A. R., red.), Bd. 5. New York: Academic Press 1965.

151. *Hafner, K.,* u. *U. Müller:* Persönliche Mitteilung, 1966.

152. *Evleth, E. M., Jr., J. A. Berson,* and *S. L. Manatt:* J. Am. Chem. Soc. *87,* 2900 (1965).

153. *Platt, J. R.* (red.): Systematics of the Electronic Spectra of Conjugated Molecules: A Source Book. New York: J. Wiley, 1964.

154. *Matsen, F. A.:* J. Am. Chem. Soc. *72,* 5243 (1950).

155. *Petruska, J.:* J. Chem. Phys. *34,* 1120 (1961).

156. *Goodman, L.,* and *H. Shull:* J. Chem. Phys. *27,* 1388 (1957).

157. *Fisher-Hjalmars, I.:* Arkiv. Fysik *21,* 123 (1962).

158. *Bloor, J. E.,* u. *F. Peradejordi:* Theoret. Chim. Acta (Berl.) *1,* 83 (1962).

159. *Nishimoto, K.:* J. Phys. Chem. *67,* 1443 (1963).

160. *Labhart, H.,* u. *G. Wagnière:* Helv. Chim. Acta *46,* 1314 (1963).

161. *Kwiatkowski, S.,* and *W. Woźnicki:* Tetrahedron Letters *1964,* 2933.

162. *Kimura, K.,* u. *S. Nagakura:* Theoret. Chim. Acta (Berl.) *3,* 164 (1965)

163. — — Mol. Phys. *9*, 117 (1965).
164. *Kwiatkowski, S.:* Acta Phys. Polon. *29*, 477 (1966).
165. *Knowlton, P.,* and *W. R. Carper:* Mol. Phys. *11*, 213 (1966).
166. *Klessinger, M.:* Theoret. Chim. Acta (Berl). *5*, 236 (1966).
167. *Tichý, M.,* u. *R. Zahradník:* In Vorbereitung.
168. — Dissertation, Praha 1966.
169. *Koutecký, J.:* Privatmitteilung.
170. *Michl, J.:* Privatmitteilung.
171. —, u. *R. Zahradník:* Collection Czech. Chem. Commun. *31*, 3464, 3471, 3478 (1966).
172. *Párkányi, C.,* u. *R. Zahradník:* In Vorbereitung.
173. *Klopman, G.,* u. *J. Nasielski:* Bull. Soc. chim. Belg. *70*, 490 (1961).
174. *Zahradník, R., D. Vlachová* u. *J. Koutecký:* Collection Czech. Chem. Commun. *27*, 2336 (1962).
175. *Polansky, O. E.,* u. *M. A. Grassberger:* Monatsh. *94*, 647 (1963).
176. *Koutecký, J., R. Zahradník* u. *J. Arient:* Collection Czech. Chem. Commun. *27*, 2490 (1962).
177. *Sidman, J. W.:* Chem. Rev. *58*, 689 (1958).
178. *Kuboyama, A.:* Bull. Chem. Soc. Japan *31*, 752 (1958).
179. — Bull. Chem. Soc. Japan *32*, 1226 (1959).
180. *Leibovici, C.,* u. *J. Deschamps:* Theoret. Chim. Acta (Berl.) *4*, 321 (1966).
181. *Kuboyama, A.,* and *K. Wada:* Bull. Chem. Soc. Japan *39*, 1874 (1966).
182. *Zahradník, R., M. Tichý, J. Michl* u. *D. H. Reid:* In Vorbereitung.
183. *Matsuoka, O.,* and *Y. I'Haya:* Mol. Phys. *8*, 455 (1964).
184. *Kojima, M.,* and *S. Nagakura:* Bull. Chem. Soc. Japan *39*, 1262 (1966).
185. *Němcová, I.:* Dissertation, Praha 1966.
186. *Simpson, W. T.,* and *C. W. Looney:* J. Am. Chem. Soc. *76*, 628 (1954).
187. *Looney, C. W.,* and *W. T. Simpson:* J. Am. Chem. Soc. *76*, 6293 (1954).
188. *Itoh, R.:* J. Phys. Soc. Japan *12*, 644 (1957).
189. *Párkányi, C., V. Horák, J. Pecka* u. *R. Zahradník:* Collection Czech. Chem. Commun. *31*, 835 (1966).
190. *Zahradník, R., M. Tichý* u. *D. H. Reid:* Tetrahedron *24*, im Druck (1968).
191. *Zahradník, R., J. Michl* u. *Ch. Jutz:* Collection Czech. Chem. Commun. *30*, 3227 (1965).
192. *Weltin, E., E. Heilbronner* u. *H. Labhart:* Helv. Chim. Acta *46*, 2041 (1963).
193. *Fabian, J., A. Mehlhorn* u. *R. Zahradník:* In Vorbereitung.
194. *Gerson, F.,* u. *E. Heilbronner:* Helv. Chim. Acta *42*, 1877 (1959).
195. — — Helv. Chim. Acta *41*, 2332 (1958).
196. *Sandström, J.,* u. *I. Wennerbeck:* Acta chem. Scand. *20*, 57 (1966).
197. *Berg, U.,* u. *J. Sandström:* Acta chem. Scand. *20*, 689 (1966).
198. *Fabian, J.,* u. *A. Mehlhorn:* Z. Chem. im Druck (1967).
199. — *H. Viola,* and *R. Mayer:* Tetrahedron, im Druck (1967).
200. *Person, B.,* u. *J. Sandström:* Acta chem. Scand. *18*, 1059 (1964).
201. *Sidman, J. W.:* Chem. Rev. *58*, 689 (1958).
202. *Leupold, D.,* u. *S. Dähne:* Theoret. Chim. Acta (Berl.) *3*, 1 (1965).
203. *Klessinger, M.:* Theoret. Chim. Acta (Berl.) *5*, 251 (1966).
204. *Longuet-Higgins, H. C.:* J. Chem. Phys. *18*, 265, 275, 283 (1950).
205. *Polansky, O. E.,* u. *M. A. Grassberger:* Monatsh. Chem. *94*, 662 (1963).
206. *Basu, S.:* J. Chim. Phys. *1959*, 981.
207. *Favini, G., A. Gamba,* and *I. R. Bellobono:* Spectrochim. Acta *23A*, 89 (1967).
208. *Isenberg, I.,* and *A. Szent-Györgyi:* Proc. Nat. Acad. Sci. U.S. *45*, 519 (1959).
209. *Zahradník, R.:* Abhandl. Deut. Akad. Wiss. (Berlin) *1964*, 389.

210. *Ladik, J.*, and *K. Appel:* Preprint of the Quantum Chemistry Group, University of Uppsala, No. 78 (1962).
211. *Nesbet, R. K.:* Biopolymers Symp. *1964*, 129.
212. *Berthod, H., C. Giessner-Prettre* u. *A. Pullman:* Theoret. Chim. Acta (Berl.) *5*, 53 (1966).
213. *Kwiatkowski, S.:* Acta Phys. Polon. *29*, 573 (1966).
214. *Ladik, J.*, u. *K. Appel:* Theoret. Chim. Acta (Berl.) *4*, 132 (1966).
215. *Zahradník, R., C. Párkányi* u. *J. Koutecký:* Collection Czech. Chem. Commun. *27*, 1242 (1962).
216. — Advances in Heterocyclic Chemistry (Katritzky A. R., red.), Bd. 5 New York: Academic Press 1965.
217. *Given, P. H., S. Guha, J. P. Jones*, and *R. Wedel:* Nature *206*, 184 (1965).
218. *Benesi, H. A.*, and *J. H. Hildebrand:* J. Am. Chem. Soc. *71*, 2703 (1949).
219. *Mulliken, R. S.:* J. Am. Chem. Soc. *72*, 600 (1950); *74*, 811 (1952).
220. — Rec. Trav. Chim. *75*, 845 (1956).
221. *Briegleb, G.:* Elektronen-Donator-Akzeptor Komplexe. Berlin — Göttingen — Heidelberg: Springer 1961.
222. — Angew. Chem., Inter. Ed., *3*, 617 (1964).
223. *Chowdhury, M.*, and *S. Basu:* Trans. Faraday Soc. *56*, 335 (1960).
224. *Dewar, M. J. S.*, and *A. R. Lepley:* J. Am. Chem. Soc. *83*, 4560 (1961).
225. —, and *H. Rogers:* J. Am. Chem. Soc. *84*, 395 (1962).
226. *Benkers, R.*, and *A. Szent-Györgyi:* Rec. Trav. Chim. *81*, 255 (1962).
227. *Feldman, M.*, and *S. Winstein:* J. Am. Chem. Soc. *83*, 3338 (1961).
228. *Nepraš, M.*, u. *R. Zahradník:* Collection Czech. Chem. Commun. *29*, 1545 (1964).
229. — — Collection Czech. Chem. Commun. *29*, 1555 (1964).
230. *Mason, S. F.:* J. Chem. Soc. *1960*. 2437.
231. *Nasielski, J.*, u. *E. Vander Donckt:* Theoret. Chim. Acta (Berl.) *2*, 22 (1964).
232. *Koutecký, J.:* Z. Phys. Chem. (Neue Folge) *52*, 8 (1967).
233. *Polák, R.*, u. *J. Paldus:* Theoret. Chim. Acta (Berl.) *4*, 37 (1966).
234. *Wold, S.:* Acta Chem. Scand. *20*, 2377 (1966).

Eingegangen am 2. Mai 1967

Mikrowellenspektroskopische Bestimmung
von Rotationsbarrieren freier Moleküle

Wilhelm Maier zum Gedenken

Dr. H. Dreizler

Physikalisches Institut der Universität Freiburg[*]

Inhalt

1. Einleitung

Bei vielen Molekülen kann sich ein oder können sich auch mehrere Molekülteile gegenüber dem Rest des Moleküls bewegen. Zu diesen innermolekularen Beweglichkeiten gehört die *interne Rotation* eines Molekülteils (Rotor, top) um eine Achse, die bezogen auf den Rest des Moleküls (Rumpf, frame) fest vorgegeben ist. Im weiteren Sinne sind auch Schwin-

---

[*] Zur Zeit Laboratorio di Spettroscopia a Radiofrequenza del C.N.R. Istituto Chimico *G. Ciamician*, Universitá degli Studi di Bologna, Bologna, Italien.

gungen im Molekül Formen einer innermolekularen Beweglichkeit. Ihrem Potential ist aber nur *eine* stabile Konformation zugeordnet. Bei der internen Rotation dagegen existieren mehrere Gleichgewichtslagen (oder Konformationen) des Systems Rumpf—Rotor. Das zeigt, daß das Molekülpotential der internen Rotation *mehrere* Minima besitzt. Durch einen mehr oder weniger merkbaren *Tunneleffekt* können die verschiedenen Konformationen ineinander übergehen. Im Grenzfall verschwindenden Tunneleffekts, also anwachsender Potentialschwellen zwischen den Minima, geht die interne Rotation über in eine Schwingung.

Da ein Teil des Molekülpotentials, das Hinderungspotential der internen Rotation, das Objekt der Bestimmungsmethode ist, scheint es erwünscht, einige grundsätzliche Betrachtungen dazu voranzustellen.

In der Quantenmechanik ist für ein Molekül ein *Modell* mit $3n+3m$ Freiheitsgraden möglich, wenn das Molekül n Atomkerne und m Elektronen besitzt. Mit zunehmender Atom- und Elektronenzahl entzieht sich ein solches Modell sehr schnell dem anschaulichen Verständnis und einer quantitativen Behandlung. *Born* und *Oppenheimer* (1) aber lieferten den Beweis, daß sich die Bewegung der Elektronen separiert behandeln läßt. Entscheidend für diese Möglichkeit ist, daß die Elektronenmasse klein ist gegenüber einer mittleren Masse der Kerne im Molekül. Die Lösung des zuständigen Eigenwertproblems, in die die Kernkonfiguration durch Parameter eingeht, weil die Kerne Ladungen tragen, geben für das Restproblem der Kerne prinzipiell mögliche Formen der potentiellen Energie. Im allgemeinen ist nur die energie-niedrigste Lösung (Elektronengrundzustand) für unsere Untersuchungstechnik wichtig. Die potentielle Energie für die Bewegung der Kerne kann man sich als Hyperfläche über den Parametern der Kernkonfiguration vorstellen. Sie entsteht, indem man die energie-niedrigste Lösung der Eigenwertgleichung für jede denkbare Kernkonfiguration sucht. Eine verläßliche ab initio-Lösung für das Molekülpotential ist bis jetzt nur in sehr bescheidenem Umfang möglich. Das ist der Grund, warum experimentelle Aussagen über das Potential sehr nützlich sind.

An dieser Stelle darf nicht verschwiegen werden, daß die Separation von *Born* und *Oppenheimer* explizit voraussetzt, daß sich die Kerne nur wenig aus ihren Ruhelagen entfernen. Diese Annahme widerspricht unserem Bild für die interne Rotation. Auch die quantenmechanische Behandlung gibt Aufenthaltswahrscheinlichkeiten merklicher Größe am Ort der Potentialmaxima. Frei von dieser Annahme ist die Separation in der adiabatischen Näherung (2). Bei ihr kommt es letztlich nur auf die unterschiedliche Masse von Elektronen und Kernen an.

Nimmt man also an, daß die Separation berechtigt ist, so reduziert sich das $3n+3m$ dimensionale Molekülproblem auf $3n$ Dimensionen. *Das Modell besteht damit aus n Kernen, die sich in einem Potential bewegen,* über das das Experiment Aussagen bringen soll. Das Modell besitzt neben den abseparierbaren drei Freiheitsgraden der Translation drei Freiheitsgrade der Gesamtrotation (overall rotation), τ Freiheitsgrade der internen Rotation und $3n\text{-}6\text{-}\tau$ Freiheitsgrade der Schwingungen.

Es ist durchaus möglich, für dieses Modell eine quantenmechanische Formulierung zu finden. *Kirtman (3)* und *Quade (4)* haben sie für $\tau = 1$ (mit an dieser Stelle nicht wesentlichen Einschränkungen) gegeben. Bis jetzt sind diese theoretischen Überlegungen selten verwendet worden, da eine Vielzahl von Modellparametern experimentell bestimmt werden muß. Der jetzige Stand der Experimente liefert leider noch nicht genügend viele Informationen.

Es ist deshalb notwendig, das Modell weiter zu vereinfachen. Man muß sich dann mit einer geringeren Aussagekraft der Ergebnisse abfinden. In einem weiteren *Separationsschritt* nimmt man an, daß man die Schwingungen von den internen Rotationen und der Gesamtrotation trennen kann. Das bedeutet, daß die kinetische und potentielle Energie nur vernachlässigbare Glieder enthält, die sowohl von den Schwingungs- als auch von den internen und Gesamtrotations-Koordinaten abhängen. Die Berechtigung für diese Separation ist bei jedem Molekül individuell zu prüfen. Ein Maß für die Güte der Separation ist der energetische Abstand der separierten Bewegungsformen. Nach vollzogener aber nicht immer berechtigter Separation, wählt man ein Modell, das bis auf die τ Freiheitsgrade der internen Rotation starr ist und noch die drei Freiheitsgrade der Gesamtrotation besitzt. Das Potential ist eine Hyperfläche über τ Koordinaten, da es von der Gesamtrotation unabhängig ist. *Dieses Modell liegt der Mehrzahl der Bestimmungen von Hinderungspotentialen zugrunde.* Es gibt in den meisten bisher angewendeten Fällen die experimentellen Tatbestände erstaunlich gut wieder. Bei der Verwendung der Aussagen sollte man nach den vorangehenden Ausführungen aber die notwendigen Voraussetzungen nicht übersehen. Präzise Aussagen liefert nur eine quantenmechanische Behandlung dieses Modells.

Bei unserem Modell aus starrem Rumpf und starren Rotoren ist das Hinderungspotential für jeden Freiheitsgrad der internen Rotation eine periodische Funktion des Drehwinkels a_n (Torsionswinkel) mit höchstens der Periode 2π. Zwei Fälle sind möglich:

1. Es sind mindestens zwei äquivalente Drehlagen oder Konformationen vorhanden.

2. Es sind nur nicht-äquivalente Drehlagen vorhanden.

Bei N äquivalenten Drehlagen ist es notwendig, daß N energiegleiche Minima des Potentials vorhanden sind, die bei $N > 2$ von gleich hohen Potentialmaxima getrennt werden. Für $N = 2$ müssen die Maxima nicht gleich hoch sein. Für $N > 2$ muß also das Potential eine mit $2\pi/N$ periodische Funktion sein. Darüber hinaus müssen die Kerne, die bei den verschiedenen Konformationen ihre Lage ändern, gleich sein. Dabei ist nicht notwendig, daß die verschiedenen Konformationen durch Vertauschung der Kerne auseinander hervorgehen. Eine Methylgruppe an einem beliebigen, zur internen Rotationsachse nicht C_2-symmetrischen Rumpf besitzt ein dreizähliges Potential und drei äquivalente Drehlagen (Abb. 1.1). Die monodeuterierte Methylgruppe CH_2D hat keine drei äqui-

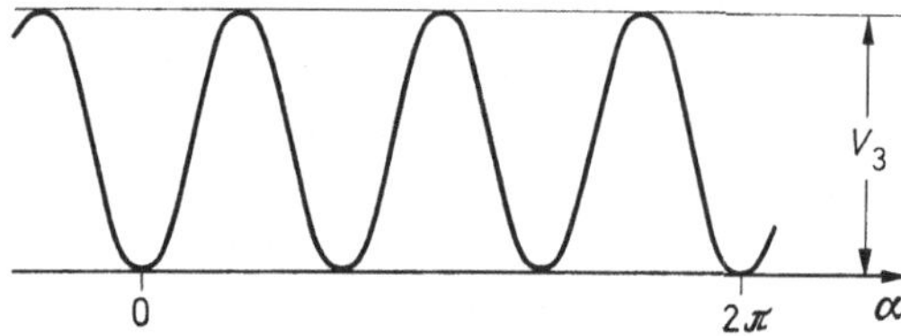

Abb. 1.1. Verlauf des Hinderungspotentials der Methyltorsion. Die drei äquivalenten Konformationen gehen durch Vertauschung der H-Atome auseinander hervor

valenten Drehlagen mehr. Wasserstoffperoxid H_2O_2 hat zwei äquivalente Drehlagen, wenn eine OH-Gruppe der Rumpf ist, von dem aus der Torsionswinkel gemessen wird[1]) (Abb. 1.2). Ein weiteres Beispiel mit einem zweizähligen Potential ist Phenol (Abb. 1.3) (7). N äquivalente

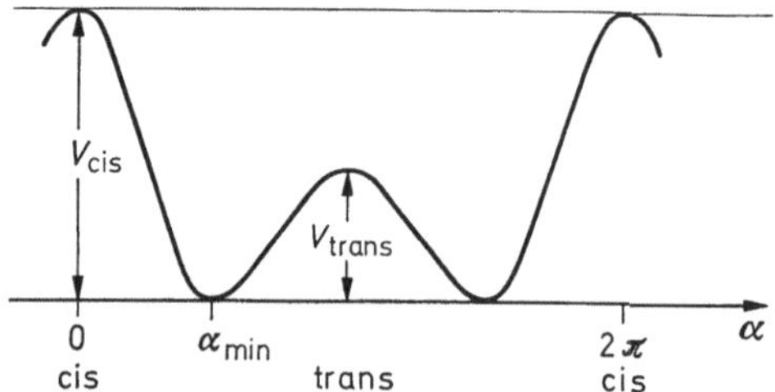

Abb. 1.2. Verlauf des Hinderungspotentials beim Wasserstoffperoxid H_2O_2. Die Konformationen gehen nicht durch Vertauschung auseinander hervor

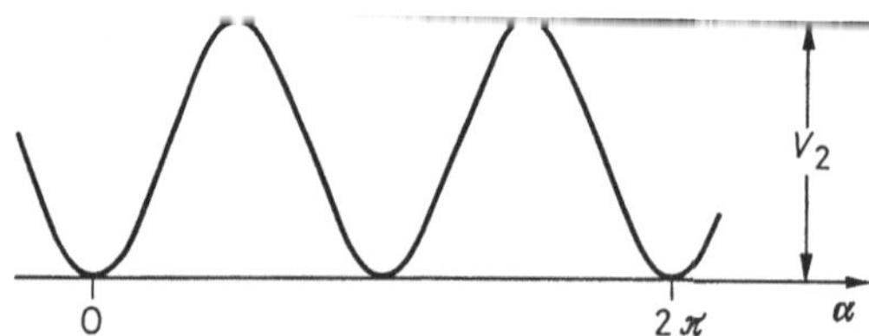

Abb. 1.3. Verlauf des Hinderungspotentials beim Phenol. Die Konformationen gehen nicht durch Vertauschung auseinander hervor

---

[1]) Bei einer speziellen Behandlungsweise ist für H_2O_2 ein Potential mit vier Minima zu wählen (5, 6).

Drehlagen führen bei unendlich hoch gedachten Potentialmaxima zu einer N-fachen Lageentartung (Abb. 1.4). Bei endlich hohen Potential-

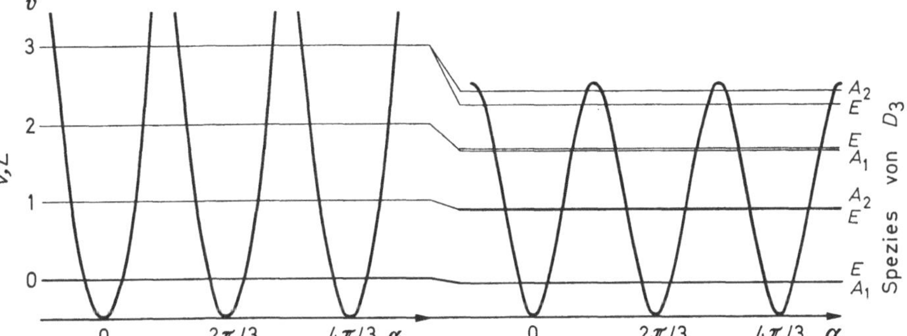

Abb. 1.4. Energieniveaus dreier gleicher harmonischer Oszillatoren und eines behinderten dreizähligen Rotors. Die Krümmungen in den Potentialminima sind gleich. Beim Übergang von einem unendlich zu einem endlich hohen Potentialwall wird die Lageentartung durch den Tunneleffekt teilweise aufgehoben

maxima wird diese Entartung in einer sehr empfindlich von der Potentialhöhe abhängigen Weise mindestens teilweise durch den Tunneleffekt aufgehoben. Das ist der Effekt, der die Bestimmung der Höhe des Hinderungspotentials also der Energiedifferenz zwischen Maximum und Minimum zuläßt.

Damit besteht ein grundsätzlicher Unterschied zu Molekülen mit *nicht-äquivalenten Drehlagen,* bei denen also keine aufhebbare Lageentartung existiert. Der Tunneleffekt hat hier einen Einfluß, der sich in der Verschiebung von Energieniveaus zeigt. In diese Gruppe fällt beispielsweise ein Molekül mit einer Aldehydgruppe als Rotor und einem Rumpf von nicht zu hoher Symmetrie. Furfurol ist ein untersuchter Fall (8) (Abb. 1.5).

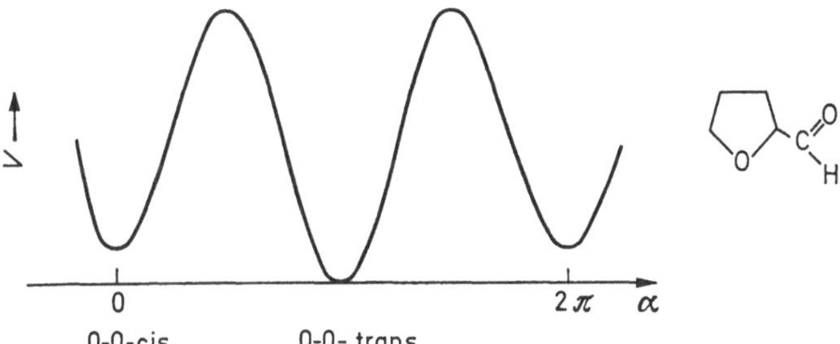

Abb. 1.5. Verlauf des Hinderungspotentials mit nicht-äquivalenten Potentialminima beim Furfurol $C_5H_4O_2$

Der grundsätzliche Unterschied besteht auch zu gewöhnlichen Schwingungen, deren Entartung nicht aufgehoben werden kann.

Wäre bei dem angenommenen Modell die Gesamtrotation von der internen Rotation völlig unabhängig, so wäre von der Aufhebung der Lageentartung nichts in jenen Rotationsspektren zu beobachten, die die *Mikrowellenspektroskopie* untersucht. Es wäre nämlich auf jedem Energieniveau der internen Rotation das gleiche Rotations-Termschema aufgebaut. Entsprechende Rotationsübergänge wären gleich und fielen zusammen. Das Modell besitzt aber eine entscheidende Wechselwirkung zwischen der internen Rotation und Gesamtrotation, wodurch die Rotations-Termschemata je nach Zustand der internen Rotation spezifisch modifiziert werden. Dadurch wird die Aufhebung der Lageentartung im Rotationsspektrum durch Aufspaltungen (Torsionsfeinstruktur) sichtbar und das Hinderungspotential meßbar (Abb. 1.6).

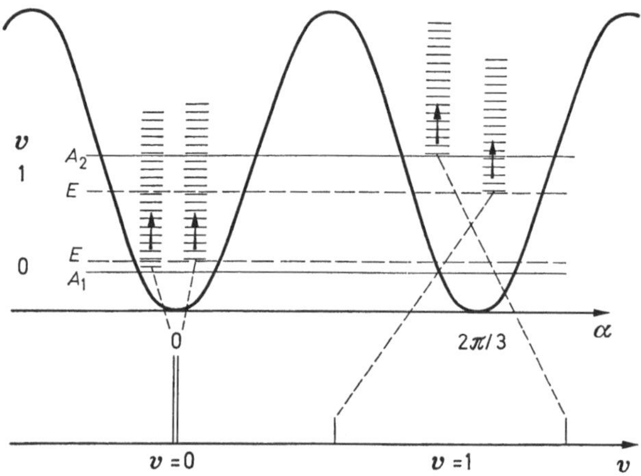

Abb. 1.6. Ausschnitt aus dem Torsions-Rotationstermschema bei einem dreizähligen Potential. Die symbolisch für ein Spektrum eingezeichneten Übergänge führen zu einem engabständigen Dublett für $v = 0$ und zu einem weitabständigen, schwächeren Dublett für $v = 1$

Auch für die im *fernen IR* beobachteten Absorptionsbanden, die Übergängen zwischen Niveaus der internen Rotation zugeordnet werden, ist die Wechselwirkung zwischen Gesamtrotation und interner Rotation wesentlich, wenn man beim gleichen Modell bleibt. Ist nämlich mit der internen Rotation keine Änderung des Dipolmoments verbunden, so können die Übergänge mit dieser Wechselwirkung aktiviert werden (9). Dieser Teil der IR-Spektroskopie wird mit verbesserter Meßtechnik eine wachsende Bedeutung für die Bestimmung von Hinderungspotentialen gewinnen. Die Behandlung dieses Gebietes liegt aber außerhalb des Rahmens dieses Artikels.

Mit im allgemeinen einer wohl etwas geringeren Genauigkeit als in der IR-Spektroskopie lassen sich die Abstände zwischen den Niveaus der internen Rotation auch den Mikrowellenspektren entnehmen. Die Informationsquelle ist die unterschiedliche Intensität von Rotationslinien in verschiedenen Zuständen der internen Rotation (Abb. 1.7). Die Methode ist vor allem dann von Nutzen, wenn keine

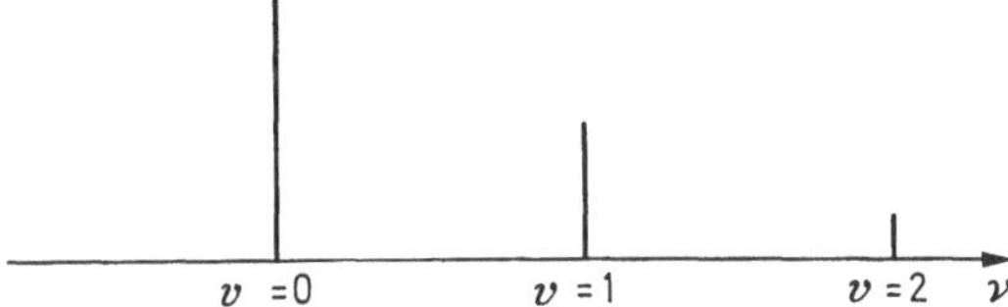

Abb. 1.7. Bei einem höheren Hinderungspotential sind die Dubletts möglicherweise nicht auflösbar. Es existieren aber stets Rotationsspektren in torsionsangeregten Zuständen, die mit v in der Intensität abnehmen

Torsionsfeinstruktur beobachtet werden kann. Mit der gleichen Methode kann man natürlich auch den energetischen Abstand von Schwingungsniveaus bestimmen. Bei gleicher Temperatur ist das Intensitätsverhältnis zweier gleicher Rotationsübergänge hauptsächlich von der unterschiedlichen Besetzungszahl der Niveaus abhängig. Diese wiederum hängt von dem energetischen Abstand der Niveaus ab. Kennt man einen oder zwei Niveauabstände, so kann man unter Annahme der Potentialform die Potentialhöhe bestimmen. Aus mehreren Gründen ist die vergleichende Intensitätsmessung leider ungenauer als die Messung einer Frequenzdifferenz aufgespaltener Linien (10, 11), so daß diese stets anwendbare Methode nicht so zuverlässige Ergebnisse liefert.

Bei Modellen, bei denen der Torsionswinkel nur in der potentiellen Energie auftritt (Abschnitt 3), gibt die Frequenzdifferenz der Torsionsfeinstruktur oder das Intensitätsverhältnis keine Information über die Lage der Potentialminima im Molekül. Auskünfte darüber kann man unter Umständen aus dem Intensitätsverhältnis der Torsionsfeinstrukturmultipletts (13) und durch eine allgemeine mikrowellenspektroskopische Strukturbestimmung erhalten (12). Dabei muß man aber die Trägheitsmomente des Moleküls durch Isotopierung (etwa CH_2D) vom Torsionswinkel abhängig machen.

Sind die Trägheitsmomente vom Torsionswinkel abhängig, wie etwa beim H_2O_2, so ist grundsätzlich auch die Lage der Potentialminima bestimmbar.

Es ist selbstverständlich, daß die spektroskopische Untersuchung mit möglichst einfachen Molekültypen begonnen wurde. Der einfachste Typ ist ein asymmetrisches Molekül mit einem symmetrischen internen Rotor, z.B. einer Methylgruppe. Die Symmetrie des Rotors garantiert, daß der Trägheitstensor des Moleküls von der Drehlage des Rotors unabhängig ist.

Der Übergang zum noch einfacheren Grenzfall eines symmetrischen Moleküls läßt die Aufspaltungen verschwinden. Der Grund liegt in den speziellen Auswahlregeln. Die Modifikation der Termschemata bleibt erhalten. Bei einem Molekül mit symmetrischem Rumpf und symmetrischem Rotor ist auf der Basis dieses Modells keine Aussage über Hinderungspotentiale möglich[2]).

Wählt man *Moleküle mit zwei oder mehr internen Rotoren,* so wird das Modell nur komplizierter. Aufspaltungen sind bei Molekülen mit zwei, aber bisher nicht bei Molekülen mit drei Rotoren beobachtet worden, weil vermutlich die Potentialschwellen zu hoch sind, um eine auflösbare Aufspaltung zu liefern.

Eine merkliche Erschwerung bringt der Molekültyp, bei dem *Rumpf und Rotor asymmetrisch* sind. Der Trägheitstensor des Moleküls wird von der Drehlage abhängig. Phenol ist ein Beispiel. Trotz der Vielzahl der Moleküle dieses Typs sind bisher nur wenige Fälle untersucht worden.

Mit der Mikrowellenspektroskopie sind bisher Hinderungspotentiale von wenigen cal/mol bis etwa drei bis vier kcal/mol bestimmt worden. Mit einem besseren Auflösungsvermögen und einer größeren Empfindlichkeit wird man die obere Grenze noch zu höheren Werten verschieben können.

Da die Mikrowellenspektroskopie eine Rotationsspektroskopie gasförmiger Stoffe ist, sind der Untersuchung zugänglich nicht zu große Moleküle (maximale Atomzahl bisher ca. 20) mit einem Dampfdruck von 10^{-3} bis 10^{-1} Torr in dem experimentell leicht zugänglichen Temperaturbereich von $-80°$ C bis $+150°$ C. Es sind auch schon Mikrowellenspektren zwei- und dreiatomiger Moleküle bei Temperaturen bis $2000°$ C untersucht worden. Unbedingt erforderlich ist ein permanentes Dipolmoment. Wenn es klein ist, steigen die experimentellen Schwierigkeiten. Propan ist das Molekül mit dem kleinsten Dipolmoment (0,083 D), für das eine Bestimmung des Hinderungspotentials ausgeführt wurde (*16, 17*). Im Prinzip lassen sich auch Moleküle mit einer kurzen Lebensdauer untersuchen. Bei der Bestimmung des Hinderungspotentials hat man bisher wenigstens unter besonderen Bedingungen stabile Moleküle gewählt.

Die genannten Einschränkungen scheinen die Anwendungsmöglichkeiten stark einzuengen. Das ist jedoch nicht der Fall. Es sind noch überaus viele Untersuchungen denkbar, zumal die experimentellen Techniken ständig verbessert werden.

Der Aufbau eines *Mikrowellenspektrographen* soll hier nicht besprochen werden. Es gibt hierüber eine große Zahl von Publikationen (*12, 18—21*). Seit kurzer Zeit sind auch kommerzielle Geräte verfügbar.

---

[2]) Unter Hinzunahme von Schwingungsfreiheitsgraden lassen sich Modelle angeben, die die Spektren dieses Molekültyps in angeregten Torsionszuständen interpretierbar machen (*3, 14, 15*).

Für die Untersuchung von Linienaufspaltungen sollte der Spektrograph eine Empfindlichkeit von $\alpha \sim 10^{-9}$ cm^{-1}, ein Auflösungsvermögen von mindestens 100 KHz in einem Frequenzbereich von 5 bis 40 GHz haben. Es sind schon Mikrowellenspektrographen mit einer Auflösung von 10 KHz (*22*) gebaut worden. Mit speziellen Geräten kann man bis zu Frequenzen von etwa 500 GHz (*23*) arbeiten. Eine steigende Bedeutung wird in der Mikrowellenspektroskopie die Doppelresonanzmethode erlangen (*24—27*).

Ein großer Teil der Beiträge auf dem Gebiet der Bestimmung von Hinderungspotentialen aus Mikrowellenspektren stammt von *E. B. Wilson jr.* und Mitarbeitern und *D. M. Dennison* und Mitarbeitern. Hier soll versucht werden, in die umfangreiche Literatur dieses Gebietes einzuführen und dabei die Methode zu erläutern. Es ist nicht daran gedacht, den zusammenfassenden Artikel von *Lin* und *Swalen* (*28*) zu ersetzen. Er soll vielmehr erweitert und durch neuere Arbeiten ergänzt werden. Es läßt sich leider nicht umgehen, daß die folgenden Abschnitte recht theoretischer Natur sind. Die Molekülmodelle erfordern eine solche Verfahrensweise.

2. Koordinaten und Geschwindigkeiten

In diesem Artikel bedeuten X, Y, Z raumfeste kartesische Koordinaten. Es wird kurz das Symbol F geschrieben, wenn X, Y, Z in zyklischer Reihenfolge zu verwenden sind. Mit x, y, z werden die Achsen eines körperfesten kartesischen Koordinatensystems bezeichnet. i, j, k sind Einheitsvektoren im xyz-System. Seine Lage im Molekülmodell ist später noch zu präzisieren. Das Symbol g steht für körperfeste Koordinaten. Die Lage des Molekülmodells im Raum kann durch die Angabe der $3n$ Koordinaten seiner Massenpunkte beschrieben werden. Das Modell übernimmt aber nur τ Freiheitsgrade der internen Rotation und 3 Freiheitsgrade der Gesamtrotation, also $3+\tau$ Freiheitsgrade. Da sich weiterhin 3 Freiheitsgrade der Translation abseparieren lassen, müssen $3n$-6-τ Starrheitsbedingungen[3]) existieren.

Die Koordinatensysteme XYZ und xyz müssen jetzt mit ihrem Koordinatenursprung im Schwerpunkt des Modells zusammenfallen. Die gegenseitige Lage der intern rotierenden Molekülteile wird durch Angabe von Torsionswinkeln $a_n n = 1 \ldots \tau$ gekennzeichnet.

Die Lage des körperfesten xyz-Systems bezüglich des raumfesten XYZ-Systems legt man gewöhnlich mit den Eulerschen Winkeln φ, ϑ, χ fest (Abb. 2.1). Sie bilden einen Unterraum des $3N$-dimensionalen Raumes der Massenpunkte. Sie können in der folgenden Weise beschrieben werden. Zunächst denkt man sich das xyz-System in der gleichen Lage wie das XYZ-System. Zusätzlich falle noch eine gerichtete Achse

---

[3]) Lineare Moleküle werden nicht betrachtet.

H. Dreizler

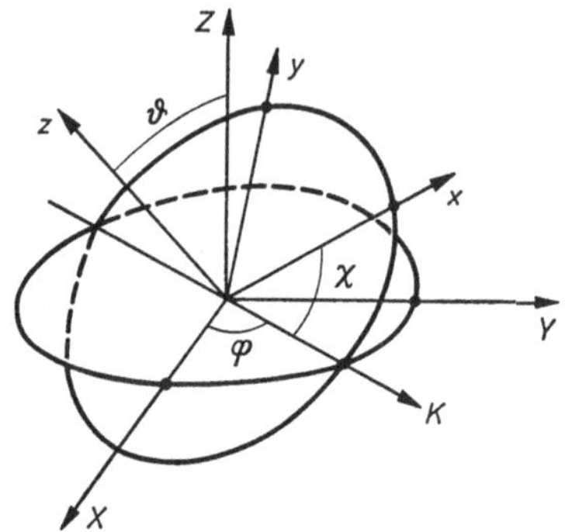

Abb. 2.1. Definition der Eulerschen Winkel

(Knotenlinie) K mit den in dieser Ausgangslage gleichgerichteten X- und x-Achsen in der Weise zusammen, daß die positiven Achsen im Sinne einer Rechtsdrehung um Z in der Reihenfolge X, K, x „vorgeordnet" sind (Abb. 2.2). Eine Rechtsdrehung mit dem Winkel φ um Z spreize die

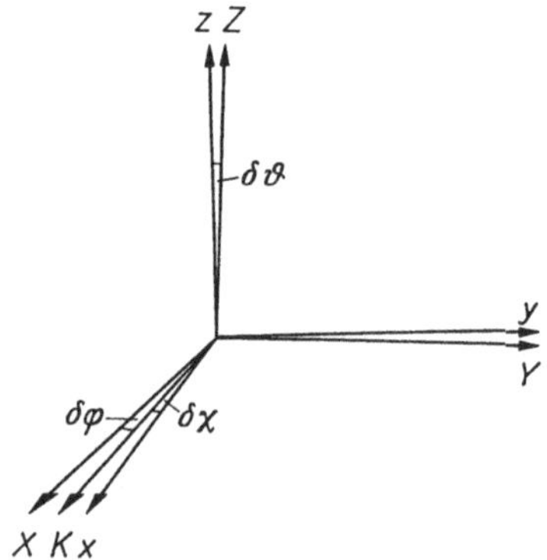

Abb. 2.2. Zur „Vorordnung" der Achsen X, K, x

Achsen X und (K, x). Eine weitere Rechtsdrehung mit dem Winkel ϑ um K spreizt die Achsen Z und z. Endlich trennt eine Rechtsdrehung mit dem Winkel χ um z die Achsen K und x. Bei dieser Beschreibung der Eulerschen Winkel ist es nicht notwendig, die eben gewählte Reihenfolge zu wählen[4]. Man sollte allerdings beachten, daß eine Rechtsdrehung um χ die Achse x von den Achsen X und K trennt. Mit einer beliebigen anderen der insgesamt sechs möglichen Reihenfolgen kommt man zur gleichen Endlage des xyz-Systems. Die Eulerschen Winkel zeigen damit

---

[4] In der Literatur wird häufig die Notwendigkeit einer Reihenfolge betont.

68

eine allgemeine Eigenschaft von Koordinaten. Es ist die Reihenfolge der Angabe zur Identifizierung üblich, aber nicht notwendig für ihre Anwendung[5]).

Eine andere Weise, die Lage des xyz-Systems zu beschreiben, liefern die Cayley-Kleinschen Parameter (7). Mit ihnen sind Rechnungen häufig übersichtlicher als mit Eulerschen Winkeln. Sie sind die abhängigen komplexen Zahlen α, β, γ, δ, die die unitäre Matrix

$$Q = \begin{pmatrix} \alpha & \beta \\ \gamma & \delta \end{pmatrix} \tag{2.1}$$

bilden. Vier Beziehungen liefern die komplexen Gleichungen

$$\gamma = -\beta^* \tag{2.2}$$

$$\delta = \alpha^* \tag{2.3}$$

eine fünfte die reelle Bedingung über die Determinante von Q

$$\alpha\alpha^* + \beta\beta^* = 1 \tag{2.4}$$

Es bleiben also drei unabhängige Größen, wie man erwartet. Die Beziehung zu den Eulerschen Winkeln geben

$$\alpha = \exp\left[i\,(\varphi + \chi)/2\right]\cos\vartheta/2 \qquad \beta = i\exp\left[i\,(\varphi - \chi)/2\right]\sin\vartheta/2$$
$$\gamma = i\exp\left[-i\,(\varphi - \chi)/2\right]\sin\vartheta/2 \qquad \delta = \exp\left[-i\,(\varphi + \chi)/2\right]\cos\vartheta/2 \tag{2.5}$$

Die Bedingungen (2.2) bis (2.4) sind erfüllt.

Um die Transformation zwischen raum- und körperfesten Koordinaten

$$\mathfrak{r} = M\,(\varphi, \vartheta, \chi)\,\mathfrak{R} \tag{2.6}$$

zu gewinnen, nennen wir den Vektor vom Koordinatenvorsprung O zu einem Punkte P im raumfesten System $\mathfrak{R} = (X, Y, Z)$ im körperfesten System $\mathfrak{r} = (x, y, z)$. (2.6) ist also eine Transformation zwischen verschiedenen Komponentensätzen des gleichen Vektors. Es ist bequem, aber

---

[5]) Beispiel: Ein Punkt habe in einem kartesischen System die Koordinaten (1, 3, 2). Das bedeutet nach Vereinbarung $X = 1$, $Y = 3$, $Z = 2$. Die Lage des Punktes ist unabhängig von der Reihenfolge, in der man die Koordinaten auf den Achsen abträgt.

nicht notwendig, die Matrix $M(\varphi, \vartheta, \chi)$ in ein Produkt von Matrizen $M_i(\varepsilon)$ für Drehungen mit dem Winkel $\varepsilon = \varphi, \vartheta, \chi$ um die Achsen Z, K, z in der Reihenfolge

$$M(\varphi, \vartheta, \chi) = M_z(\chi)\, M_K(\vartheta)\, M_Z(\varphi) \tag{2.7}$$

aufzuspalten. Bei einer anderen Reihenfolge haben die Matrizen (2.8) bis (2.10) im allgemeinen andere Formen. Mit

$$M_z(\chi) = \begin{pmatrix} \cos\chi & \sin\chi & 0 \\ -\sin\chi & \cos\chi & 0 \\ 0 & 0 & 1 \end{pmatrix} \tag{2.8}$$

$$M_K(\vartheta) = \begin{pmatrix} 1 & 0 & 0 \\ 0 & \cos\vartheta & \sin\vartheta \\ 0 & -\sin\vartheta & \cos\vartheta \end{pmatrix} \tag{2.9}$$

$$M_Z(\varphi) = \begin{pmatrix} \cos\varphi & \sin\varphi & 0 \\ -\sin\varphi & \cos\varphi & 0 \\ 0 & 0 & 1 \end{pmatrix} \tag{2.10}$$

ergibt sich: $\qquad M(\varphi, \vartheta, \chi) =$

$$\tag{2.11}$$

$$= \begin{pmatrix} \cos\varphi\cos\chi - \sin\varphi\cos\vartheta\sin\chi & \sin\varphi\cos\chi + \cos\varphi\cos\vartheta\sin\chi & \sin\vartheta\sin\chi \\ -\cos\varphi\sin\chi - \sin\varphi\cos\vartheta\cos\chi & -\sin\varphi\sin\chi + \cos\varphi\cos\vartheta\cos\chi & \sin\vartheta\cos\chi \\ \sin\varphi\sin\vartheta & -\cos\varphi\sin\vartheta & \cos\vartheta \end{pmatrix}$$

Die Matrix $M(\varphi, \vartheta, \chi)$ ist identisch mit der Matrix $\|\lambda_{gF}\|$ der Richtungskosinus zwischen den xyz- und XYZ-Achsen.

Zur Beschreibung der Drehbewegungen wird später der Geschwindigkeitsvektor Ω verwendet werden, der im körperfesten xyz-System die Komponenten ω_x, ω_y, ω_z, im $\varphi\vartheta\chi$-System die Komponenten $\dot\varphi$, $\dot\vartheta$, $\dot\chi$ habe.

$$\Omega = (\omega_x, \omega_y, \omega_z) \quad \text{und} \quad \Omega_\varepsilon = (\dot\varphi, \dot\vartheta, \dot\chi) \tag{2.12} \tag{2.13}$$

Zwischen den Komponenten vermittelt die Transformation V: (2)[6])

$$\Omega = V \cdot \Omega_\varepsilon \tag{2.14}$$

---

[6]) Der Index ε soll darauf hinweisen, daß von einem Vektor die Komponenten in Eulerschen Winkelkoordinaten zu nehmen sind.

Mit
$$V = \begin{pmatrix} \sin\vartheta\,\sin\chi & \cos\chi & 0 \\ \sin\vartheta\,\cos\chi & -\sin\chi & 0 \\ \cos\vartheta & 0 & 1 \end{pmatrix} \tag{2.15}$$

Die inverse Transformationsmatrix V^{-1} ist:

$$V^{-1} = \begin{pmatrix} \sin\chi/\sin\vartheta & \cos\chi/\sin\vartheta & 0 \\ \cos\chi & -\sin\chi & 0 \\ -\operatorname{cotg}\vartheta\,\sin\chi & -\operatorname{cotg}\vartheta\,\cos\chi & 1 \end{pmatrix} \tag{2.16}$$

Abschließend sei noch betont, daß die Geschwindigkeitskoordinaten $\dot\varphi$, $\dot\vartheta$, $\dot\chi$ holonome, d.h. integrierbare Koordinaten (3) sind, wie sie der Formalismus der Lagrangeschen Theorie erfordert. ω_x, ω_y, ω_z sind dagegen nicht-holonome Geschwindigkeitskoordinaten.

3. Drehimpuls, kinetische und potentielle Energie bei asymmetrischen Molekülen mit symmetrischen internen Rotoren

In diesem Abschnitt wird der Drehimpuls, die kinetische und potentielle Energie von Molekülmodellen auf der Grundlage der klassischen Mechanik behandelt. Es wird angenommen, daß die asymmetrischen Moleküle symmetrische interne Rotoren (meist Methylgruppen) besitzen. In dem späteren Abschnitt 13 wird diese Einschränkung beseitigt. Abschnitt 13 handelt von asymmetrischen Molekülen mit einem asymmetrischen internen Rotor. Allen Modellen ist gemeinsam, daß die Masse jedes Atomkerns und seiner Elektronen in einem Massenpunkt vereinigt wird. Diese bauen die starren Molekülteile auf, die sich gegeneinander bewegen können. Zusätzlich zu den τ Freiheitsgraden der internen Rotation besitzen die Modelle noch drei Freiheitsgrade der Gesamtrotation. Die Freiheitsgrade der Translation sind abseparariert.

Hier beschränke ich mich auf asymmetrische Moleküle mit höchstens zwei symmetrischen Rotoren $n = 1,2$ an einem starren asymmetrischen Rumpf (1—4). Diese Einschränkung wird den Trägheitstensor des gesamten Moleküls dadurch vereinfachen, daß er von der Drehlage der Rotoren unabhängig wird, was anschaulich einleuchtet. Die interne Rotationsachse sei identisch mit der Symmetrieachse der Rotoren. Auf ihr liegt also der Schwerpunkt C_n des Rotors.

Der Fall mit mehreren internen Rotoren ist eine einfache Verallgemeinerung.

In den folgenden Ableitungen ist Ω der Geschwindigkeitsvektor (2.12), $\mathfrak{R}_e$ bzw. $\mathfrak{r}_e$ gibt die Lage eines Massenpunktes bezogen auf den Schwerpunkt O des Gesamtmoleküls, $\mathfrak{k}_n = (\lambda_{xn}, \lambda_{yn}, \lambda_{zn})$ ist ein Einheitsvektor parallel zu einer Achse der internen Rotation, $\dot{a}_n = (\partial a_n / \partial t)_{\varphi, \vartheta, \chi}$ ist die Winkelgeschwindigkeit der internen Rotation bezogen auf das xyz-System, σ_e ist der Abstand eines Massenpunktes eines internen Rotors von dessen interner Rotationsachse, ϱ_n verbindet den Molekülschwerpunkt O mit dem Rotorschwerpunkt C_n. Abb. 3.1 skizziert diese Größen. Es gilt für den Rumpf

$$\frac{d\mathfrak{R}_i}{dt} = (\Omega \times \mathfrak{r}_i) \tag{3.1}$$

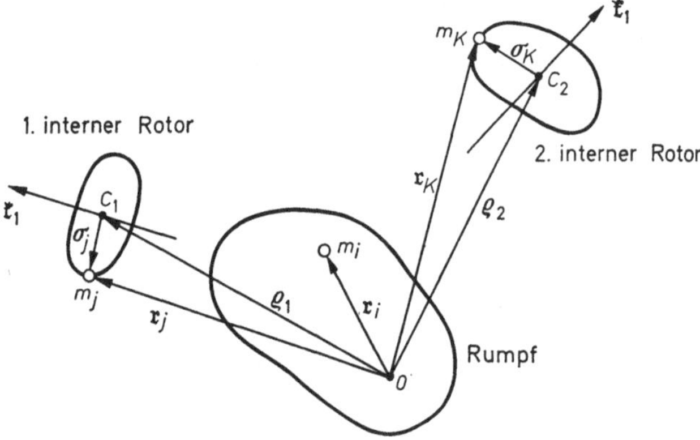

Abb. 3.1. Zur Definition der bei der Ableitung des Drehimpulses und der kinetischen Energie verwendeten Größen. i, j, k indizieren Atome des Rumpfes und des ersten und zweiten Rotors

für die beiden Rotoren

$$\frac{d\mathfrak{R}_e}{dt} = (\Omega \times \mathfrak{r}_e) + \dot{a}_n (\mathfrak{k}_n \times \sigma_e) \qquad \begin{matrix} l = j, k \\ n = 1, 2 \end{matrix} \tag{3.2 a,b}$$

Der Schwerpunktsatz für die Rotoren bringt:

$$\sum_e m_e \sigma_e = 0 \qquad e = j, k \tag{3.3}$$

Der klassische Drehimpuls ist

$$\mathfrak{P} = \sum_i m_i \left(\mathfrak{R}_i \times \frac{d\mathfrak{R}_i}{dt} \right) + \sum_j m_j \left(\mathfrak{R}_j \times \frac{d\mathfrak{R}_j}{dt} \right) + \sum_k m_k \left(\mathfrak{R}_k \times \frac{d\mathfrak{R}_k}{dt} \right) \tag{3.4}$$

mit getrennter Summation über die Massenpunkte des Rumpfes und der Rotoren. Mit (3.1) bis (3.3) und bekannten Formeln der Vektorrechnung (5) erhält man

$$\mathfrak{P} = \sum_e m_e \left\{ (\mathfrak{r}_e \cdot \mathfrak{r}_e)\, \Omega \quad - (\mathfrak{r}_e \cdot \Omega)\, \mathfrak{r}_e \right\} \quad e = i, j, k$$
$$+ \sum_j m_j \left\{ (\sigma_j \cdot \sigma_j)\, \mathfrak{k}_1\, \dot{\alpha}_1 - (\sigma_j \cdot \mathfrak{k}_1\, \dot{\alpha}_1)\, \sigma_j \right\} \tag{3.5}$$
$$+ \sum_k m_k \left\{ (\sigma_k \cdot \sigma_k)\, \mathfrak{k}_2\, \dot{\alpha}_2 - (\sigma_k \cdot \mathfrak{k}_2\, \dot{\alpha}_2)\, \sigma_k \right\}$$

oder

$$\mathfrak{P} = I \cdot \Omega + I_{a1} \mathfrak{k}_1\, \dot{\alpha}_1 + I_{a2} \mathfrak{k}_2\, \dot{\alpha}_2 \tag{3.6}$$

wobei der Trägheitstensor

$$I = \begin{pmatrix} I_x & O & O \\ O & I_y & O \\ O & O & I_z \end{pmatrix} \tag{3.7}$$

mit den Hauptträgheitsmomenten $I_x = \sum_o m_e (y_e^2 + z_e^2)$, zyklisch, ist, wenn das xyz-System mit dem Hauptachsensystem identisch ist. I_{an} sind die Trägheitsmomente der Rotoren um die interne Rotationsachse. $\mathfrak{P}$ setzt sich also zusammen aus dem Drehimpuls des als starr betrachteten Moleküls und den auf den Rumpf bezogenen Drehimpulsen der Rotoren.

Die klassische kinetische Energie ist:

$$2T = \sum_i m_i \left(\frac{d\mathfrak{R}_i}{dt} \right)^2 + \sum_j m_j \left(\frac{d\mathfrak{R}_j}{dt} \right)^2 + \sum_k m_k \left(\frac{d\mathfrak{R}_k}{dt} \right)^2 \tag{3.8}$$

Ebenfalls mit (3.1) bis (3.3) und (3.7) erhält man aus (3.8)

$$2T = \Omega^+ \cdot I \cdot \Omega + \dot{\alpha}_1 I_{a1} \dot{\alpha}_1 + \dot{\alpha}_2 I_{a2} \dot{\alpha}_2 + 2 I_{a1} \Omega \cdot \dot{\alpha}_1 \mathfrak{k}_1 + 2 I_{a2} \Omega \cdot \dot{\alpha}_2 \mathfrak{k}_2 \tag{3.9}$$

In tensorieller Schreibweise wird (3.9)

$$2T = \Omega_{\mathrm{tt}}^+ \cdot I_{\mathrm{tt}} \cdot \Omega_{\mathrm{tt}}\,^7) \tag{3.10}$$

wobei der verallgemeinerte Geschwindigkeitsvektor

$$\Omega_{\mathrm{tt}}^+ = (\omega_x, \omega_y, \omega_z, \dot{\alpha}_1, \dot{\alpha}_2) \tag{3.11}$$

$^7)$ + bedeutet adjungiert oder hermitisch konjugiert, hier einfach transponiert oder gestürzt. Der Index tt soll auf zwei interne Rotoren (top) hinweisen.

und der verallgemeinerte Trägheitstensor

$$
I_{tt} =
\begin{vmatrix}
I_x & O & O & \lambda_{x1}I_{a1} & \lambda_{x2}I_{a2} \\
O & I_y & O & \lambda_{y1}I_{a1} & \lambda_{y2}I_{a2} \\
O & O & I_z & \lambda_{z1}I_{a1} & \lambda_{z2}I_{a2} \\
\lambda_{x1}I_{a1} & \lambda_{y1}I_{a1} & \lambda_{z1}I_{a1} & I_{a1} & O \\
\lambda_{x2}I_{a2} & \lambda_{y2}I_{a2} & \lambda_{z2}I_{a2} & O & I_{a2}
\end{vmatrix}
\qquad (3.12)
$$

sind. Die Richtungskosinus λ_{gn}, zwischen den Hauptträgheitsachsen und den internen Rotationsachsen resultieren aus den Skalarprodukten $\Omega \cdot \dot{a}_n$. Alle Größen in I_{tt} sind Konstanten und von a_n unabhängig.

Man kann einen verallgemeinerten Impulsvektor $\mathfrak{P}_{tt}$ definieren:

$$
\mathfrak{P}_{tt}^{+} = (\partial T/\partial \omega_x, \, \partial T/\partial \omega_y, \, \partial T/\partial \omega_z, \, \partial T/\partial \dot{a}_1, \, \partial T/\partial \dot{a}_2 \qquad (3.13)
$$

Wendet man die Differentiationsvorschriften aus (3.13) auf (3.10) an, so erhält man:

$$
\mathfrak{P}_{tt} = I_{tt} \cdot \Omega_{tt} \qquad (3.14)
$$

Ein Vergleich mit (3.6) zeigt, *daß die ersten drei Komponenten $\partial T/\partial \omega_g$ von $\mathfrak{P}_{tt}$ identisch mit den Komponenten des Gesamtdrehimpulses $\mathfrak{P}$ sind.* Die Feststellung ist für die spätere Übertragung des Problems in die Quantenmechanik wichtig. An dieser Stelle ist es einfach, die körperfesten Komponenten $P_g = \partial T/\partial \omega_g$ von $\mathfrak{P}$ durch Impulskomponenten $P_\varepsilon = \partial T/\partial \dot{\varepsilon}$; $\varepsilon = \varphi, \vartheta, \chi$ in Eulerschen Winkelkoordinaten auszudrücken.

Es gilt

$$
\begin{aligned}
P_g = \partial T/\partial \omega_g &= \frac{\partial \dot{\varphi}}{\partial \omega_g} \frac{\partial T}{\partial \dot{\varphi}} + \frac{\partial \dot{\vartheta}}{\partial \omega_g} \frac{\partial T}{\partial \dot{\vartheta}} + \frac{\partial \dot{\chi}}{\partial \omega_g} \frac{\partial T}{\partial \dot{\chi}} \\
&= \frac{\partial \dot{\psi}}{\partial \omega_g} P_\varphi + \frac{\partial \dot{\vartheta}}{\partial \omega_g} P_\vartheta + \frac{\partial \dot{\chi}}{\partial \omega_g} P_\chi
\end{aligned}
\qquad (3.15)
$$

Mit dem Inversen von (2.14) und (2.16) erhält man

$$
\mathfrak{P} = (V^{-1})^{+} \mathfrak{P}_\varepsilon \qquad (3.16)
$$

wobei $\mathfrak{P}_\varepsilon = (P_\varphi, P_\vartheta, P_\chi)$ \qquad (3.17)

Die Impulse transformieren sich kontragredient zu den Geschwindigkeiten (vgl. 2.14).

Daß die P_g körperfeste Komponenten des Gesamtdrehimpulses sind, zeigt sich ebenfalls in der Form der Poissonklammern $(6, 7)$.

$$\{P_x, P_y\} = P_z \quad \text{zyklisch} \tag{3.18}$$

Für raumfeste Komponenten wäre das Vorzeichen von P_Z negativ. Weiter gilt

$$\{P_g, p_n\} = 0 \quad \text{mit} \quad p_n = \frac{\partial T}{\partial \dot{a}_n} \tag{3.19}$$

$$\{p_n, p_n'\} = \delta_{nn'} \tag{3.20}$$

(3.18) bis (3.20) lassen sich mit (3.16) leicht verifizieren, wenn man bedenkt, daß für die kanonisch konjugierten Variablen nämlich die Drehimpulse P_ε und Winkel ε im Eulerschen System gilt:

$$\{P_\varepsilon, P_{\bar{\varepsilon}}\} = 0 \quad \{\varepsilon, \bar{\varepsilon}\} = 0 \quad \{P_\varepsilon, \bar{\varepsilon}\} = \delta_{\varepsilon\bar{\varepsilon}} \tag{3.21 a, b, c}$$

(3.18) zeigt auch, daß die Γ_g keine kanonisch konjugierten Variablen sind, da dann die Poissonklammern die Form $(3.21\,\text{a})$ haben müßten.

Mit (3.14) kann man die kinetische Energie (3.10) umformen in

$$T = \tfrac{1}{2}\, \mathfrak{P}_{\mathrm{tt}}^{+} \cdot I_{\mathrm{tt}}^{-1} \cdot \mathfrak{P}_{\mathrm{tt}} \tag{3.22}$$

Der mühsame Schritt der Inversion von I_{tt} kann dabei durch ein Verfahren nach *Crawford* (2) auf die Inversion einer Matrix geringeren Ranges reduziert werden. Explizit lautet I_{tt}^{-1}

$$\tfrac{1}{2}\, I_{\mathrm{tt}}^{-1} = \begin{bmatrix} \dfrac{1}{2I_x} + Z_{xx} & Z_{xy} & Z_{xz} & -Q_{x1} & -Q_{x2} \\[2ex] Z_{yx} & \dfrac{1}{2I_y} + Z_{yy} & Z_{yz} & -Q_{y1} & -Q_{y2} \\[2ex] Z_{zx} & Z_{zy} & \dfrac{1}{2I_z} + Z_{zz} & -Q_{z1} & -Q_{z2} \\[2ex] -Q_{x1} & -Q_{y1} & -Q_{z1} & F_1 & F' \\[2ex] -Q_{x2} & -Q_{y2} & -Q_{z2} & F' & F_2 \end{bmatrix} \tag{3.23}$$

mit

$$Z_{g\bar{g}} = Z_{\bar{g}g} = \varrho_{g1}\varrho_{\bar{g}1} F_1 + (\varrho_{g2}\varrho_{\bar{g}1} + \varrho_{g1}\varrho_{\bar{g}2}) F' + \varrho_{g2}\varrho_{\bar{g}2} F_2 \tag{3.24}$$

$$Q_{g1} = \varrho_{g1} F_1 + \varrho_{g2} F'$$
$$Q_{g2} = \varrho_{g1} F' + \varrho_{g2} F_2 \tag{3.25 a, b}$$

$$\begin{pmatrix} F_1 & F' \\ F' & F_2 \end{pmatrix} = \frac{1}{2} \begin{pmatrix} I_{a1}\left(1-\sum_g \lambda_{g1}^2 I_{a1}/I_g\right) & \sum_g \lambda_{g1}\lambda_{g2} I_{a1} I_{a2}/I_g \\ \sum_g \lambda_{ag1}\lambda_{g2} I_{a1} I_{a2}/I_g & I_{a2}\left(1-\sum_g \lambda_{g2}^2 I_{a2}/I_g\right) \end{pmatrix}^{-1} \tag{3.26}$$

$$\varrho_{gn} = \lambda_{gn} I_{an}/I_g \tag{3.27}$$

Spezialisierungen wegen einer besonderen Lage der internen Rotationsachsen, z. B. in einer Hauptträgheitsebene, lassen sich durch spezielle Werte von λ_{xn}, λ_{yn}, λ_{zn} leicht einführen. Auch der Übergang zu Molekülen mit einem internen Rotor ist einfach mit $I_{a2} = 0$.

Die Form (3.22) der kinetischen Energie kann man in einfacher Weise umschreiben, indem man

$$\begin{bmatrix} P_x \\ P_y \\ P_z \\ p_1-\mathfrak{P}_1 \\ p_2-\mathfrak{P}_2 \end{bmatrix} = \begin{bmatrix} 1 & 0 & 0 & 0 & 0 \\ 0 & 1 & 0 & 0 & 0 \\ 0 & 0 & 1 & 0 & 0 \\ -\varrho_{x1} & -\varrho_{y1} & -\varrho_{z1} & 1 & 0 \\ -\varrho_{x2} & -\varrho_{y2} & -\varrho_{z2} & 0 & 1 \end{bmatrix} \begin{bmatrix} P_x \\ P_y \\ P_z \\ p_1 \\ p_2 \end{bmatrix} \tag{3.28}$$

einführt. Man erhält die einprägsame Form

$$T = \frac{P_x^2}{2I_x} + \frac{P_y^2}{2I_y} + \frac{P_z^2}{2I_z} + F_1(p_1-\mathfrak{P}_1)^2 + F_2(p_2-\mathfrak{P}_2)^2 + F'(p_1-\mathfrak{P}_1)(p_2-\mathfrak{P}_2)$$

$$+ F'(p_2-\mathfrak{P}_2)(p_1-\mathfrak{P}_1) \quad \text{mit } \mathfrak{P}_n = \sum \varrho_{gn} P_g \tag{3.29}$$

Die Form von (3.22) oder (3.29) wird später ergänzt durch Potentialterme für die Hamiltonoperatoren übernommen.

Die Methode heißt „Principal Axis Method", da sie sich auf das Hauptachsensystem bezieht.

Für die potentielle Energie setzt man gewöhnlich eine zweidimensionale Fourierreihe in den Torsionswinkeln a_1 und a_2 an. Die Koeffizienten sind dann die Bestimmungsstücke der Analyse. Man fordert nur, daß die Zähligkeit N der Rotoren auch im Potential auftreten muß. Deshalb sind nur Glieder mit ganzen Vielfachen der Zähligkeit vorhanden. Für die behandelten Modelle ist der Ansatz:

$$V(a_1, a_2) = \frac{V_{N1}}{2}(1-\cos Na_1) + \frac{V_{N2}}{2}(1-\cos Na_2)$$

$$+ \frac{V_{2N1}}{2}(1-\cos 2Na_1) + \frac{V_{2N2}}{2}(1-\cos 2Na_2)$$

$$+\frac{\bar{V}_{2N1}}{2}\,(1+\sin 2\,N\alpha_1)+\frac{\bar{V}_{2N2}}{2}\,(1+\sin 2\,N\alpha_2) \qquad (3.30)$$

$$+V_{12}\cos N\alpha_1\cos N\alpha_2+V'_{12}\sin N\alpha_1\sin N\alpha_2$$

$$+V''_{12}\sin N\alpha_1\cos N\alpha_2+V'''_{12}\cos N\alpha_1\sin N\alpha_2$$

hinreichend allgemein. Da die absolute Lage der Potentialminima für das Modell keine Konsequenzen hat, wurde der Nullpunkt der Torsionswinkel so gewählt, daß keine Terme in $\sin N\alpha_n$ auftreten. In der überwiegenden Mehrzahl der bisher untersuchten Fälle sind die Rotoren Methylgruppen[8] und damit $N=3$.

Der Ansatz (3.30) kann je nach Konfigurationssymmetrie des Moleküls noch vereinfacht werden. Besitzt das Molekül zwei gleiche Rotoren in gleichwertiger Umgebung, so ist $V_{kN1}=V_{kN2}$. Verlangt die Konfigurationssymmetrie: $V(\alpha_1,\alpha_2)=V(-\alpha_1,-\alpha_2)$ Symmetrieebene enthält die beiden internen Rotationsachsen, z.B. $(CH_3)_2S$, so folgt

$$V''_{12}=0;\; V'''_{12}=0;\; \bar{V}_{2Nn}=0 \qquad (3.31a)$$

$V(\alpha_1,\alpha_2)=V(-\alpha_2,-\alpha_1)$ Rotoren liegen symmetrisch zu einer Symmetrieebene, z.B. $(CH_3)_2SO$, so folgt

$$V''_{12}=-V'''_{12};\; \bar{V}_{2Nn}=0 \qquad (3.31b)$$

$V(\alpha_1,\alpha_2)=V(\alpha_2,\alpha_1)$ Rotoren C_2-symmetrisch angeordnet, z. B. $(CH_3)_2S_2$, so folgt

$$V''_{12}=V'''_{12} \qquad (3.31c)$$

Besitzt das Molekül nur einen Rotor, so ist zu setzen:

$$V_{kN2}=0;\; \bar{V}_{kN2}=0;\; V_{12}=V'_{12}=V''_{12}=V'''_{12}=0$$

Verlangt die Konfigurationssymmetrie $V(\alpha)=V(-\alpha)$,
so folgt

$$\bar{V}_{kN1}=0 \qquad (3.32)$$

Besitzt der Rumpf des Moleküls eine C_{2V}-Symmetrie um die interne Rotationsachse, so ist der niedrigste Potentialkoeffizient V_{2N}, da alle

$$V_{kN}=0 \text{ mit } k \text{ ungerade} \qquad (3.33)$$

---

[8] Ausnahme z. B. CF_3CHO (*8*).

Mit der Form von (3.30) ist gesichert, daß die durch die N Minima möglichen N verschiedenen Lagen des symmetrischen Rotors energetisch gleichwertig sind. Bei zwei gleichen Rotoren in gleicher Umgebung sind N^2 verschiedene Lagen äquivalent.

Für den Fall: asymmetrische Moleküle mit symmetrischen Rotoren ist das Gesamtträgheitsmoment unabhängig von der Drehlage der Rotoren. In die kinetische Energie gehen die bekannten Atommassen und die Struktur nur summarisch in die Hauptträgheitsmomente des Moleküls und die Trägheitsmomente der Rotoren ein. Explizite Strukturgrößen sind nur die Richtungskosinus, die die Lage der internen Rotationsachse im Molekül beschreiben. Die potentielle Energie ist in Form eines Ansatzes eingeführt. Das implizite Eingehen der Struktur in die kinetische Energie hat den Vorteil, daß sie nicht notwendig bekannt sein muß. Die Trägheitsmomente sind hier die molekülspezifischen Parameter.

4. Form der Hamiltonoperatoren

Die Betrachtungen in dem Abschnitt 3 waren begrenzt auf das Gebiet der klassischen Mechanik. Für die in diesem Artikel diskutierte Aufgabe ist es aber unumgänglich notwendig, die Mittel der Quantenmechanik zu verwenden.

Ein Ziel im Abschnitt 3 war es, die kinetische Energie in der Form

$$T = \tfrac{1}{2}\,\mathfrak{P}_{tt}^{+} \cdot I_{tt}^{-1} \cdot \mathfrak{P}_{tt} \tag{3.22}$$

oder der Form (3.29) zu finden. Bei getroffener Wahl der Koordinaten und Impulse ist die Information über das System in I_{tt}^{-1} enthalten. Der quantenmechanische Operator für das gleiche System enthält ebenfalls I_{tt}^{-1}. Es war deshalb sinnvoll, zunächst das klassische Problem zu behandeln.

Bei der Formulierung des quantenmechanischen Operators ist zu beachten, daß die verwendeten Drehimpulskomponenten P_g keine Impulse sind, die zu Koordinaten konjugiert sind. Das manifestiert sich in der Form der Poissonklammern (3.18). Es ist deshalb keine strenge Sprechweise, $T(P_g) + V$ als klassische Hamiltonfunktion zu bezeichnen. Geht man aber mit (3.16) zu den Impulsen P_φ, P_ϑ, P_χ über, so kommt man zu kanonisch konjugierten Variablenpaaren: P_φ, φ; P_ϑ, ϑ; P_χ, χ (p_n, a_n sind es schon). Das Koordinatensystem ist jetzt krummlinig und nicht orthogonal.

Ist die kinetische Energie in krummlinigen Koordinaten q_k und den kanonisch konjugierten Impulsen p_k

$$T = \sum_{ik} g^{ik} p_i p_k \; {}^{9)},$$

(4.1)

wobei die g^{ik} Funktionen der q_k sein können, so hat der Hamiltonoperator die Form (*1, 2*)

$$H = g^{-\frac{1}{4}} \sum_{ik} p_i g^{\frac{1}{2}} g^{ik} p_k + V(q_k)$$

(4.2)

wobei der Impulsoperator

$$p_i = -\frac{\hbar}{i} \frac{\partial}{\partial q_i}$$

(4.3)

und

$$g^{-1} = det \, g^{ik}$$

(4.4)

Bei der Form (4.2) ist die Normierung der Eigenfunktionen bei einem System aus n-Massenpunkten über den $3n$-dimensionalen kartesischen Konfigurationsraum oder einen Unterraum davon[10]), der von den q_k aufgespannt wird, zu erstrecken.

$$\int \psi_x^* \psi_x \, g^{\frac{1}{2}} \, dq_1 \ldots dq_k = 1 \, {}^{11)}$$

(4.5)

Wünscht man eine Normierung ohne die Gewichtsfunktion, so modifiziert sich der Hamiltonoperator zu

$$H = g^{-\frac{1}{4}} \sum_{ik} P_i g^{\frac{1}{2}} g^{ik} P_k g^{-\frac{1}{4}} + V(q_k)$$

(4.6)

mit

$$\int \psi_q^* \psi_q \, dq_1 \ldots dq_k = 1 \, {}^{11)}$$

(4.7)

Ist nun die kinetische Energie durch

$$T = \sum_{ik} G^{ik} P_i P_k$$

(4.8)

---

[9]) Der Faktor $\frac{1}{2}$ ist in den g^{ik} enthalten.
[10]) Z. B. Unterraum der Eulerschen Winkel.
[11]) x und q bezeichnet diese Normierungsvorschrift.

gegeben, wobei die Impulse P_i nicht kanonisch konjugiert sind, so hängt es von der Transformation zwischen den P_i und kanonisch konjugierten Impulsen ab, ob man in (4.2) und (4.5) formal ersetzen kann

$$g^{ik} \rightarrow G^{ik}; \; g \rightarrow G; \; p_i \rightarrow P_i \qquad (4.9)$$

Sind die P_i die Komponenten P_g des Gesamtdrehimpulses, die mit den kanonisch konjugierten Impulsen P_φ, P_ϑ, P_χ über die Transformation (3.16) zusammenhängen, so läßt sich zeigen, daß der Hamiltonoperator die Form (4.2) bzw. (4.6) je nach Normierung hat[12] (3). Die Betrachtungen im Abschnitt 3 waren deshalb notwendig.

Den Poissonklammern der Mechanik entsprechen die Vertauschungsrelationen in der Quantenmechanik. In Analogie zu (3.18) bis (3.20) gilt

$$[P_x, P_y] = -i\hbar P_z \text{ zyklisch} \qquad (4.10)$$

$$[P_g, p_n] = 0 \qquad (4.11)$$

$$[p_n, p_n{}'] = 0 \qquad (4.12)$$

$$[P_\varepsilon, P_{\bar\varepsilon}] = 0; \; [\varepsilon, \bar\varepsilon] = 0; \; [P_\varepsilon, \bar\varepsilon] = \delta_{\varepsilon\bar\varepsilon} \qquad (4.13)$$

Die Form der Vertauschungsrelationen von P_g sichert beispielsweise die Möglichkeit, für die Matrixelemente von P_g die bekannten Ausdrücke zu verwenden.

Es ist jetzt einfach für das in Abschnitt 3 behandelte Modell mit allen Spezialfällen den Hamiltonoperator aufzustellen. Eine exakte geschlossene Lösung der Schrödingergleichung $H\psi = E\psi$ ist aber unmöglich. Deshalb bedient man sich für die Lösung der matrizenmechanischen Formulierung des Problems. Weitgehende Aussagen und Hilfe für die numerische Behandlung des Problems, erhält man aber relativ einfach mit gruppentheoretischen Methoden, weshalb ein Abschnitt über Symmetriebetrachtungen des Hamiltonoperators folgt.

5. Symmetriebetrachtungen

Nach den Betrachtungen im Abschnitt 3 und 4 kann man nun für alle möglichen Moleküle mit einem oder zwei symmetrischen Rotoren den Hamiltonoperator angeben. Er hat nach (3.22) und (3.30) bis (3.33) folgende Form

---

[12] Dieser Nachweis gibt die Berechtigung von einem Hamiltonoperator $H(P_g)$ zu sprechen.

$$H = \left(\frac{1}{2I_x} + Z_{xx}\right) P_x{}^2 + \left(\frac{1}{2I_y} + Z_{yy}\right) P_y{}^2 + \left(\frac{1}{2I_z} + Z_{zz}\right) P_z{}^2 \qquad (H_R)$$

$$+ \tfrac{1}{2} \sum_{g \neq \bar{g}} (Z_{g\bar{g}} + Z_{\bar{g}g}) \, (P_g P_{\bar{g}} + P_{\bar{g}} P_g) \qquad (H_{RR})$$

$$+ F_1 p_1{}^2 + \frac{V_{31}}{2} (1 - \cos 3\alpha_1) + \ldots \qquad (H_{T_1})$$

$$+ F_2 p_2{}^2 + \frac{V_{32}}{2} (1 - \cos 3\alpha_2) + \ldots \qquad (H_{T_2}) \qquad (5.1)$$

$$+ F' (p_1 p_2 + p_2 p_1) + V_{12} \cos 3\alpha_1 \cos 3\alpha_2 \qquad (H_{TT})$$

$$+ V'_{12} \sin 3\alpha_1 \sin 3\alpha_2 + \ldots$$

$$- 2 \sum_g Q_{g1} P_g p_1 - 2 \sum_g Q_{g2} P_g p_2 \qquad (H_{RT})$$

Üblicherweise wird die Plancksche Konstante der Drehimpulsoperatoren P_g, p_n in die Koeffizienten aufgenommen. (3.23) ist also mit $\hbar^2$ zu multiplizieren.

Im folgenden beschränke ich mich auf $N = 3$ und $N = 6$, da bisher fast ausschließlich dreizählige Rotoren untersucht wurden. Die Übertragung auf andere Zähligkeiten ist einfach[13]). Der Operator (5.1) scheint eine große Vielfalt von Modellen zu umfassen. Wesentlich unterschiedlich sind aber nur die Spezialfälle von (5.1), die unterschiedliche Invarianzgruppen besitzen. Kennt man alle zuständigen Invarianzgruppen, so übersieht man die Vielfalt der Fälle abgesehen von numerischen Unterschieden.

Um die Gruppe höchster Symmetrie zu finden, betrachte ich nur einen Teil von H nämlich $H_R + H_{T1} + H_{T2}$, wenn $N = 3$. H_R ist invariant gegen die Vierergruppe V (5—7)

$$V: (E), (C_{2x}), (C_{2y}), (C_{2z})\,[14] \qquad (5.2a)$$

$$E: \varphi \to \varphi, \; \vartheta \to \vartheta, \; \chi \to \chi, \; P_x \to P_x, \; P_y \to P_y, \; P_z \to P_z$$

$$C_{2x}: \varphi \to \varphi + \pi, \; \vartheta \to \pi - \vartheta, \; \chi \to \pi - \chi, \; P_x \to P_x, \; P_y \to -P_y, \; P_z \to -P_z \;(5.2b)$$

$$C_{2y}: \varphi \to \varphi + \pi, \; \vartheta \to \pi - \vartheta, \; \chi \to -\chi, \; P_x \to -P_x, \; P_y \to P_y, \; P_z \to -P_z$$

$$C_{2z}: \varphi \to \varphi, \; \vartheta \to \vartheta, \; \chi \to \chi + \pi, \; P_x \to -P_x, \; P_y \to -P_y, \; P_z \to P_z$$

---

[13]) Interessant ist der Zusammenhang mit den Gruppen von *Longuet—Higgins* (1—4).
[14]) Klassen sind in Klammern zusammengefaßt.

H. Dreizler

H_{Tn} ist invariant gegen die Gruppe

$$C_{3V}^{(n)}: (E),\ (C_{3n},\ C_{3n}^2),\ (\sigma_n,\ \sigma_n C_{3n},\ \sigma_n C_{3n}^2)$$

mit den erzeugenden Elementen
$$(5.3\,\mathrm{a,b})$$

$$C_{3n}\ :\ a_n \to a_n + 2\pi/3,\ p_n \to p_n$$

$$\sigma_n\ :\ a_n \to -a_n\ \ ,\ p_n \to -p_n$$

$H_R + H_{T1} + H_{T2}$ ist dann invariant gegen das direkte Produkt $V \otimes C_{3V}^{(1)} \otimes C_{3V}^{(2)}$. Die Bildung des direkten Produkts ist erlaubt, da die Teiloperatoren und die Elemente ihrer Invarianzgruppen auf verschiedene Koordinaten wirken. Ist $H_{T1} = H_{T2}$, liegen also zwei gleiche Rotoren in gleicher Umgebung vor, so erhöht die mögliche Austauschoperation

$$C_{2\,x}''\colon a_1 \to a_2,\ a_2 \to a_1,\ p_1 \to p_2,\ p_2 \to p_1 \qquad (5.4)$$

die Symmetrie. $H_R + H_{T1} + H_{T2}$ ist dann invariant gegen $V \otimes III$. III ist nach *Myers* und *Wilson* (8, 9) eine Gruppe mit 72 Elementen, erzeugt von (5.3b) mit $n = 1,2$ und (5.4). $V \otimes C_{3V}^{(1)} \otimes C_{3V}^{(2)}$ ist eine Untergruppe von $V \otimes III$.

Für $N = 6$ ist jedenfalls bei dreizähligen Rotoren eine C_2-Symmetrie des Rumpfes um die interne Rotationsachse notwendig. Bei zwei Rotoren ist zusätzlich notwendig, daß beide internen Rotationsachsen kollinear sind. $H_R + H_{T1} + H_{T2}$ ist dann invariant gegen $V \otimes C_{6V}^{(1)} \otimes C_{6V}^{(2)}$

$$C_{6V}^{(n)}: (E),\ (C_{6n}^3),\ (C_{6n}^2,\ C_{6n}^4),\ (C_{6n}.\ C_{6n}^5),\ (\sigma_n,\ \sigma_n C_{6n}^2,\ \sigma_n C_{6n}^4),$$

$$(\sigma_n C_{6n},\ \sigma_n C_{6n}^3,\ \sigma_n C_{6n}^5)$$

mit den erzeugenden Elementen
$$(5.5\,\mathrm{a,b})$$

$$C_{6n}\ :\ a_n \to a_n + 2\pi/6,\qquad p_n \to p_n$$

$$\sigma_n\ :\ a_n \to -a_n\ \ ,\qquad p_n \to -p_n$$

Die Suche nach einer höheren Gruppe analog III ist offensichtlich überflüssig, da ein Molekül mit zwei koaxialen Rotoren in gleicher Umgebung, C_2-symmetrischem Rumpf und einem Dipolmoment wohl nicht existiert.

Sucht man jetzt zu $V \otimes III$ und $V \otimes C_{6V}^{(1)} \otimes C_{6V}^{(2)}$ alle Untergruppen, so gibt deren Zahl die obere Grenze der unterschiedlichen Fälle. Den Untergruppen entsprechen Operatoren, die sich aus $H_R + H_{T1} + H_{T2}$ und den restlichen Gliedern des Operators (5.1) zusammensetzen.

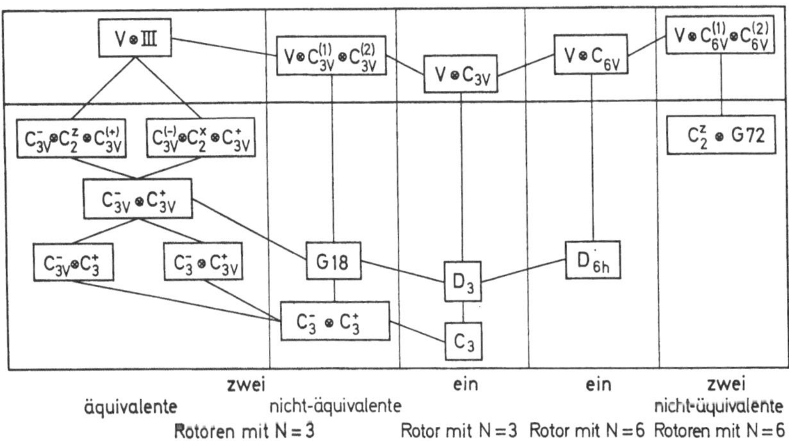

Abb. 5.1. Gruppenfamilie für Moleküle mit höchstens zwei symmetrischen Rotoren. Die Verbindungslinien führen nach unten zu Untergruppen

In Abb. 5.1 ist die Gruppenfamilie schematisch dargestellt. Es sind nur solche Untergruppen angegeben, die Invarianzgruppen von Hamilton-operatoren von Molekülen sind, die untersucht wurden oder möglicher-weise untersucht werden können. Sie sind in einem großen Rechteck ent-halten. Darüber angeordnet sind die Invarianzgruppen von Näherungs-operatoren.

Die Gruppen, die auf Moleküle mit zwei Rotoren angewendet werden, haben folgende Elemente:

C_2^x: (E), (C_{2x})

C_2^z: (E), (C_{2z})

mit Wirkung auf φ, ϑ, χ

$C_{3v}^{(+)}$: (E), $(C_{31} C_{32}, C_{31}^2 C_{32}^2)$, $(C_{2z}'', C_{2z}'' C_{31} C_{32}, C_{2z}'' C_{31}^2 C_{32}^2)$

$C_{3v}^{(-)}$: (E), $(C_{31} C_{32}^2, C_{32}^2 C_{31})$, $(C_{2x}'', C_{2x}'' C_{31} C_{32}^2, C_{2x}'' C_{31}^2 C_{32})$

C_3^+: (E), (C_{31}, C_{32}), $(C_{31}^2 C_{32}^2)$

C_3^-: (E), $(C_{31} C_{32}^2)$, $(C_{31}^2 C_{32})$

$$(5.6\text{a-i})$$

mit Wirkung auf a_1, a_2 und der Abkürzung $C_{2z}'' = C_{2x}'' C_{2y}'' = C_{2x}'' \sigma_1 \sigma_2$

C_{3v}^+: (E), $(C_{31} C_{32}, C_{31}^2 C_{32}^2)$, $(C_{2z}', C_{2z}' C_{31} C_{32}, C_{2z}' C_{31}^2 C_{32}^2)$

C_{3v}^-: (E), $(C_{31} C_{32}^2, C_{31}^2 C_{32})$, $(C_{2x}', C_{2x}' C_{31} C_{32}^2, C_{2x}' C_{31}^2 C_{32})$

$G 18$: (E), (C_{31}, C_{31}^2), (C_{32}, C_{32}^2), $(C_{31} C_{32}, C_{31}^2 C_{32}^2)$, $(C_{31}^2, C_{32}, C_{31}, C_{32}^2)$

$(C_{2y}', C_{2y}' C_{31}, C_{2y}' C_{31}^2, C_{2y}' C_{32}, C_{2y}' C_{32}^2, C_{2y}' C_{31} C_{32}, C_{2y}' C_{31}^2 C_{32}^2,$

$C_{2y}' C_{31}^2 C_{32}, C_{2y}' C_{31} C_{32}^2)$ (4,11)

Tabelle 5.1. *Invarianzgruppen und einige Beispiele mit Angabe der speziellen Werte für* λ_{gn} *und* V_N

Gruppe	Beispiel	λ_{x1}	λ_{y1}	λ_{z1}	λ_{x2}	λ_{y2}	λ_{z2}	V_{31}	V_{32}	V_{12}	V'_{12}	V''_{12}	V'''_{12}
$C_{3v}^{-}\otimes C_2^z\otimes C_{3v}^{(+)}$	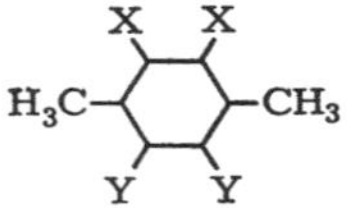 (hexagon, H_3C–, –CH_3, X X Y Y) =)	0	0	1	0	0	-1	V_3	V_3	V_{12}	V'_{12}	0	0
$C_{3v}^{(-)}\otimes C_2^x\otimes C_{3v}^{+}$	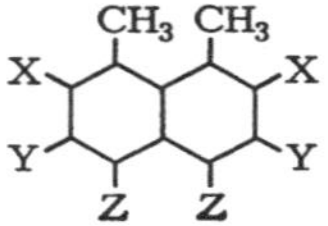 (bicyclic, CH_3 CH_3, X X Y Y Z Z) *)	1	0	0	1	0	0	V_3	V_3	V_{12}	V'_{12}	0	0
$C_{3v}^{-}\otimes C_{3v}^{+}$	$(CH_3)_2CO$ [12], $(CH_3)_2S$ [13, 14]	λ_x	0	λ_z	λ_x	0	$-\lambda_z$	V_3	V_3	V_{12}	V'_{12}	0	0
$C_{3v}^{-}\otimes C_3^{+}$	$(CH_3)_2S_2$ [10, 16]	λ_x	λ_y	λ_z	λ_x	$-\lambda_y$	$-\lambda_z$	V_3	V_3	V_{12}	V'_{12}	V''_{12}	V''_{12}
$C_3^{-}\otimes C_{3v}^{+}$	$(CH_3)_2SO$ [10], $(CH_3)_2NH$ [17], cis $(CH_3)_2C_2H_2O$ [17]	λ_x	λ_y	λ_z	λ_x	λ_y	$-\lambda_z$	V_3	V_3	V_{12}	V'_{12}	V''_{12}	$-V''_{12}$
$G\,18$	$CH_3\,{}^{13}CH_3S$ [10], CH_3CD_3S, $CH_3CH_2SiH_3$ [18]	λ_{x1}	0	λ_{z1}	λ_{x2}	0	λ_{y2}	V_3 V_{31}	V_3 V_{32}**)	V_{12}	V'_{12}	0	0
$C_3^{-}\otimes C_3^{+}$	$(CH_3)_2S\,{}^{34}S$, $CH_3CD_3S_2$	λ_{x1}	λ_{y1}	λ_{z1}	λ_{x2}	λ_{y2}	λ_{z2}	V_3	V_3	V_{12}	V'_{12}	V''_{12}	V'''_{12}
$C_2^z\otimes G\,72$	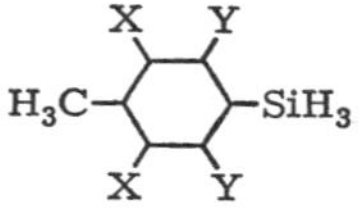 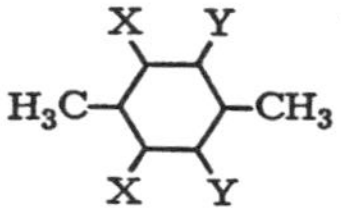 (two hexagons, H_3C–, –SiH_3, X Y X Y ; H_3C–, –CH_3, X Y X Y) *)	0	0	1	0	0	-1	V_6	V_6	—	—	—	—

*) Inwieweit die Verwendung der angegebenen Invarianzgruppen für diese Moleküle berechtigt ist, hängt davon ab, ob λ_x bzw. λ_z genügend nahe 1 sind.   **) Bei $CH_3CH_2SiH_3$.

$$G\,72:\ (E),\ (C_{61},\ C_{61}^5),\ (C_{62},\ C_{62}^5),\ (C_{61}^2,\ C_{61}^4),\ (C_{62}^2,\ C_{62}^4),\ (C_{61}^3),\ (C_{62}^3),$$

$$(C_{61}C_{62}^2,\ C_{61}^5C_{62}^4),\ (C_{61}^2C_{62},\ C_{61}^4C_{62}^5),\ (C_{61}C_{62}^3,\ C_{61}^5C_{62}^3),\ (C_{61}^3C_{62},\ C_{61}^3C_{62}^5),$$

$$(C_{61}C_{62}^4,\ C_{61}^5C_{62}^2),\ (C_{61}^4C_{62},\ C_{61}^2C_{62}^5),\ (C_{61}^2C_{62}^3,\ C_{61}^4\,C_{62}^3),\ (C_{61}^3C_{62}^2,\ C_{61}^3C_{62}^4),$$

$$(C_{61}C_{62}^5,\ C_{61}^5C_{62}),\ (C_{61}^2C_{62}^4,\ C_{61}^4C_{62}^2),\ (C_{61}C_{62},\ C_{61}^5C_{62}^5),\ (C_{61}^2C_{62}^2,\ C_{61}^4C_{62}^4),$$

$$(C_{61}^3C_{62}^3),\ (C_{2y}'C_{61}^nC_{62}^m\ n\ \text{gerade},\ m\ \text{gerade}), \qquad (5.6j)$$

$$(C_{2y}'C_{61}^nC_{62}^m\ n\ \text{gerade},\ m\ \text{ungerade}),\ (C_{2y}'C_{61}^nC_{62}^m\ n\ \text{ungerade},\ m\ \text{gerade})$$

$$(C_{2y}'C_{61}^nC_{62}^m\ n\ \text{ungerade},\ m\ \text{ungerade}),\ \text{mit Wirkung auf}\ \varphi,\ \vartheta,\ \chi,\ a_1,\ a_2$$

und den Abkürzungen:

$$C_{2x}' = C_{2x}C_{2x}'';\ C_{2z}' = C_{2z}C_{2z}'';\ C_{2y}' = C_{2x}'C_{2z}'$$

Tabelle 5.2. *Invarianzgruppen und einige Beispiele mit Angabe der speziellen Werte für λ_q und V_N*

Gruppe	Beispiel	λ_x	λ_y	λ_z	V_3	V_6	$\overline{V}_6$
D_3	CH_3CHO [19, 20, 21]	λ_x	0	λ_z	V_3	V_6	0
C_3	$CH_3CH{=}CH_2$ [22] $\diagdown\diagup$ O	λ_x	λ_y	λ_z	V_3	V_6	$\overline{V}_6$
D_{6h}	CH_3BF_2 [23], ⬡—CH_3 [24]	0	0	λ_z	0	V_6	0

Für Moleküle mit einem Rotor treten folgende Gruppen auf:

$$D_{6h}:\ (E),\ (C_3,\ C_3^2),\ (C_{2x}',\ C_{2x}'C_3,\ C_{2x}'C_3^2),\ (C_{2z}'),\ (C_{2z}'C_3,\ C_{2z}'C_3^2),\ (C_{2y}',\ C_{2y}'C_3,$$

$$C_{2y}'C_3^2),\ (C_6^3),\ (C_6^3C_3,\ C_6^3C_3^2),\ (C_{2x}'C_6^3,\ C_{2x}'C_6^3C_3,\ C_{2x}'C_6^3C_3^2),\ (C_{2z}'C_6^3),$$

$$(C_{2z}'C_6^3C_3,\ C_{2z}'C_6^3C_3^2),\ (C_{2y}'C_6^3,\ C_{2y}'C_6^3C_3,\ C_{2y}'C_6^3C_3^2)$$

$$D_3:\ (E),\ (C_3,\ C_3^{(2)}),\ (C_{2y}',\ C_{2y}'C_3,\ C_{2y}'C_3^2) \qquad (5.7\,\mathrm{a,b,c})$$

$$C_3:\ (E),\ (C_3),\ (C_3^2)$$

mit
$$C_{2x}' = C_{2x}\cdot\sigma,\ C_{2y}' = C_{2y}\cdot\sigma,\ C_{2z}' = C_{2z}$$

In den Tabellen werden repräsentative Beispiele für jede Invarianzgruppe gegeben. Außerdem wird angegeben, welche der Koeffizienten (5.1) entweder einander gleich oder null sind. In der Tabelle 5.1 ist die willkürliche Wahl der xyz-Achsen so getroffen worden, daß, wenn möglich, x eine C_2-Achse, xz Symmetrieebene des Moleküls, die die interne Rotationsachse enthält, xy Symmetrieebene ist, die die interne Rotationsachse nicht enthält. In der Tabelle 5.2 wurde bei D_3 die interne Rotationsachse in die xz-Ebene, bei D_{6h} in z-Richtung gelegt. Eine andere Wahl der Achsenzuordnung ist möglich und führt zu Gruppen, die isomorph zu den angegebenen sind.

Zwei mögliche Untergruppen, nämlich $C_{3v}^- \otimes C_2^+$ und $C_2^- \otimes C_{3v}^+$ mit C_2^+: (E), (C_{2z}') und C_2^-: (E), (C_{2x}'), sind in Abb. 5.1 nicht aufgeführt. Ihnen entspricht wahrscheinlich kein reales Molekül.

Damit ist skizziert, wie mit Hilfe der Symmetrie des Hamiltonoperators, die nicht notwendig gleich der Symmetrie der Konfiguration ist, aber natürlich von ihr abhängt, eine Systematisierung erreicht werden kann, die die weitere Behandlung erleichtert. Die quantenmechanische Behandlung der Modelle wird später stets die Invarianzgruppe des Hamiltonoperators mitbenutzen.

6. Starrer Kreisel

Ein Anteil des Hamiltonoperators (5.1) hat stets die Form

$$H = \left(\frac{1}{2I_x} + Z_{xx}\right) P_x^2 + \left(\frac{1}{2I_y} + Z_{yy}\right) P_y^2 + \left(\frac{1}{2I_z} + Z_{zz}\right) P_z^2, \tag{6.1}$$

die dem Operator eines starren asymmetrischen Kreisels entspricht. Der starre asymmetrische Kreisel ist ausführlich in der Literatur (1—5) behandelt. Deshalb beschränke ich mich auf wenige Angaben. Es ist üblich, die Koeffizienten der P_g^2, die Rotationskonstanten, der Größe nach mit $A > B > C$ und die entsprechenden Hauptträgheitsachsen mit a, b, c zu bezeichnen. Die möglichen Zuordnungen (Repräsentationen) gibt Tabelle 6.1.

Tabelle 6.1

	I^r	II^r	III^r	I^e	IIe	IIIe
a	z	y	x	z	x	y
b	x	z	y	y	z	x
c	y	x	z	x	y	z

Eigenwerte und Eigenfunktionen von (6.1) sind bis auf wenige nicht geschlossen angebbar. Die Eigenwerte stehen in ausführlichen Tabellen zur Verfügung (6). Zu deren Berechnung geht man von den beiden Formen des symmetrischen Kreisels aus: $B = C$ verlängerte Kreisel (prolate top) und $A = B$ abgeplatteter Kreisel (oblate top). Man bildet mit den Eigenfunktionen des symmetrischen Kreisels (7, 8)

$$\psi_{JKM}^{\times}(\varphi, \vartheta, \chi) = (-1)^{\max K, M} \Theta_{JKM}(\vartheta)\, e^{iM\varphi} e^{iK\chi} \tag{6.2}$$

mit den Jacobischen Polynomen $\Theta_{JKM}(\vartheta)$, für die

$$\Theta_{JKM}(\pi-\vartheta) = (-1)^{J-\frac{1}{2}|K+M|-\frac{1}{2}|K-M|}\,\Theta_{J-KM}(\vartheta) \tag{6.3}$$

gilt, die Matrix zu (6.1), die diagonal in J, M und nicht diagonal in K ist. Die Wahl des Grenzfalls ist prinzipiell frei, aber aus Gründen der numerischen Rechnung unterschiedlich zweckmäßig. Durch Einführung eines Asymmetrieparameters $\varkappa = \left(B - \dfrac{A+C}{2}\right)\bigg/\dfrac{A-C}{2}$ wird die zu diagonalisierende Matrix nur von einem Parameter $\varkappa$ und nicht von allen drei Rotationskonstanten abhängig. Eine Diagonalisierung gibt die Eigenwerte, die zweckmäßig in der Form

$$W_{JK_-K_+M} = \frac{A+C}{2}\,J(J+1) + \frac{A-C}{2}\,E_{JK_-K_+}(\varkappa)$$

gegeben werden. K_-K_+ bezeichnet ein Energieniveau des starren asymmetrischen Kreisels, das in den beiden Grenzfällen verlängerter Kreisel $B=C$, $\varkappa=-1$ und abgeplatteter Kreisel $A=B$, $\varkappa=+1$ mit K_- und K_+ bezeichnet wird.

Die Eigenfunktionen $\psi^{\times}_{JKM}(\varphi,\vartheta,\chi)$ des symmetrischen Kreisels bilden keine Funktionsbasis für irreduzible Darstellungen der Invarianzgruppe V von (6.1). Wendet man nämlich die Operationen (5.2) von V auf sie an, so erhält man mit (6.2) und (6.3)

$$C_{2x}\,\psi^{\times}_{JKM} = (-1)^{J+K}\,\psi^{\times}_{J-KM}$$

$$C_{2y}\,\psi^{\times}_{JKM} = (-1)^{J}\quad\psi^{\times}_{J-KM} \tag{6.4}$$

$$C_{2z}\,\psi^{\times}_{JKM} = (-1)^{K}\quad\psi^{\times}_{JKM}$$

Eine Basis für irreduzible Darstellungen sind aber die Wangschen Linearkombinationen.

$$S_{J|K|\gamma M} = \frac{1}{\sqrt{2}}\left(\psi^{\times}_{JKM} + (-1)^{\gamma}\psi^{\times}_{J-KM}\right)\qquad \gamma=0,1\ \text{für}\ K\neq 0 \tag{6.5}$$

$$S_{J00M}\quad = \psi^{\times}_{J0M}\quad\text{für}\ K=0$$

Für sie gilt (9)

$$C_{2x}\,S_{J|K|\gamma M} = (-1)^{J+K+\gamma}\,S_{J|K|\gamma M}$$

$$C_{2y}\,S_{J|K|\gamma M} = (-1)^{J+\gamma}\quad S_{J|K|\gamma M} \tag{6.6}$$

$$C_{2z}\,S_{J|K|\gamma M} = (-1)^{K}\quad\quad S_{J|K|\gamma M}$$

Mit (6.6) lassen sich die $S_{J|K|\gamma M}$ leicht den Spezies der Vierergruppe zuordnen.

Tabelle 6.2. *Charaktertafel der Vierergruppe V und Zuordnung der Basisfunktionen (6.5) zu den Spezies von V. g = gerade, u = ungerade*

V	E	C_{2x}	C_{2y}	C_{2z}	K		γ	$J+\gamma$	
					Jg	Ju			
A	1	1	1	1	g	g	u	g	
B_x	1	1	-1	-1	u	u	g	u	μ_x, P_x
B_y	1	-1	1	-1	u	g	u	g	μ_y, P_y
B_z	1	-1	-1	1	g	u	g	u	μ_z, P_z

Als Auswahlregeln für Dipolübergänge bei vorhandenen μ_g erhält man:

$$\mu_x: A \longleftrightarrow B_x, \quad B_y \longleftrightarrow B_z$$
$$\mu_y: A \longleftrightarrow B_y, \quad B_x \longleftrightarrow B_z \tag{6.7}$$
$$\mu_z: A \longleftrightarrow B_z, \quad B_x \longleftrightarrow B_y$$

Außerdem gilt $\Delta J = 0, \pm 1$ und bei den üblichen Mikrowellenspektrographen $\Delta M = 0$.

Geht man zu dem *abc*-System über, so gilt ohne Rücksicht auf die Repräsentation folgende Zuordnung:

Spezies	K_-K_+
A	gg
B_a	gu
B_b	uu
B_c	ug

Abb. 6.1 gibt den Verlauf der Energieniveaus für ein spezielles Beispiel $A = 7$, $C \leq B \leq A$, $C = 2$ GHz (10), das alle wesentlichen Züge des Termschemas eines beliebigen asymmetrischen Kreisels zeigt.

Wichtig ist noch die Wirkung der P_g zu betrachten, die später als Störoperatoren auftreten werden. Mit der durch Tabelle 6.2 gegebenen Zuordnung kann man sich klar machen, daß infolge der K-Entartung $(1-3)$ P_a bei $\varkappa \approx -1$, P_c bei $\varkappa \approx +1$ sehr großen Einfluß haben wird. P_b hat nie Matrixelemente, die K-entartete Niveaus verbinden.

Der starre asymmetrische Kreisel ist als einfacher Grenzfall unseres Modells — bei eingefrorener interner Rotation — wichtig. Das Rotationsspektrum eines asymmetrischen Modellmoleküls gibt in vielen Fällen die grundsätzliche Struktur der hier untersuchten Spektren. Die Symmetrie des Hamiltonoperators ist hier gleich der Symmetrie des dreiachsigen Trägheitsellipsoids des starren asymmetrischen Kreisels.

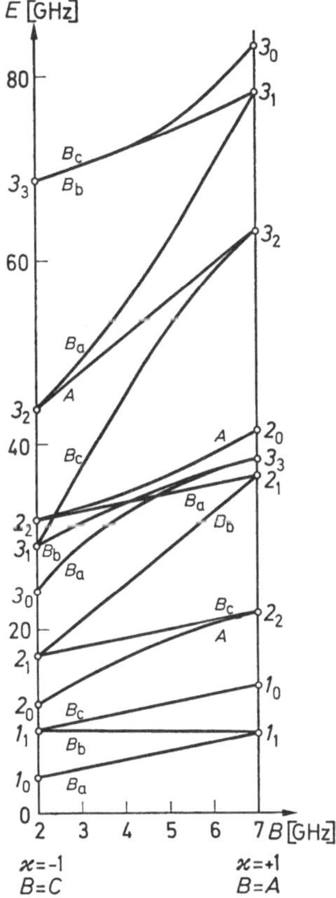

Abb. 6.1 Energie termschema eines asymmetrischen Kreisels für $J=1$ bis $J=3$ mit den Rotationskonstanten $A=7$, $A \geq B \geq C$, $C=2\ GHz$ [10]

7. Behinderter Rotor

Die Mehrzahl von Problemen enthält den Operator

$$F p^2 + \frac{V_N}{2} (1 - \cos N\alpha) \tag{7.1a}$$

der zur Eigenwertgleichung vom Typ

$$\left\{ -F \frac{\partial^2}{\partial \alpha^2} + \frac{V_N}{2} (1 - \cos N\alpha) \right\} U(\alpha) = E\, U(\alpha) \tag{7.1b}$$

führt. F ist nach (3.25) eine von den Atommassen und der Geometrie des Moleküls abhängige Konstante und V_N der erste Koeffizient in der Fourierentwicklung des Potentials, der also die Höhe dieses N-zähligen Hinderungspotentials angibt. Eine a-Abhängigkeit von F und komplizertere Potentialformen seien zunächst ausgeschlossen. Die Differentialgleichung (7.1) ist invariant unter den Operationen

$$C_N : a \to a + 2\pi/N; \; \sigma : a \to -a, \tag{7.2}$$

die die Invarianzgruppe C_{NV} erzeugen.

Alle Formen von (7.1) mit verschiedenem N lassen sich mit der Transformation

$$Na = 2x - \pi \tag{7.3}$$

umrechnen in eine Normalform der Mathieuschen Differentialgleichung

$$\left\{ -\frac{\partial^2}{\partial x^2} + s \cos^2 x \right\} y(x) = b y(x) \tag{7.4}$$

Dabei ist $y(x) = U(a)$ eine Eigenfunktion,

$$b = 4E/N^2 F > 0$$

ein Eigenwert und

$$s = 4V_N/N^2 F > 0$$

$$\tag{7.5a, b}$$

das reduzierte Potential. Die Invarianzgruppe wird zu $\bar{C}_{2\text{v}}$ mit den erzeugenden Elementen

$$C_2 : x \to x + \pi; \; \sigma : x \to -x$$

Es werden als Lösungen von (7.4) periodische (Abschnitt 8) und nicht periodische Lösungen (Abschnitt 12) benötigt werden. Für beide Lösungstypen ist

$$y(x) = e^{i2\sigma' x/N} \sum_{K=-\infty}^{\infty} B_K e^{i2Kx} \tag{7.6}$$

ein Lösungsansatz, wobei σ', eine reelle Zahl, durch Randbedingungen der Gesamteigenfunktion bis auf eine ganze Zahl festgelegt wird. Ist speziell $\sigma' = \sigma$ eine ganze Zahl, so ist (7.6) wegen des Auftretens von N eine in $N\pi$ periodische Funktion[15]).

$$y(x) = y(x + N\pi) \tag{7.7}$$

Das ist gerade die Forderung an die Lösung $y(x)$, wenn für $U(a)$

$$U(a) = U(a + 2\pi) \tag{7.8}$$

gelten soll, was der Fall ist, wenn das körperfeste Koordinatensystem fest an den Rumpf geheftet ist. Ist speziell σ' reell, aber nicht eine ganze Zahl, so ist $y(x)$ eine nicht-periodische Lösung. Man kann formal setzen

$$\sigma' = \sigma + \zeta' \tag{7.9}$$

Mit σ einer ganzen Zahl und ζ' einer nicht ganzen Zahl, die von den Randbedingungen (Abschnitt 12) abhängt. Vom Ansatz (7.6) läßt sich dann entsprechend Floquets Theorem $(1, 2)$ ein in $N\pi$ periodischer Anteil $P(x)$ abspalten

$$y(x) = e^{i2\zeta' x/N} P(x) \tag{7.10}$$

$$p(x) = \sum_{K=-\infty}^{\infty} B_K e^{i2(K+\sigma/N)x}$$

Von den Lösungen (7.6) sind jeweils solche mit $\sigma' = a$ und $\sigma' = a + N$ gleich. Damit sind von den unendlich vielen Lösungen (7.6), die den Randbedingungen an die Gesamteigenfunktion genügen, nur N als linear unabhängig erkannt. Sie seien gekennzeichnet durch die N verschiedenen Werte der ganzen Zahl σ, die im Bereich von $-\dfrac{N}{2} < \sigma \leqslant +\dfrac{N}{2}$ liegen.

Für N gerade kann nach Konvention σ nicht $-\dfrac{N}{2}$ sein.

Setzt man (7.6) in (7.4) ein, so erhält man durch Koeffizientenvergleich ein unendliches homogenes Gleichungssystem:

---

[15]) Abhängig von σ kann die Periode auch kleiner, nämlich π für $\sigma = 0$ und $N\pi/\sigma$ für N/σ ganz sein.

$$B_{K-1} + [M_K(\sigma') - \lambda]B_K + B_{K+1} = 0 \quad \text{für} \quad \sigma' \neq 0, \neq {}^N/_2$$

$$[M_K - \lambda](B_K \pm B_{-K}) + (B_{K-1} \pm B_{-K+1}) + (B_{K+1} \pm B_{-K-1}) = 0 \qquad {}^{16)}$$

$$\text{für } \sigma' = 0 \ \pm\} \text{ für Koeffizientenvergleich in } \begin{cases} \cos 2Kx \\ \sin 2Kx \end{cases}$$

$$[M_K - \lambda](B_K \pm B_{-K-1}) + (B_{K-1} \pm B_{-K}) + (B_{K+1} \pm B_{-K-2}) = 0$$

$$\text{für } \sigma' = {}^N/_2 \ \pm\} \text{ für Koeffizientenvergleich in } \begin{cases} \cos 2(K+\tfrac{1}{2})x \\ \sin 2(K+\tfrac{1}{2})x \end{cases}$$

$$(71.1\,\text{ca}-)$$

mit

$$-\infty \leqslant K \leqslant \infty$$

und

$$M_K(\sigma') = \frac{16}{N^2 s}(NK + \sigma')^2 \tag{7.12}$$

$$\lambda = \frac{4}{s}\left(b - \frac{s}{2}\right)$$

Für nicht-triviale Lösungen B_K von (7.11) muß die unendliche Säkulardeterminante null sein. Diese Forderung bestimmt die Eigenwerte b die in λ enthalten sind. Man erhält sie iterativ etwa mit einer Kettenbruchentwicklung (8):

$$\lambda = M_K - \cfrac{1}{M_{K+1} - \lambda - \cfrac{1}{M_{K+2} - \lambda - \cfrac{1}{\cdots\cdots}}} - \cfrac{1}{M_{K-1} - \lambda - \cfrac{1}{M_{K-2} - \lambda - \cfrac{1}{\cdots\cdots}}} \tag{7.13}$$

für $\sigma' \neq 0, \neq N/2$. Für $\sigma' = 0$ und $\sigma' = N/2$ tritt jeweils nur ein Kettenbruch auf. Aus (7.13) erhält man einen unendlichen Satz von Eigenwerten b für ein N, σ und ζ', den man mit der Torsionsquantenzahl v nach steigender Größe indiziert. Die Lösungen von (7.13) sind prinzipiell unabhängig von der Entwicklungsstelle K, die numerische Genauigkeit hängt aber von ihr ab (6, 9). Die Eigenwerte $b_{\zeta' v \sigma N}$ oder $b_{v\sigma N}$ bei periodischen Lösungen, da $\zeta' = 0$, bestimmen mit

---

[16]) In (7.11 b, c) sind die Klammerausdrücke z.B. $(B_K + B_{-K})$ als neue Koeffizienten aufzufassen.

$$\frac{B_K}{B_{K-1}} = -\cfrac{1}{M_K - \lambda - \cfrac{1}{M_{K+1} - \lambda - \cfrac{1}{M_{K+2} - \lambda \ldots}}}$$

$$\frac{B_n}{B_{K+1}} = -\cfrac{1}{M_K - \lambda - \cfrac{1}{M_{K-1} - \lambda - \cfrac{1}{M_{K-2} - \lambda \ldots}}} \qquad (7.14\,\mathrm{a,b})$$

für $\sigma' \neq 0, \neq N/2$ und der Normierungsvorschrift die $D_{K\zeta'v\sigma N}$. Für $\sigma'=0$ und $\sigma'=N/2$ geschieht es in analoger Weise.

Da

$$M_K(\sigma') = M_{-K}(-\sigma') \qquad (7.15)$$

gilt

$$b_{\zeta'v\sigma N} = b_{-\zeta'v-\sigma N} \text{ oder } b_{v\sigma N} = b_{v-\sigma N} \qquad (7.16)$$

Bei nicht-periodischen Lösungen ($\zeta' \neq 0$) interessiert aber die Lösung mit $-\zeta'$ nicht, da sie den Randbedingungen widerspricht. Die N Eigenwerte $b_{\zeta'v\sigma N}$ sind damit nicht entartet.

Hingegen ist bei periodischen Lösungen ($\zeta'=0$; σ ganz) die Eigenfunktion zu $b_{v-\sigma N}$ im Satz der N linear unabhängigen Eigenfunktionen enthalten. Mit Ausnahme von $\sigma=0$ und $\sigma=N/2$ bei geradem N sind also die Eigenwerte $b_{v\sigma N}$ zweifach entartet. Damit gibt es zu jedem, durch N gekennzeichneten Torsionsproblem mit periodischen Lösungen zu einem v $\frac{N}{2}+1$ oder $\frac{N}{2}-\frac{1}{2}+1$ verschiedene Eigenwerte je nachdem N gerade oder ungerade ist.

Da die Lösungen für $\sigma'=a$ und $\sigma'=a+N$ und damit auch die zugehörigen Eigenwerte gleich sind, kann man diese als Funktion $b(\sigma')$ mit der Periode N in der Variablen σ' betrachten. Diese Variable σ' beschreibt alle denkbaren Randwertprobleme. Die Funktion $b(\sigma')$ ist wegen (7.16) sogar eine gerade Funktion mit dem Ansatz (8, 10):

$$b_{\zeta'v\sigma N}(\sigma') = \sum_{\ell=0}^{\infty} \omega_\ell^{(v)}(s) \cos \ell \, \frac{2\pi}{N} \sigma' = \sum_{\ell=0}^{\infty} \omega_\ell^{(v)}(s) \cos \ell \, (\Theta - \Theta_0) \qquad (7.17)$$

mit

$$\Theta_0 = -2\pi\sigma/N \qquad\qquad \Theta = 2\pi\zeta'/N$$

Die Koeffizienten $\omega_\ell^{(v)}(s)$ hängen nur von v und s, nicht von N und σ' ab. (7.17) erfaßt an den Stellen $\sigma' = \sigma$ (ganz) die Eigenwerte $b_{v\sigma N}$ für periodische Lösungen (Abb. 7.1). Da die $b_{v\sigma N}$ leichter zugänglich und

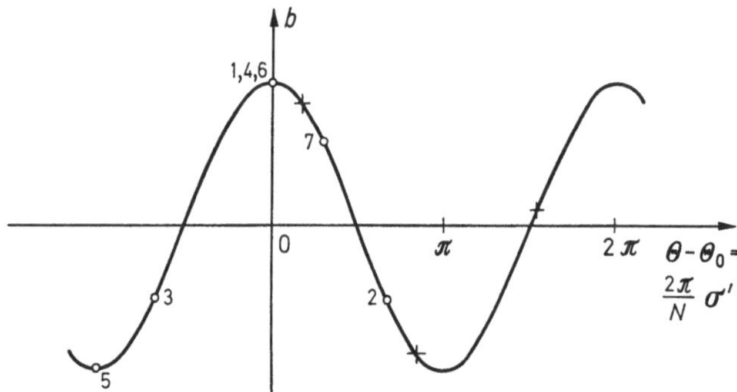

Abb. 7.1. Verlauf der Eigenwerte verschiedener behinderter Rotoren mit kontinuierlich vielen unterschiedlichen Randwertbedingungen und verschiedener Zähligkeit

1	$N=3$	$\sigma'=\sigma=$	0	$\Theta_0=$	0	
2	$N=3$	$\sigma'=\sigma=$	-1	$\Theta_0=$	$2\pi/3$	
3	$N=3$	$\sigma'=\sigma=$	1	$\Theta_0=$	$-2\pi/3$	
4	$N=2$	$\sigma'=\sigma=$	0	$\Theta_0=$	0	1—7 periodische Lösungen
5	$N=2$	$\sigma'=\sigma=$	1	$\Theta_0=$	$-\pi$	$\zeta'=0$ d.h. $\Theta=0$
6	$N=6$	$\sigma'=\sigma=$	0	$\Theta_0=$	0	
7	$N=6$	$\sigma'=\sigma=$	-1	$\Theta_0=$	$\pi/3$	
+	$N=3$	$\zeta'\neq 0$	$\sigma'\neq$	ganz	nicht-periodische Lösungen	

für eine Reihe von $v\sigma N$ vertafelt sind ($3\text{—}6, 9$), kann man die Koeffizienten $\omega_\ell^{(v)}(s)$ bestimmen, wenn man sich auf die niedrigsten in ℓ beschränkt. Die $\omega_\ell^{(v)}(s)$ sind ebenfalls vertafelt ($5, 6, 9$). Damit sind die Eigenwerte $b_{\zeta' v\sigma N}$ eines beliebigen nicht-periodischen Randwertproblems zugänglich. In (7.17) genügen wenige Glieder, wenn s nicht zu klein und v nicht zu groß ist.

Aus dem Ansatz (7.6) ersieht man mit B_K reell, $\sigma' \neq 0, \neq \dfrac{N}{2}$, daß in der folgenden Gleichung das erste Gleichheitszeichen gilt:

$$y_{\zeta' v\sigma N}(-x) = y^*_{\zeta' v\sigma N}(x) = y_{-\zeta' v-\sigma N}(x) \tag{7.18a}$$

* konjugiert komplex

Mit (7.15) und (7.14) stellt man fest, daß $B_K(\sigma') = B_{-K}(-\sigma')$. Somit gilt auch der zweite Teil von (7.18). Sie lautet speziell für periodische Lösungen mit $\zeta'=0$.

$$y_{v\sigma N}(-x) = y^*_{v\sigma N}(x) = y_{v-\sigma N}(x) \tag{7.18b}$$

Unter den periodischen Lösungen haben speziell die nichtentarteten mit $\sigma = 0$ und der Periode π in x und die mit $\sigma = N/2$ bei N gerade und der Periode 2π in x die Eigenschaft.

$$y_{voN}(-x) = (-1)^v y_{voN}(x)$$

$$y_{v\,N/2\,N}(-x) = (-1)^v y_{v\,N/2\,N}(x) \tag{7.19a, b}$$

da hier der Ansatz (7.6) eine reine cos- oder sin-Reihe ist.

Für manche Anwendungen ist es günstig, den Ansatz (7.10) in (7.4) einzusetzen. Man erhält dann eine Differentialgleichung für die periodischen $p(x)$, die mit ζ' schon auf das spezielle Randwertproblem abgestimmt ist:

$$\left\{-\left(\frac{\partial}{\partial x} + i\frac{2\zeta'}{N}\right)^2 + s\cos{}^2 x\right\} p(x) = b\,p(x) \tag{7.20}$$

Übertragen in den Torsionswinkel α lautet sie

$$\left\{-F\left(\frac{\partial}{\partial \alpha} + i\zeta'\right)^2 + \frac{1}{2} V_N(1 - \cos N\alpha)\right\} P(\alpha) = E\,P(\alpha) \tag{7.21}$$

wobei $P(\alpha)$ der periodische Anteil der Funktion

$$M(\alpha) = e^{i\zeta'\alpha} P_{\zeta'v\sigma}(\alpha) \tag{7.22}$$

ist. Er ist auch von ζ' abhängig.

Nach der vorangegangenen Diskussion der Normalform der Mathieuschen Differentialgleichung ist es einfach, für jedes durch N gekennzeichnete Torsionsproblem mit periodischen Randbedingungen die Eigenfunktionen bereitzustellen.

Der Satz von N Eigenfunktionen der Periode $N\pi$ wird für $\sigma \neq 0$, $\neq \dfrac{N}{2}$ zu

$$U_{v\sigma}(\alpha) = e^{i\sigma\alpha} \sum_{-\infty}^{\infty} A_K{}^{v\sigma} e^{iNK\alpha} \tag{7.23a}$$

mit neuen Koeffizienten $A_K = (-1)^K B_K$. Für $\sigma = 0$ oder $\sigma = \dfrac{N}{2}$ sind es Reihen in cos- und sin-Funktionen mit neuen Koeffizienten C_K:

$$U_{v0}(\alpha) \quad = \sum_{0}^{\infty} C_K^{v0} \cos NK\alpha \qquad\qquad v \text{ gerade}$$

$$U_{v0}(\alpha) \quad = \sum_{0}^{\infty} C_K^{v0} \sin NK\alpha \qquad\qquad v \text{ ungerade} \qquad (7.23\text{b})$$

$$U_{v\,N/2}(\alpha) = \sum_{0}^{\infty} C_K^{v\,N/2} \cos N\left(K+\tfrac{1}{2}\right)\alpha \quad v \text{ gerade}$$

$$U_{v\,N/2}(\alpha) = \sum_{0}^{\infty} C_K^{v\,N/2} \sin N\left(K+\tfrac{1}{2}\right)\alpha \quad v \text{ ungerade}$$

Die Funktionen mit $\sigma = 0$ sind gleich für alle N. Es ergeben sich für (7.23) folgende Perioden in α:

$$\sigma = 0 \qquad\qquad 2\pi/N$$

$$N/\sigma \text{ ganz} \qquad\qquad 2\pi/\sigma$$

$$N/\sigma \neq \text{ ganz} \qquad 2\pi$$

Die Eigenfunktionen (7.23) bilden eine Basis für irreduzible Darstellungen der Gruppe C_{NV} und C_N, was der Einfachheit halber für $N=3$ und $N=4$ demonstriert wird.

Tabelle 7.1. *Charaktertafel der Gruppe C_{3v}*

C_{3v}	E	$2C_3$	3σ	v	σ
A_1	1	1	1	g	0
A_2	1	1	-1	u	0
E	2	-1	0	$g,\,u$	± 1

Tabelle 7.2. *Charaktertafel der Gruppe C_{4v}*

C_{4v}	E	C_4^2	$2C_4$	2σ	$2\sigma C_4$	v	σ
A_1	1	1	1	1	1	g	0
A_2	1	1	1	-1	-1	u	0
B_1	1	1	-1	1	-1	g	2
B_2	1	1	-1	-1	1	u	2
E	2	-2	0	0	0	$g,\,u$	± 1

Die nicht-periodischen Lösungen übertragen sich in analoger Weise von den Variablen x zum Torsionswinkel α.

Für die Eigenwerte erhält man

$$E_{\zeta'v\sigma} = \frac{F\,N^2}{4}\,b_{\zeta'v\sigma N} \qquad (7.24)$$

für periodische und nicht-periodische Lösungen. Die Aussagen über Entartungen übertragen sich selbstverständlich.

Für den periodischen Fall ist es für Zwecke der Störungsrechnung noch wichtig, die Matrixelemente verschiedener Operatoren in der Basis der Eigenfunktionen $U_{v\sigma}(\alpha)$ zu kennen. Sie werden nur für $N=3$ gegeben $(5, 6)$.

$$\sigma=0$$
$$U_{v\sigma}(\alpha) = C_0^v / \sqrt{2} + \sum_{k=1} C_k^v \cos 3k\alpha \qquad v \text{ gerade Spezies } A_1 \qquad (7.25\,\text{a, b})$$

$$U_{v\sigma}(\alpha) = \sum_{k=1} C_k^v \sin 3k\alpha \qquad v \text{ ungerade Spezies } A_2$$

Im weiteren wird abgekürzt:

$$C_0^v / \sqrt{2} = \bar{C}_0; \qquad C_k^v = C_k; \qquad C_k^{v'} = C_k'$$

Operator p Spezies A_2

$$p_{vv'} = \pm i\pi \sum_{k=1}^{\infty} 3k\, C_k\, C_k' \qquad \begin{array}{l} + \text{ wenn } vv' \text{ ungerade gerade} \\ - \text{ wenn } vv' \text{ gerade ungerade} \end{array} \qquad (7.26\,\text{a, b})$$

$$p_{vv'} = 0 \qquad \text{wenn } vv' \text{ gleiche Parität}$$

Operator p^2 Spezies A_1

$$p_{vv'}^2 = \pi \sum_{k=1}^{\infty} (3k)^2\, C_k\, C_k' \qquad \text{wenn } vv' \text{ gleiche Parität} \qquad (7.27\,\text{a, b})$$

$$p_{vv'}^2 = 0 \qquad \text{wenn } vv' \text{ ungleiche Parität}$$

Operator $\cos 3\alpha$ Spezies A_1

$$(\cos 3\alpha)_{vv'} = \pi\Big(\bar{C}_0\, C_1' + C_1\, \bar{C}_0' + \tfrac{1}{2} \sum_{k=1}^{\infty} (C_k\, C_{k+1}' + C_{k+1}\, C_k')\Big)$$

$$\text{wenn } vv' \text{ gerade gerade} \qquad (7.28\,\text{a, b, c})$$

$$(\cos 3\alpha)_{vv'} = \frac{\pi}{2}\Big(\sum_{k=1}^{\infty} (C_k\, C_{k+1}' + C_{k+1}\, C_k')\Big) \qquad \text{wenn } vv' \text{ ungerade ungerade}$$

$$(\cos 3\alpha)_{vv'} = 0 \qquad \text{wenn } vv' \text{ ungleiche Parität}$$

Operator $\cos 6\alpha$ Spezies A_1

$$(\cos 6\alpha)_{vv'} = \pi\Big(\bar{C}_0\, C_2' + \tfrac{1}{2} C_1\, C_1' + C_2\, \bar{C}_0' + \tfrac{1}{2} \sum_{k=1}^{\infty} (C_k\, C_{k+2}' + C_{k+2}\, C_k')\Big)$$

H. Dreizler

$$\hspace{6cm}\text{wenn } vv' \text{ gerade gerade} \hspace{2cm} (7.29\,\text{a, b, c})$$

$$(\cos 6\alpha)_{vv'} = \pi\left(-\tfrac{1}{2}C_1 C_1' + \tfrac{1}{2}\sum_{k=1}^{\infty}(C_k C_{k+2}' + C_{k+2} C_k')\right)$$

$$\hspace{6cm}\text{wenn } vv' \text{ ungerade ungerade}$$

$$(\cos 6\alpha)_{vv'} = 0 \hspace{3cm}\text{wenn } vv' \text{ ungleiche Parität}$$

Operator $\sin 3\alpha$ Spezies A_2

$$(\sin 3\alpha)_{vv'} = \pi\left(\overline{C}_0 C_1' + \tfrac{1}{2}\sum_{k=1}^{\infty}(C_k C_{k+1}' - C_{k+1} C_k')\right) \hspace{1cm}\text{wenn } vv' \text{ gerade ungerade}$$

$$(\sin 3\alpha)_{vv'} = \pi\left(C_1 \overline{C}_0' - \tfrac{1}{2}\sum_{k=1}^{\infty}(C_k C_{k+1}' - C_{k+1} C_k)\right) \hspace{1cm}\text{wenn } vv' \text{ ungerade gerade}$$

$$\hspace{10cm}(7.30\,\text{a, b, c})$$

$$(\sin 3\alpha)_{vv'} = 0 \hspace{3cm}\text{wenn } vv' \text{ gleiche Parität}$$

Operator $\sin 6\alpha$ Spezies A_2

$$(\sin 6\alpha)_{vv'} = \pi\left(\overline{C}_0 C_2' + \tfrac{1}{2}C_1 C_1' + \tfrac{1}{2}\sum_{k=1}^{\infty}(C_k C_{k+2}' - C_{k+2} C_k')\right)$$

$$\hspace{6cm}\text{wenn } vv' \text{ gerade ungerade}$$

$$(\sin 6\alpha)_{vv'} = \pi\left(\tfrac{1}{2}C_1 C_1' + C_2 \overline{C}_0' - \tfrac{1}{2}\sum_{k=1}^{\infty}(C_k C_{k+2}' - C_{k+2} C_k')\right) \hspace{1cm}(7.31\,\text{a, b, c})$$

$$\hspace{6cm}\text{wenn } vv' \text{ ungerade gerade}$$

$$(\sin 6\alpha)_{vv'} = 0 \hspace{3cm}\text{wenn } vv' \text{ gleiche Parität}$$

$$\sigma = \pm 1$$

$$U_{v1}(\alpha) = \sum_{-\infty}^{\infty} A_k^v \, e^{i(3k+1)\alpha} \hspace{4cm}(7.32\,\text{a, b})$$

$$U_{v-1}(\alpha) = U_{v1}^*(\alpha)$$

Im weiteren wird abgekürzt: $A_k^v = A_k$; $A_k^{v'} = A_k'$

$$(p^t)_{vv'} = 2\pi \sum_{-\infty}^{\infty}(3k+1)^t A_k A_k' = (p^t)_{v'v} \hspace{1cm} (t \text{ Potenz}) \hspace{2cm}(7.33)$$

$$(\cos 3\alpha)_{vv'} = \pi \sum_{-\infty}^{\infty}(A_k A_{k+1}' + A_{k+1} A_k') = (\cos 3\alpha)_{v'v} \hspace{2cm}(7.34)$$

$$(\cos 6\alpha)_{vv'} = \pi \sum_{-\infty}^{\infty}(A_k A_{k+2}' + A_{k+2} A_k') = (\cos 6\alpha)_{v'v} \hspace{2cm}(7.35)$$

$$(\sin 3\alpha)_{vv'} = i\pi \sum_{-\infty}^{\infty}(A_k A_{k+1}' - A_{k+1} A_k') = (\sin 3\alpha)_{v'v}^* \hspace{2cm}(7.36)$$

$$(\sin 6\alpha)_{vv'} = i\pi \sum_{-\infty}^{\infty}(A_k A_{k+2}' - A_{k+2} A_k') = (\sin 6\alpha)_{v'v}^* \hspace{2cm}(7.37)$$

Nimmt man in (7.1) höhere Potentialglieder hinzu, so erhält man zwar ein komplizierteres unendliches Gleichungssystem mit einem Ansatz analog (7.6), doch bleiben alle Eigenschaften erhalten, die zur Periodizität der Eigenwerte b über der Variablen σ' führten. Selbstverständlich ändern sich dann die Koeffizienten $\omega_\ell^{(v)}$ und die Koeffizienten B_K der Lösungen. Für die Hinzunahme eines V_6-Terms zu einem V_3-Potential finden sich numerische Werte für die $\omega_\ell^{(v)}$ bei *Herschbach* (*5, 10*) und *Hayashi* und *Pierce* (*6*).

Eine brauchbare Methode bei komplizierteren Potentialformen ist, den (7.4) entsprechenden Operator

$$-\frac{\partial^2}{\partial x^2} + s\left(\cos^2 x + f(\,)x\right) \tag{7.36}$$

mit $f(x)$ einer periodischen Funktion in der Basis der Funktionen

$$\exp i2\left(K + \frac{\sigma}{N}\right) x$$ als Matrix darzustellen. Eine Diagonalisierung liefert

dann die Eigenwerte und Transformationen, mit denen man aus den Basisfunktionen die Eigenfunktionen erhalten kann. Es genügt dabei, eine endlich große Submatrix der unendlichen Matrix des Operators (7.36) zu behandeln.

Interessant sind noch die Grenzfälle $V_N \to 0$ d.h. $s \to 0$ und $V_N \to \infty$ d.h. $s \to \infty$ der Gleichung (7.1b). Wenn man den Lösungsansatz (7.6) mit $\sigma' = \sigma$ in (7.4) einsetzt, $s \to 0$ gehen läßt und nachfolgend auf die Variable a transformiert, erhält man:

$$U_{v\sigma}(a) \to \frac{1}{\sqrt{2\pi}}\, e^{i(NK+\sigma)a} \tag{7.37}$$

Die Eigenfunktion besteht nunmehr aus einem Glied des Ansatzes. Für den Eigenwert folgt:

$$E_{v\sigma} \to F(NK + \sigma)^2 \tag{7.38}$$

Da in dem Grenzfall der freien internen Rotation $NK + \sigma$ jede ganze Zahl sein kann, schreibt man üblich dafür $m = \sigma$ modulo N (vgl. Abb. 7.2). Damit wird

$$U_{v\sigma}(a) \to U_m(a) = \frac{1}{\sqrt{2\pi}}\, e^{ima} \tag{7.39}$$

$$E_{v\sigma} \to E_m = F m^2 \tag{7.40}$$

Im Fall $s \to \infty$ und $b \ll s$ geht die Mathieusche Gleichung (7.1b) durch Entwicklung des Potentials um jedes der N Potentialminima über in N-Gleichungen des Typs

$$(-F \partial^2/\partial a^2 + V_N N^2 a^2/4)\, U(a) = E\, U(a) \qquad (7.41)$$

mit den Eigenwerten

$$E_v = \tfrac{1}{2} F N^2 \sqrt{s}\,(v + \tfrac{1}{2}) \qquad (7.42)$$

die nicht mehr von σ abhängen. Es liegt eine N-fache Entartung vor. Die Eigenfunktionen sind Linearkombinationen Hermitischer Funktionen. Abb. 7.2 gibt den Verlauf der Eigenwerte $E_{v\sigma}$ speziell für $N = 3$ (7). In Abb. 7.3 sind die Aufenthaltswahrscheinlichkeiten für $N = 3$, $s = 36$ $v = 0$ bis 4 angegeben (11).

Den behinderten Rotor kann man sich als den fiktiven Grenzfall eines festgehaltenen, nicht mehr rotierenden Moleküls vorstellen, bei dem

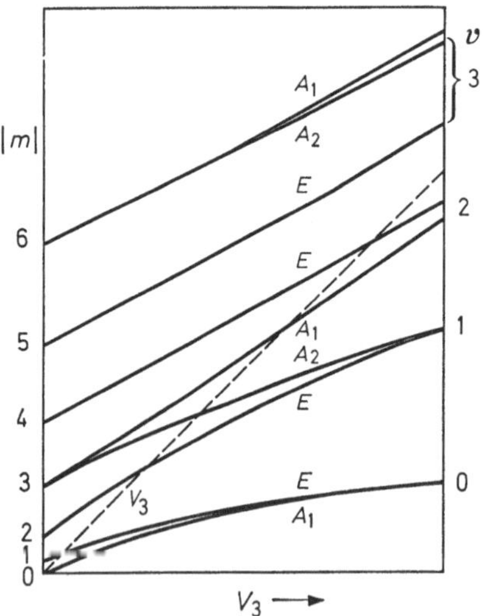

Abb. 7.2. Energietermschema eines behinderten Rotors in Abhängigkeit vom Potential V_3. A_1 und A_2 $\sigma = 0$, E $\sigma = \pm 1$

allein noch interne Rotation möglich ist. Dieser Grenzfall ist wichtig, da in ihm die interessierende Größe, das Hinderungspotential, auftritt. Es wird durch Aufhebung der Lageentartung über eine Aufspaltung von Energieniveaus bestimmbar. Das später benutzte, in Abschnitt 3 eingeführte Modell ist weder gleich einem starren asymmetrischen Kreisel, noch gleich einem behinderten Rotor, nimmt aber von beiden Grenzfällen wesentliche Züge und benutzt beide Grenzfälle als Ausgangsnäherungen.

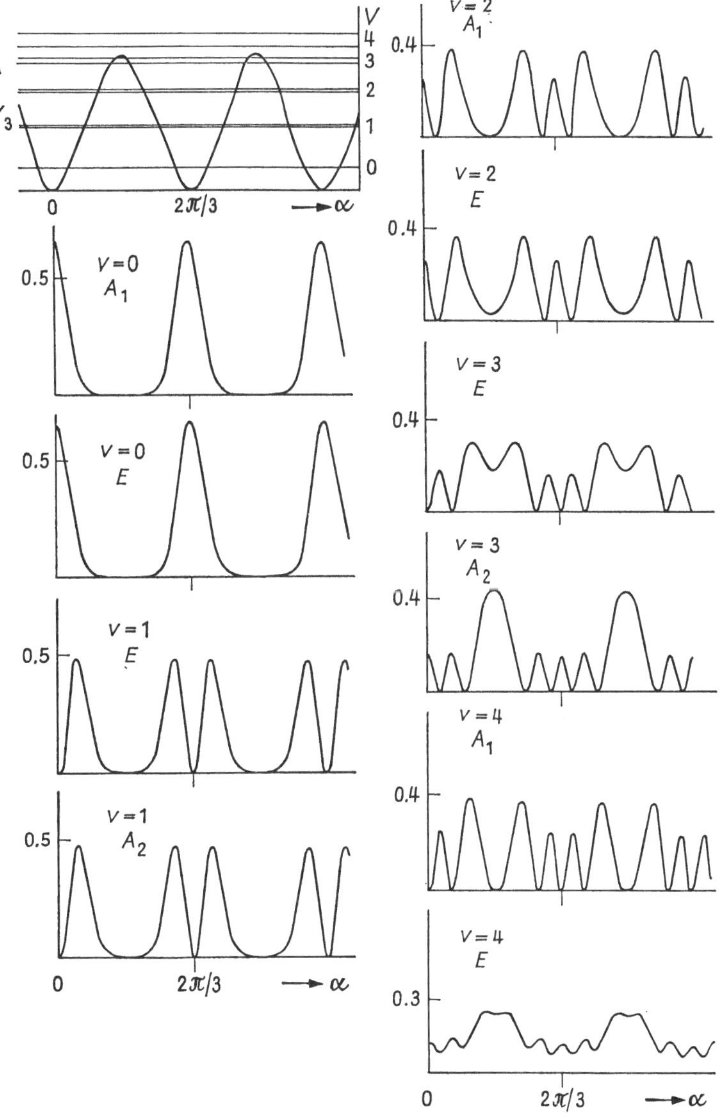

Abb. 7.3. Aufenthaltswahrscheinlichkeiten eines behinderten dreizähligen Rotors $(s = 36)$ in verschiedenen Torsionszuständen

8. Störungsrechnung für asymmetrische Moleküle mit einem symmetrischen Rotor bei hohem Hinderungspotential

In diesem Abschnitt wird der Molekültyp behandelt, der bisher am häufigsten untersucht wurde. Eine genäherte Diagonalisierung der

Energiematrix führt zu einem Energietermschema, aus dem sich dann mit Hilfe von Auswahlregeln die Spektren ergeben. Es wird ein Hamilton-operator bearbeitet, der im Hauptträgheitsachsensystem des Moleküls aufgestellt ist. Die Bezeichnung PAM kennzeichnet dies. Das Hauptträgheitsachsensystem ist bei diesem Molekültyp unabhängig von der Drehlage des symmetrischen Rotors. Die Methode ist anwendbar für Werte des reduzierten Potentials $s > 20$, wenn der Torsionsgrundzustand untersucht wird. Diese Grenze ist nicht scharf, da sie auch von der Ordnung und damit dem Aufwand für die Störungsrechnung abhängt.

Gibt man dem Energieoperator die gleiche Form, die die klassische Hamiltonfunktion nach (3.21) und (3.29) hat, so ist (*1—3*):

$$H = B_x P_x^2 + C_y P_y^2 + A_z P_z^2 + \tfrac{1}{2} \sum_{g \neq g'} D_{gg'} (P_g P_{g'} + P_{g'} P_g) \qquad (H_R)$$

$$+ F p^2 + V(a) \qquad\qquad\qquad (H_T) \qquad (8.1)$$

$$- 2 \sum_g Q_g P_g p \qquad\qquad\qquad (H_{RT})$$

wobei

$$A_z = \frac{\hbar^2}{2\,I_z} \left[1 + \frac{\lambda_z^2\, I_a}{r\, I_z} \right] = \frac{\hbar^2}{2\,I_z} + F \varrho_z^2$$

und entsprechend B_x, C_y[17])

$$D_{gg'} = \frac{\hbar^2 \lambda_g \lambda_{g'} I_a}{2 r\, I_g\, I_{g'}} = F \varrho_g \varrho_{g'}$$

$$Q_g = \frac{\hbar^2 \lambda_g}{2 r\, I_g} = F \varrho_g \qquad F = \frac{\hbar^2}{2 r\, I_a} \qquad\qquad (8.2\,\mathrm{a–f})$$

$$\varrho_g = \lambda_g\, I_a / I_g$$

$$r = 1 - \sum_g \lambda_g^2\, I_a / I_g$$

$$V(a) = \frac{V_3}{2}\,(1 - \cos 3a)$$

P_g sind die Operatoren der Komponenten des Gesamtdrehimpulsvektors, $p = \dfrac{1}{i}\dfrac{\partial}{\partial a}$ [18]) ist der Drehimpuls des Rotors um seine Achse. Für das Potential wurde die Zähligkeit $N = 3$ gewählt, da sie überwiegend vorkommt.

Zunächst seien also $V_{KN} = 0$ mit $K \geqslant 2$. Die Erweiterung auf $N > 3$ ist möglich.

---

[17]) Für die A_z, B_x, C_y gilt nicht die Konvention $A > B > C$.
[18]) $\hbar$ ist in F enthalten.

Der Operator (8.1) enthält Anteile H_{Rs} und H_T, für die sich nach den Abschnitten 6 und 7 Eigenfunktionen angeben lassen. Für die Störungsrechnung ist es deshalb zweckmäßig, den Operator (8.1) wie folgt aufzuteilen:

$$H = \tfrac{1}{2}(B_x + C_y)(P_x^2 + P_y^2) + A_z P_z^2 \qquad (H_{Rs})$$

$$+ F p^2 + \frac{V_3}{2}(1 - \cos 3\alpha) \qquad (H_T)$$

$$+ \tfrac{1}{2}(B_x - C_y)(P_x^2 - P_y^2) + \tfrac{1}{2}\sum_{g \neq g'} D_{gg'}(P_g P_{g'} + P_{g'} P_g) \quad (H_{Ra})$$

$$-2\sum_g Q_g P_g p \qquad (H_{RT})$$

$$(8.3)$$

wobei H_{Rs} der Operator eines symmetrischen Kreisels (Abschnitt 6), H_T der Operator eines behinderten Rotors (Abschnitt 7) ist. Der Rest wird als Störoperator aufgefaßt. Die Invarianzgruppe zu (8.1) oder (8.3) ist C_3 (5.7c), bei Bestehen einer Symmetrieebene, etwa der xz-Ebene, D_3 (5.7b). Im letzten Fall vereinfachen sich (8.1) oder (8.3) durch $\lambda_y = 0$. Die Matrix von H wird aufgestellt in der Basis, gebildet aus (6.2) oder (6.5) und (7.25a,b), (7.31a):

$$\psi_{JKM}^{\times}(\varphi, \vartheta, \chi) \cdot U_{v\sigma}(\alpha) \qquad (8.4)$$

oder

$$S_{J|K|\gamma M}(\varphi, \vartheta, \chi) \cdot U_{v\sigma}(\alpha) \qquad (8.5)$$

Da das xyz-Koordinatensystem fest an den Rumpf geheftet ist, führt die notwendige Periodizität der Gesamteigenfunktion in α auch zur Periodizität der Eigenfunktion $U_{v\sigma}(\alpha)$ des behinderten Rotors. Die Zuordnung zu den Spezies der Invarianzgruppe D_3 gibt die Tabelle 8.1.

Tabelle 8.1. *Charaktertafel der Gruppe D_3 und Zuordnung der Basisfunktionen (8.5) zu den Spezies von D_3*

D_3	E	$2C_3$	$3C_{2y}'$	σ	v	$J+\gamma$	
A_1	1	1	1	0	$\begin{matrix} g \\ u \end{matrix}$	$\begin{matrix} g \\ u \end{matrix}$	
A_2	1	1	-1	0	$\begin{matrix} g \\ u \end{matrix}$	$\begin{matrix} u \\ g \end{matrix}$	μ_x, μ_z
E	2	-1	0	± 1	ohne Einfluß		

Die Zuordnung zu den Spezies der Invarianzgruppe C_3 gibt die Korrelation,

Tabelle 8.2. *Korrelationstabelle*

C_3	D_3	V
	A_1	A B_y
A		
	A_2	B_x B_z
E	E	—

n die für späteren Gebrauch auch die Vierergruppe aufgenommen wurde.

H_{Ra} ist im wesentlichen die Störung, die die Asymmetrie des Moleküls hervorruft. Sie gibt Beiträge, die diagonal in $JMv\sigma$ aber nicht diagonal in K bzw. $|K|\gamma$ sind. H_{RT}, die Wechselwirkung zwischen interner Rotation und Gesamtrotation ist diagonal in $JM\sigma$, aber nicht diagonal in Kv bzw. $|K|\gamma v$. Da die Gesamtmatrix diagonal in $JM\sigma$ ist, beschränkt sich die Störungsrechnung auf die durch $JM\sigma$ gekennzeichneten faktorisierten Submatrizen in den Quantenzahlen Kv bzw. $|K|\gamma v$. Abb. 8.1 und 8.2

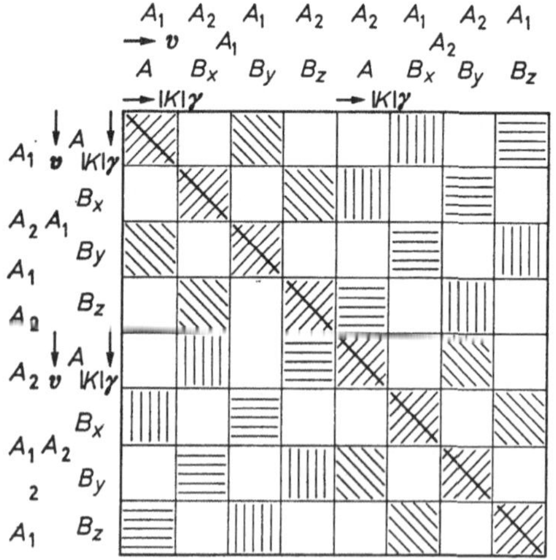

Abb. 8.1. Ausschnitt aus der JMO-Submatrix von H
Beschriftung: Innere Reihen Spezies der Rotationsfunktionen (Gruppe V), mittlere Reihen Spezies der Torsionsfunktionen (Gruppe C_{3v}), äußere Reihen Spezies der Torsions-Rotationsfunktionen (Gruppe D_3)
Beiträge von: \ $H_{RS}+H_{RT}$ ▨ $H_{Ra}-\frac{1}{2}D_{xz}(P_x\,P_z+P_zP_x)$ ▧ $\frac{1}{2}D_{xz}(P_xP_z+P_zP_x)$ ||||| $Q_xP_x\,p$ ≡ $Q_zP_z\,p$

geben Ausschnitte aus den Submatrizen $JM0$ und $JM\pm1$ für ein Molekül der Invarianzgruppe D_3.

Bei genügend hohem Potential sind die Energiedifferenzen der internen Rotation größer als die Energiedifferenzen der Gesamtrotation. Deshalb kann man näherungsweise die Störungsrechnung in zwei Schritten, nämlich v- und K-Diagonalisierung ausführen.

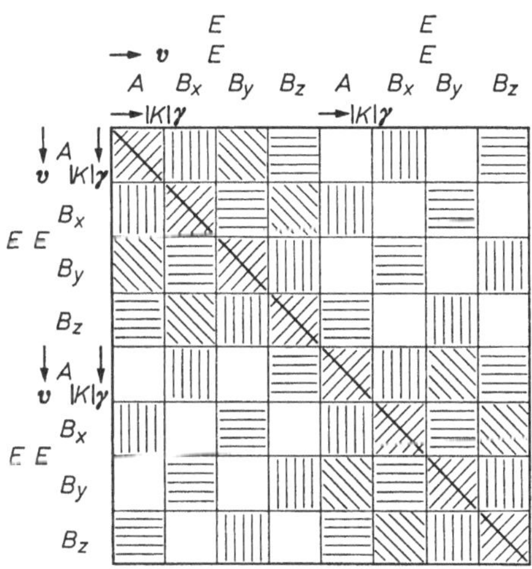

Abb. 8.2. Ausschnitt aus der $JM1$-Submatrix von H. Beschriftung: wie Abb. 8.1

Da es sich um ein Problem der Störungsrechnung bei Entartung oder Fast-Entartung handelt, ist es zweckmäßig, eine van-Vleck-Transformation ($4-7$) anzuwenden. Hier wird nur eine van-Vleck-Transformation zweiter Ordnung angewendet. Van-Vleck-Transformationen höherer Ordnung sind formuliert (8) und häufig notwendig. Die van-Vleck-Transformation zielt nur auf ein v-Niveau ab, faltet hier in zweiter Ordnung die in v außerdiagonalen Elemente in die $(v|v)$-Submatrix und separiert sie in zweiter Ordnung von der Restmatrix. Man erhält eine $(v|v)$-Submatrix in den Quantenzahlen K bzw. $|K|\gamma$. Vernachlässigt man in den Nennern der Störsummen die Rotationsenergiedifferenzen, so ist in den Störsummen die Summation über v und $|K|\gamma$ separabel; z.B.

$$\sum_{v'\,|K'|\gamma'} \frac{(v\,|K|\,\gamma\,|P_z p|\,v'\,|K'|\,\gamma')\,(v'\,|K'|\,\gamma'\,|P_z p|\,v\,|K|\,\gamma)}{E_v + E_{|K|\,\gamma} - E_{v'} - E_{|K'|\,\gamma'}} \rightarrow$$

$$\sum_{|K'|\gamma'} (|K|\,\gamma\,|P_z|\,|K'|\,\gamma')\,(|K'|\,\gamma\,|P_z|\,|K|\,\gamma) \sum_{v'} \frac{(v\,|p|\,v')\,(v'\,|p|\,v)}{E_v - E_{v'}} \tag{8.6}$$

Damit läßt sich die entstehende $(v|v)$-Submatrix mit einem effektiven, für ein $v\sigma$ gültigen Rotationsoperator kurz wiedergeben. Er ist anwendbar für alle Werte von J und M.

$$H_{v\sigma} = B_{v\sigma}P_x^2 + C_{v\sigma}P_y^2 + A_{v\sigma}P_z^2$$

$$+ \tfrac{1}{2}\sum_{g'\neq g}D_{gg'}W_{v\sigma}^{(2)}(P_g P_{g'} + P_{g'}P_g) + \sum_g Q_g P_g W_{v\sigma}^{(1)} \tag{8.7}$$

mit

$$A_{v\sigma} = \frac{\hbar^2}{2I_z}\left[1 + \frac{\lambda_z^2 I_a}{r I_z}\,W_{v\sigma}^{(2)}\right]$$

und entsprechend $B_{v\sigma}$, $C_{v\sigma}$

$$W_{v\sigma}^{(1)} = -2\,(v\sigma|p|v\sigma) \tag{8.8 a—c}$$

$$W_{v\sigma}^{(2)} = 1 + \frac{16}{9}\sum_{v'}\frac{|(v\sigma\,|p|\,v'\sigma)|^2}{b_{v\sigma} - b_{v'\sigma}}$$

Der für die Rotationsspektroskopie uninteressante Eigenwert $E_{v\sigma}$ [19] der internen Rotation ist nicht in (8.7) enthalten. In den Störsummen $W_{v\sigma}^{(2)}$ ist also die Rotationsenergiedifferenz vernachlässigt. Damit ist $W_{v\sigma}^{(2)}$ unabhängig von der Gesamtrotation und speziell von der Asymmetrie des Moleküls. Mit zusätzlichen Termen der Nennerkorrektur (2, 9) läßt sich die Vernachlässigung näherungsweise beseitigen.

Geht man von dem (8.1) bis auf Umordnung identischen, analog zur klassischen Hamiltonfunktion (3.29), (3.30) gebildeten Operator:

$$H = \frac{\hbar^2}{2}\sum_g P_g^2/I_g + \frac{\hbar^2}{2r\,I_a}(p - \boldsymbol{P})^2 + V(\alpha) \tag{8.9}$$

mit

$$\boldsymbol{P} = \sum_g \varrho_g P_g \tag{8.10}$$

aus, so erhält man mit einer gleichen Prozedur den mit (8.7) identischen effektiven Operator:

$$H_{v\sigma} = \frac{\hbar^2}{2}\sum_g P_g^2/I_g + F\sum_{n=1}^{2}W_{v\sigma}^{(n)}\boldsymbol{P}^n \tag{8.11}$$

Höhere Näherungen fügen sich in die Schreibweise durch Fortführung der Summation in (8.11).

---

[19] $E_{v\sigma}$ ist wichtig, wenn man das Modell auf die Torsionsschwingungen im fernen *IR* anwendet.

Geht man zu dem Grenzfall eines symmetrischen Moleküls mit einem symmetrischen Rotor über, so vereinfacht sich (8.11) zu

$$H_{v\sigma} = \frac{\hbar^2}{2}\left(\frac{P_x^2}{I_x} + \frac{P_y^2}{I_x} + \frac{P_z^2}{I_z}\right) + F \sum_{n=1}^{2} W_{v\sigma}^{(n)} (\varrho_z P_z)^n \tag{8.12}$$

Eine Abschätzung der Genauigkeit und der erforderlichen, über $n = 2$ hinausgehenden Ordnung der van-Vleck-Transformation läßt sich mit $\varrho_z K = I_a K / I_z$ geben, wenn man davon absieht, daß $|W_{v\sigma}^{(n)}|$ mit fallendem reduziertem Potential s und steigendem v stark ansteigt, wie Abb. 8.3 zeigt.

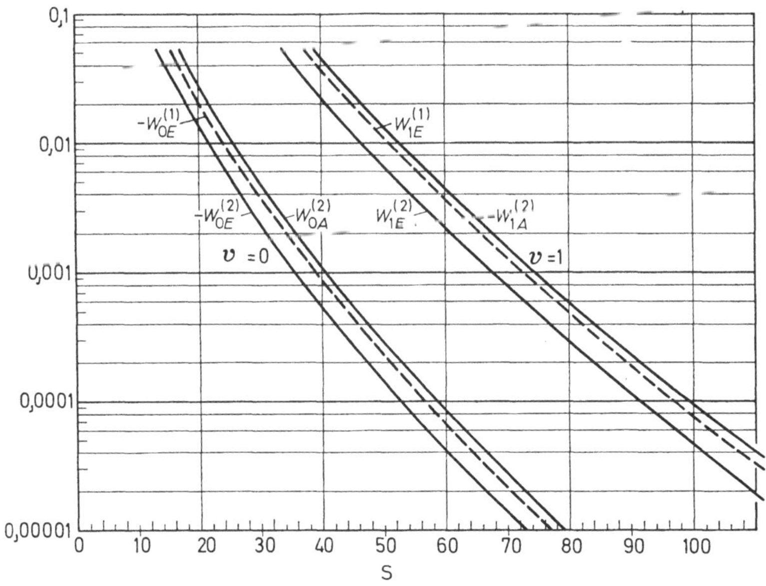

Abb. 8.3. Verlauf der Störsummen $W_{v\sigma}^{(n)}$ über dem reduzierten Potential s

Für asymmetrische Moleküle wählt man $\varrho_z K_-$ oder $\varrho_z K_+$ als Maß, wobei $K_\pm$ die Quantenzahl für P_z des angrenzenden symmetrischen Kreisels ist. Damit sieht man, daß Moleküle mit einem gegenüber I_z großem Trägheitsmoment I_a und einem niedrigen Potential untragbar hohe Näherungen erfordern. CF_3CHO (10), CH_3OH (11) und CH_3BF_2 (12) sind Beispiele dafür. Für diese Fälle ist es günstiger, die Methoden der Abschnitte 11 oder 9 anzuwenden.

Der zweite Schritt, die K-Diagonalisierung läßt sich mit Methoden der expliziten Störungsrechnung ausführen. Günstiger ist es jedoch, die $JMv\sigma$-Submatrix entsprechend (8.7) oder (8.11) mit einem Rang von höchstens $2J+1$ numerisch zu diagonalisieren. In Abschnitt 11 wird gezeigt werden:

$$W_{vo}^{(n)} = 0 \qquad n \text{ ungerade}$$

$$W_{v1}^{(n)} = -W_{v-1}^{(n)} \qquad n \text{ ungerade} \qquad (8.13\,\text{a—d})$$

$$W_{v\sigma}^{(n)} = W_{v-\sigma}^{(n)} \qquad n \text{ gerade}$$

$$W_{vo}^{(n)} \approx -2W_{v1}^{(n)} \qquad n \text{ gerade}$$

Damit entnimmt man den effektiven Operatoren (8.7) oder (8.11), daß für $\sigma = 0$ und $\sigma = \pm 1$ zwei verschiedene Energietermsysteme existieren.

Wählt man ein Molekül der Invarianzgruppe D_3, so kann bei der vorliegenden Wahl der Symmetrieebene xz das Dipolmoment nur Komponenten μ_x und μ_z besitzen. Diese gehören der A_2-Spezies der Gruppe D_3 an. Die Auswahlregeln lauten also:

$$A_1 \longleftrightarrow A_2 \qquad E \longleftrightarrow E \qquad (8.14)$$

Liegt C_3-Invarianz vor, so gibt die Korrelationstabelle 8.2 sofort

$$A \longleftrightarrow A \qquad E \longleftrightarrow E \qquad (8.15)$$

Auf den Torsionsanteil übertragen bedeuten (8.14) oder (8.15)

$$\Delta\sigma = 0 \qquad \Delta v = 0, 1, 2, \qquad (8.16)$$

wobei für die Rotationsspektroskopie allerdings nur $\Delta v = 0$ interessant ist. Damit ist schon gesichert, daß den beiden Termschemata zwei Spektren entsprechen.

Die Übertragung von (8.14) auf den Rotationsanteil ist etwas komplizierter. In Tabelle 8.1 tritt als Kennzeichen für den Rotationsanteil nur noch die Parität von $J+\gamma$ auf. Das führt zu der in Tabelle 8.2 gegebenen Korrelation der Spezies von V zu denen von D_3. Diese Korrelation findet darin ihren Ausdruck, daß sich bei $\sigma = 0$ Rotationsfunktionen der Spezies, (A, B_y) und (B_x, B_z) mischen, was auch in Abb. 8.1 zu sehen ist.

Die Auswahlregeln (6.7) modifizieren sich also für $\sigma = 0$

$$\mu_x: \quad \begin{matrix} A \longleftrightarrow B_x \\ B_y \longleftrightarrow B_z \end{matrix} \qquad\qquad \mu_z: \quad \begin{matrix} A \longleftrightarrow B_z \\ B_y \longleftrightarrow B_x \end{matrix}$$

Bei $\sigma = \pm 1$ ist die Spezies der Gesamtfunktion unabhängig von $J+\gamma$. Es mischen sich alle Rotationsfunktionen, wie auch Abb. 8.2 zeigt. Die Auswahlregeln (6.7) sind völlig durchbrochen.

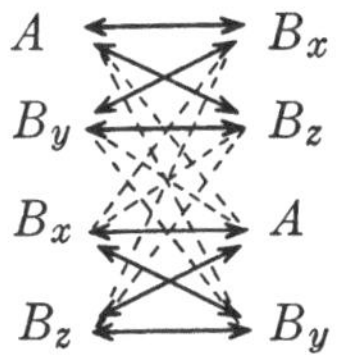

Da aber die Intensität der „verbotenen" Übergänge $\leftarrow\!-\!\rightarrow$ von der Mischung der Eigenfunktionen abhängt, diese aber mit steigendem s geringer wird, geben die Auswahlregeln (6.7) des starren Kreisels die intensivsten Linien des Spektrums.

Wegen der Auswahlregeln (8.14) und des Unterschieds (8.13) der $W_{v\sigma}^{(n)}$ für $\sigma = 0$ und $\sigma = \pm 1$ erhält man also zwei unterschiedliche Spektren.

Kann man $FW_{v1}^{(1)}\boldsymbol{P}$ vernachlässigen, für $\sigma = 0$ verschwindet dieser Term stets, so lassen sich die Terme $FW_{v\sigma}^{(2)}\boldsymbol{P^2}$ mit den ersten Termen in (8.11) formal vereinigen. Das Spektrum für $\sigma = 0$ (A-Spektrum) und das Spektrum für $\sigma = \pm 1$ (E-Spektrum) sind Spektren „quasi"-starrer asymmetrischer Kreisel. Die Information über das Hinderungspotential liegt in dem Abstand entsprechender Rotationslinien beider Spektren, den man auch als Dublettabstand $\Delta\nu = \nu_A - \nu_E$ bezeichnet. Wäre der Wechselwirkungsoperator nicht vorhanden, so wäre die Information über das Hinderungspotential im Rotationspektrum nicht enthalten.

$\Delta\nu$ entsprechen Termabstände, für die man nach Entwicklung schreiben kann (*13, 14*):

$$\Delta W = W_A - W_E = \frac{\partial W}{\partial A}\Delta A + \frac{\partial W}{\partial B}\Delta B + \frac{\partial W}{\partial C}\Delta C$$

$$= \langle P_z^2\rangle \Delta A + \langle P_x^2\rangle \Delta B + \langle P_y^2\rangle \Delta C \tag{8.17}$$

mit

$$\Delta A = (\hbar^2\lambda_z^2 I_a/2r I_z)(W_{vo}^{(2)} - W_{v1}^{(2)}) \tag{8.18}$$

und entsprechend ΔB und ΔC. (8.18) gilt in dieser Form nur, wenn $D_{gg'}$ vernachlässigbar ist, was häufig der Fall ist. Aus $W_{vo}^{(2)} - W_{v1}^{(2)}$ erhält man das reduzierte Hinderungspotential s und mit F über (7.5b) das Hinderungspotential V_3. Die Störsummen $W_{v\sigma}^{(n)}$ (*2, 7, 15*) und die Erwartungswerte $\langle P_g^2\rangle$ (*16, 17*) in der Basis eines asymmetrischen Kreisels sind vertafelt. Aus der Abhängigkeit von $W_{v\sigma}^{(2)}$ von der Torsionsquantenzahl v ersieht man, daß die zu erwartenden Dublettaufspaltungen $\Delta\nu$ mit v sehr stark ansteigen. Wenn also die Dublettaufspaltung im Grundzustand

$v = 0$ nicht beobachtbar ist, kann eine Messung von Rotationsspektren in angeregten Torsionszuständen Information über V_3 bringen. Die Torsionssatelliten sind weiter aufgespalten, aber wegen der Boltzmannstatistik auch intensitätsschwächer, was zu experimentellen Schwierigkeiten führen kann.

Kann man $F\,W_{v\sigma}^{(1)}\,\mathbf{P}$ nicht vernachlässigen, so zerstört dieser Term das Termschema eines „quasi"-starren Kreiselmoleküls. Die Auswertung ist dann komplizierter. Außer für die niedrigsten J-Werte ist sie nur noch numerisch durchführbar. Dabei ist eine Tabelle von *Dobyns* (*18*) von Nutzen, wenn man nicht ein Rechenprogramm vorzieht.

Eine weitergehende Diskussion der Torsionsfeinstruktur in Rotationsspektren findet sich bei *Lin* und *Swalen* (*3*).

Für einen symmetrischen Kreisel mit dem effektiven Operator (8.12) tritt keine Mischung von Rotationsfunktionen ein. Die Auswahlregeln des starren symmetrischen Kreisels bleiben also erhalten. Obwohl auch das Termschema durch Mischung von Torsionsfunktionen bei $\sigma = 0$ und $\sigma = \pm 1$ unterschiedlich modifiziert ist, ist im Rotationsspektrum wegen der Auswahlregeln keine Information über das Hinderungspotential enthalten [20].

Fügt man in $V(\alpha)$ einen Koeffizienten V_6 hinzu, so werden die Störsummen $W_{v\sigma}^{(n)}$ in einer untypischen Weise verändert, wenn V_6 klein gegen V_3 ist. Es gilt näherungsweise (*2*)

$$\overline{W}_{v\sigma}^{(n)}\Big/\overline{W}_{v\sigma}^{(n')} \approx W_{v\sigma}^{(n)}\Big/W_{v\sigma}^{(n')} \tag{8.19}$$

wobei $\overline{W}_{v\sigma}^{(n)}$ die durch V_6 modifizierten Störsummen sind. Es ist dann unmöglich, für einen Wert v, d.h. mit der Untersuchung des Rotationsspektrums in nur einem Torsionszustand v den Einfluß von V_3 und V_6 zu trennen. Man erhält nur ein „effektives" V_3. Eine Untersuchung von Rotationsspektren in mehreren Torsionszuständen kann Abhilfe bringen.

In Abb. 1.6 ist ein Torsions-Rotationstermschema skizziert und repräsentativ für das ganze Rotationsspektrum je ein Dublett in den beiden niedrigsten Torsionszuständen angegeben.

Damit ist für ein Molekül mit einem symmetrischen Rotor die quantenmechanische Behandlung im Rahmen einer Störungsrechnung so weit geführt worden, daß alle Zusammenhänge zur Bestimmung des Hinderungspotentials, etwa von Acetaldehyd, CH_3CHO, gegeben sind. Die Formulierung der Zusammenhänge in diesem Abschnitt ist nicht ausreichend für Moleküle mit niedrigem Hinderungspotential, etwa für

---

[20] Mit einer durch Schwingungsfreiheitsgrade erweiterten Theorie kann man die Aufspaltung von Torsionssatelliten in Spektren symmetrischer Kreisel zur Bestimmung von V_3 verwerten.

Methylborfluorid CH_3BF_2 und Methylnitrit CH_3NO_2, oder für Moleküle, bei denen der Rotor im Vergleich zum Gesamtmolekül ein verhältnismäßig großes Trägheitsmoment besitzt, wie etwa CF_3CHO.

9. Störungsrechnung für asymmetrische Moleküle mit einem symmetrischen Rotor bei niedrigem Hinderungspotential

Der erste Teil dieses Abschnitts schließt sich eng an den vorhergehenden Abschnitt 8 an. Bei einem niedrigen Hinderungspotential ist es im Gegensatz zu Abschnitt 8 günstiger, zur Störungsrechnung von der Funktionsbasis (7.39) der freien internen Rotation auszugehen (1, 2). Das Hinderungspotential ist dann der wesentliche Störoperator. Die Ergebnisse sind natürlich unabhängig von der Wahl der Ausgangsbasis. Sie erleichtert nur die Rechnungen.

Zunächst soll der erste Koeffizient in der Entwicklung des Hinderungspotentials $V(a)$ wie in Abschnitt 8 $N = 3$ haben. Es wird außerdem angenommen, das Molekül besitze eine Symmetrieebene. Sie sei als xz-Ebene gewählt. Die Invarianzgruppe des Hamiltonoperators (8.1) ist dann wieder D_3. Die Verallgemeinerung auf Moleküle ohne Symmetrieebene mit der Invarianzgruppe C_3 ist einfach.

Später wird zusätzlich zur C_{3v}-Symmetrie des Rotors eine C_{2v}-Symmetrie des Rumpfes um die interne Rotationsachse angenommen. Der erste von Null verschiedene Koeffizient in der Entwicklung des Potentials hat dann $N = 6$. Die Invarianzgruppe ist D_{6h} isomorph zu $C_{2v} \otimes D_3$. Wenn die xz-Ebene willkürlich als Symmetrieebene gewählt wird, also $\lambda_y = 0$ ist, ist eine geeignete Aufteilung des Operators (8.1):

$$H = \tfrac{1}{2}(B_x + C)(P_x^2 + P_y^2) + A_z P_z^2 \qquad (H_{Rs})$$

$$+ F p^2 \qquad (H_{FR})$$

$$+ \tfrac{1}{2}(B_x - C)(P_x^2 - P_y^2) + \tfrac{1}{2}D_{zx}(P_z P_x + P_x P_z) \quad (H_{Ra})$$

$$\qquad (9.1)$$

$$+ V(a) \qquad (H_H)$$

$$- 2Q_x P_x p - 2Q_z P_z p \qquad (H_{RT})$$

Eigenbasen von $H_0 = H_{Rs} + H_{FR}$ sind mit (6.2), (7.39) und (6.5)

$$\psi^\times_{JKM}(\varphi, \vartheta, \chi)\, e^{ima} \qquad (9.2)$$

oder

$$S_{J|K|\gamma M}(\varphi, \vartheta, \chi)\, e^{ima} \qquad (9.3)$$

Mit (9.2) oder (9.3) als Ausgangsbasis zur Störungsrechnung bringen $H_{Ra} + H_{RT}$ Beiträge diagonal in JMm und nicht diagonal in K bzw. $|K|\gamma$, H_H Beiträge diagonal in JKM bzw. $J|K|\gamma M$ aber nicht diagonal in m zur Energiematrix H. Die Matrix in Abb. 9.1 ist in der Basis (9.2) auf-

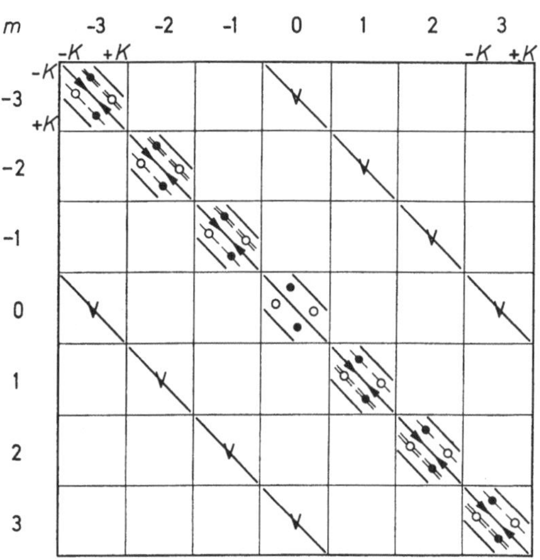

Abb. 9.1. Ausschnitt aus der JM-Submatrix des Operators (9.1) in der $JKMm$-Basis. Beiträge von $\diagdown\diagdown$ $H_{RS} + H_{Ra} - \frac{1}{2}D_{zx}(P_zP_x + P_xP_z) + H_{FR}$ $\diagdown\!\!\!\!\diagup$ H_H $\circ\,\bullet\!\!\bullet\,\circ$ $\frac{1}{2}D_{zx}(P_zP_x + P_xP_z)$ $\blacktriangleleft\!\!-$ $-2Q_zP_z\wp$ $\diagdown\!\!\!\diagdown$ $-2Q_xP_x\wp$

<table>
<tr><td></td><td></td><td colspan="2">-3</td><td colspan="2">0</td><td colspan="2">+3</td></tr>
<tr><td>δ</td><td>|m|</td><td>1</td><td>-1</td><td></td><td></td><td>-1</td><td>1</td></tr>
<tr><td></td><td></td><td>1</td><td>-1</td><td></td><td></td><td>-1</td><td>1</td></tr>
<tr><td>1</td><td>3</td><td>√2</td><td></td><td colspan="2">0</td><td>√2</td><td></td></tr>
<tr><td></td><td></td><td>-1</td><td>-1</td><td></td><td></td><td>1</td><td>1</td></tr>
<tr><td></td><td></td><td>-1</td><td>1</td><td></td><td></td><td>1</td><td>1</td></tr>
<tr><td></td><td></td><td></td><td></td><td>-√2</td><td>√2</td><td></td><td></td></tr>
<tr><td>0</td><td>0</td><td colspan="2">0</td><td>-√2</td><td>√2 2</td><td colspan="2">0</td></tr>
<tr><td></td><td></td><td></td><td></td><td>√2 √2</td><td></td><td></td><td></td></tr>
<tr><td></td><td></td><td>-1</td><td>1</td><td></td><td></td><td>-1</td><td>1</td></tr>
<tr><td>0</td><td>3</td><td>-1
√2</td><td>1</td><td colspan="2">0</td><td>-1
√2</td><td>1</td></tr>
<tr><td></td><td></td><td>1</td><td>1</td><td></td><td></td><td>1</td><td>1</td></tr>
<tr><td></td><td></td><td>1</td><td>1</td><td></td><td></td><td>1</td><td>1</td></tr>
</table>

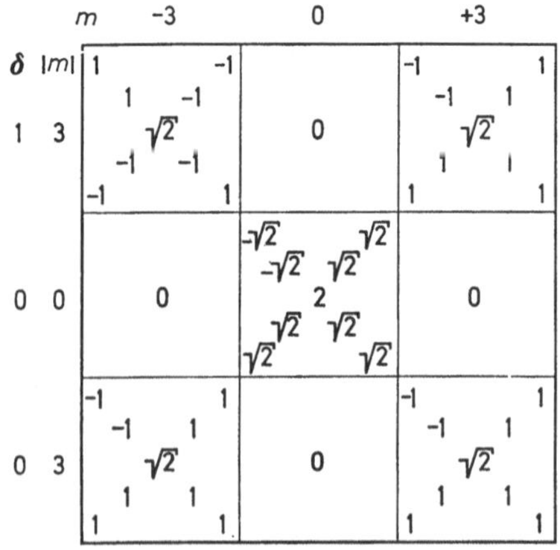

Abb. 9.2. Ausschnitt aus der Wangähnlichen Transformation zur Symmetrisierung der $m = 3n$-Funktionen. Die Matrix ist noch mit $^1/_2$ zu multiplizieren

gestellt. Eine Berechnung der Matrixelemente zeigt, daß die Submatrizen $\pm m$ gleich sind. Die Submatrizensätze $m = 3n + 1$ und $m = 3n - 1$, $n = 0, \pm 1, \pm 2$ bringen also zweifach entartete Eigenwerte. Hingegen führt der Submatrizensatz $m = 3n$ zu einfach entarteten Eigenwerten, da die Außerdiagonalglieder von V_3 die Entartung aufheben. Die mögliche Separation der Submatrizen $m = 3n$ ist durch verschiedene Basisfunktionensysteme möglich. Ich folge einem Vorschlag von *Rudolph* (3). Auf den Anteil $m = 3n$ der Matrix Abb. 9.1 wird die Transformationsmatrix angewendet, die in Abb. 9.2 im Ausschnitt wiedergegeben ist. Man erhält mit (6.5) folgende Funktionsbasis für $|m| = 3|n|$.

$$\psi_{J|K|\gamma M|m|\delta} = \frac{1}{\sqrt{2}} S_{J|K|\gamma M} \left((-1)^\delta e^{-i|m|a} + e^{i|m|a} \right) \text{ für } m \neq 0$$

$$\text{(9.4 a, b)}$$

$$\psi_{J|K|\gamma M 00} = S_{J|K|\gamma M} \text{ für } m = 0$$

Für die Gruppe D_3 (5.7 a) ergibt sich für die Funktion (9.3) bei $m \neq 3n$ und (9.4 a, b) bei $m = 3n$ folgende Zuordnung zu den Spezies.

Tabelle 9.1. *Charaktertafel der Gruppe D_3 und Zuordnung der Basisfunktionen* (9.3) *und* (9.4) *zu den Spezies von* D_3

D_3	E	$2C_3$	$3C_{2y}'\,C_3$	m	$J+\gamma+\delta$	
A_1	1	1	1	$3n$	g	
A_2	1	1	-1	$3n$	u	μ_x, μ_z
E	2	-1	0	$\neq 3n$	ohne Einfluß	

Damit ist die weitestgehende Faktorisierung erreicht. Es bleiben also Submatrizen für JM in $|m| = 3|n|, \delta$ und $|K|, \gamma$ mit $J+\gamma+\delta$ gerade für die A_1-Spezies und mit $J+\gamma+\delta$ ungerade für die A_2-Spezies zu diagonalisieren. Für die E-Spezies genügt es, einen der Submatrizensätze $n = 3n \pm 1$ zu diagonalisieren. Eine numerische Rechnung ist dabei einer Störungsrechnung vorzuziehen.

Wie üblich gilt die Auswahlregel $\Delta J = 0, \pm 1$. Die Gruppe D_3 bringt bei den möglichen Dipolmomentkomponenten μ_x und μ_z, die der A_2-Spezies zuzuordnen sind, die Auswahlregeln:

$$A_1 \longleftrightarrow A_2 \qquad E \longleftrightarrow E \qquad\qquad (9.5)$$

Da die folgende Korrelation zu den Spezies der Vierergruppe besteht, sieht man sofort, daß die Auswahlregeln (6.7) des starren Kreisels durchbrochen sind. Es gilt weiterhin $\Delta|m| = 0, \pm 3$. Leider helfen diese Aus-

Tabelle 9.2. *Korrelationstabelle*

D_3	V
A_1	A
	B_y
	B_x
A_2	B_z

sagen für die praktische Spektroskopie nicht viel. Neben den Frequenzen sind stets auch die Intensitäten zu berechnen, da sich beide mit V_3 ändern.

Für die Zuordnung ist es meist notwendig, die Starkeffekte zu berechnen. Linien der A_1- und A_2-Spezies zeigen quadratischen, der E-Spezies linearen Starkeffekt.

Einen ersten Zugang zur Zuordnung des Spektrums erhält man mit den Linien $m=0$, die noch recht gut dem Spektrumstyp eines starren asymmetrischen Kreisels folgen. In Abb. 9.1 zeigt die Submatrix $m=0$ bis auf die unwesentlichen Beiträge[21]) von $\frac{1}{2}D_{zx}(P_zP_x+P_xP_z)$ die Struktur der Matrix eines starren asymmetrischen Kreisels.

Die Abb. 9.3 und 9.4 geben einen Eindruck, wie sich beim Übergang $J=2\to3$ des Metafluortoluols (4) Linienfrequenzen und Intensitäten mit V_3 bzw. V_6 ändern.

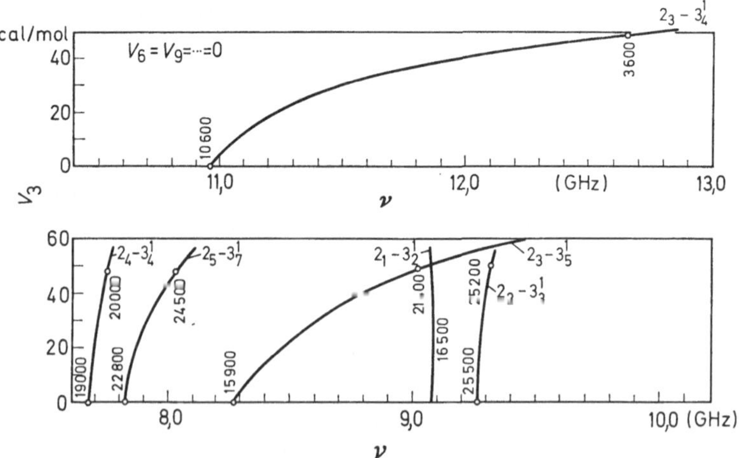

Abb. 9.3. Änderung der Frequenzlage der Linien $|m|=1$, $J=2\to3$ von meta-Fluortoluol mit V_3. (4) Bezeichnung J_n^m: n numeriert die $2J+1$ Energieniveaus für ein festes J nach steigenden Energien durch. m steht für $|m|$. Die Zahlen geben relative Intensitäten der Linien

---

[21]) Diese Beiträge könnten durch eine Drehung des Koordinatensystems beseitigt werden.

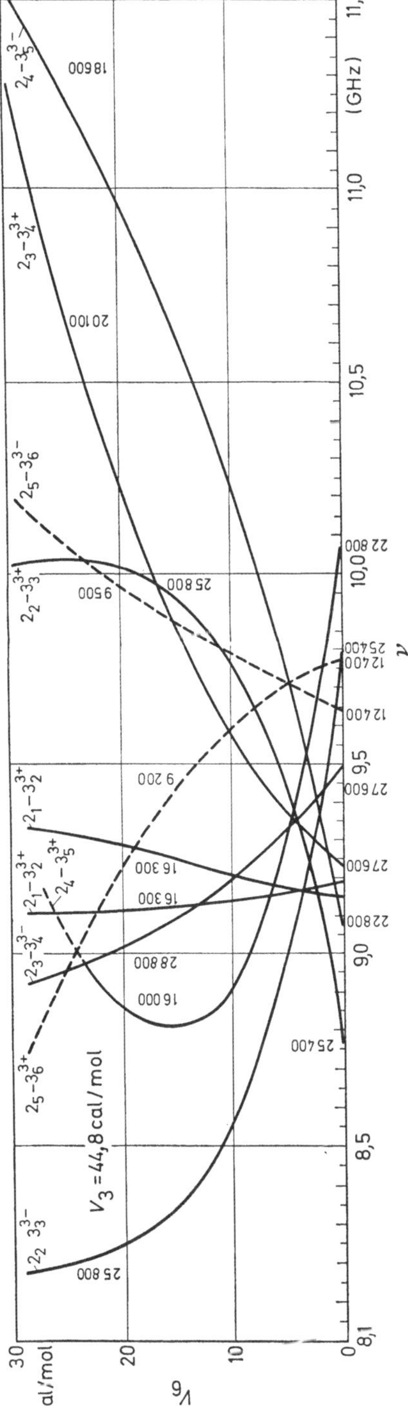

Abb. 9.4. Änderung der Frequenzlage der Linien $|m| = 3$ $J = 2 \to 3$ von meta-Fluor-toluol mit V_6 bei festem $V_3 = 44{,}8$ cal/mol (4)

Bezeichnung: $3+$: $|m| = 3$, $\delta = 0$; $3-$: $|m| = 3$, $\delta = 1$, sonst wie Abb. 9.3

Modifiziert man das Modell, indem man dem Rumpf um die interne Rotationsachse eine zweizählige Symmetrie gibt, so vereinfacht sich (9.1) zu

$$H = \tfrac{1}{2}(B+C)(P_x^2+P_y^2) + A_z P_z^2 \quad (H_{Rs})$$
$$+ F p^2 \qquad\qquad\qquad (H_{FR})$$
$$+ \tfrac{1}{2}(B-C)(P_x^2-P_y^2) \quad (H_{Ra}) \qquad (9.6)$$
$$+ V(\alpha) \qquad\qquad\qquad (H_H)$$
$$- 2 Q_z P_z p \qquad\qquad (H_{RT})$$

Die Entwicklung von $V(\alpha)$ beginnt jetzt aus Symmetriegründen mit V_6. Die Invarianzgruppe von (9.6) ist D_{6h}. Die Funktionsbasis (9.3) und (9.4a,b) ist auch bezüglich D_{6h} schon symmetrisiert. Ihre Zuordnung zu den Spezies von D_{6h} ist allerdings differenzierter.

Dieser Fall hat die Besonderheit, daß die Matrixelemente des ersten Koeffizienten V_6 in der Potentialentwicklung die $m = \pm 3$-Entartung aufhebt. Im Spektrum treten Dubletts auf, die eine empfindliche Bestimmung von V_6 zulassen. Im vorhergehenden Fall mit $V_3 \neq 0$ hebt V_6 ebenfalls die $m = \pm 3$-Entartung auf. Es steht jedoch in Konkurrenz mit V_3, das in höherer Näherung in gleicher Weise wirkt. In Abb. 9.5 ist die Abhängigkeit der Linienlage von V_6 bei den $J = 2 \to 3$-Übergängen des Toluols (5) dargestellt.

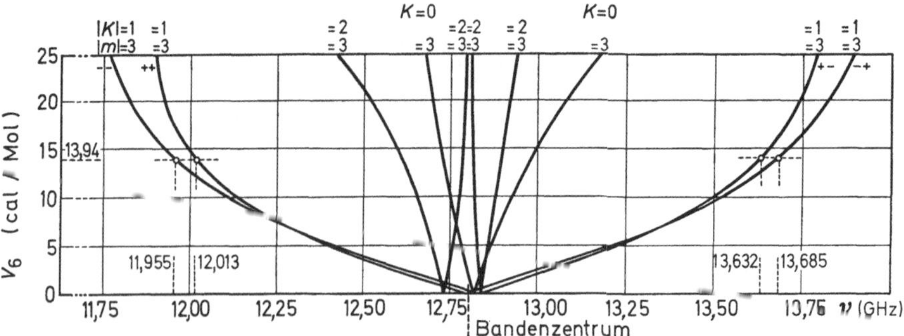

Abb. 9.5. Aufspaltungsmuster der Linien J: 2—3, $|m| = 3$, $|K| = 0, 1, 2$ des Toluols berechnet in Abhängigkeit vom Hinderungspotential V_6 sowie die gemessenen Linien

Infolge der komplizierteren Gruppe modifizieren sich die Auswahlregeln. Aus Symmetriegründen gibt es auch nur noch eine Dipolmomentkomponente μ_z, die der B_{2e}-Spezies angehört. Die Auswahlregeln sind:

Tabelle 9.3. *Charaktertafel der Gruppe D_{6h} und Zuordnung der Basisfunktionen (9.2)–(9.4) zu den Spezies von D_{6h}. — bedeutet: ohne Einfluß. Die Komponente μ_z des Dipolmoments ist der B_{ze}-Spezies zuzuordnen*

D_{6h}	E	$2C_3$	$3C'_{2x}C_3$	C'_{2z}	$2C'_{2z}C_3$	$3C'_{2y}C_3$	C_6^3	$2C_3C_6^3$	$3C'_{2x}C_3C_6^3$	C'_{2z}	$2C'_{2z}C_3C_6^3$	$3C'_{2y}C_3C_6^3$	m	K	$J+\gamma+\delta$	
A_e	1	1	1	1	1	1	1	1	1	1	1	1	$3n, g$	g	g	
B_{ze}	1	1	-1	1	1	-1	1	1	-1	1	1	-1	$3n, g$	g	u	μ_z
E_{1e}	2	-1	0	2	-1	0	2	-1	0	2	-1	0	$3n+1, g$	g	$-$	
B_{xe}	1	1	1	-1	-1	-1	1	1	1	-1	-1	-1	$3n, g$	u	u	
B_{ye}	1	1	-1	-1	-1	1	1	1	-1	-1	-1	1	$3n, g$	u	g	
E_{2e}	2	-1	0	-2	1	0	2	-1	0	-2	1	0	$3n\pm1, g$	u	$-$	
A_o	1	1	1	1	1	1	-1	-1	-1	-1	-1	-1	$3n, u$	g	g	
B_{zo}	1	1	-1	1	1	-1	-1	-1	1	-1	-1	1	$3n, u$	g	u	
E_{1o}	2	-1	0	2	-1	0	-2	1	0	-2	1	0	$3n\pm1, u$	g	$-$	
B_{xo}	1	1	1	-1	-1	-1	-1	-1	-1	1	1	1	$3n, u$	u	u	
B_{yo}	1	1	-1	-1	-1	1	-1	-1	1	1	1	-1	$3n, u$	u	g	
E_{2o}	2	-1	0	-2	1	0	-2	1	0	2	-1	0	$3n\pm1, u$	u	$-$	

$$A_e \longleftrightarrow B_{ze} \qquad B_{xe} \longleftrightarrow B_{ye} \qquad E_{1e} \longleftrightarrow E_{1e} \qquad E_{2e} \longleftrightarrow E_{2e}$$
$$A_0 \longleftrightarrow B_{z0} \qquad B_{x0} \longleftrightarrow B_{y0} \qquad E_{10} \longleftrightarrow E_{10} \qquad E_{20} \longleftrightarrow E_{20} \tag{9.7}$$

Für $m = 0$ erhält man ebenfalls annähernd das Spektrum eines starren Kreisels. A_z ist dabei nur die Rotationskonstante des Rumpfes ohne Rotor.

Für $m \neq 3n$ kann man noch feststellen, daß mit $|m| \to \infty$ sich die Linien $\Delta J = 1$ im Gebiet um $(B + C)(J + 1)$ bei um so niedrigeren m häufen, je geringer die Asymmetrie des Moleküls ist. Das Ansteigen von m erzwingt zwar stets eine Häufung, doch kann die Beobachtbarkeit verschwinden, da die Linienintensität mit m wegen der Boltzmannstatistik abnimmt. Das Auftreten solch gleichabständiger Bandenköpfe kann als erster Hinweis für ein niedriges Hinderungspotential und als erste Zuordnungshilfe genommen werden. Abb. 9.6 zeigt diese Bandenköpfe für para-Chlortoluol (6).

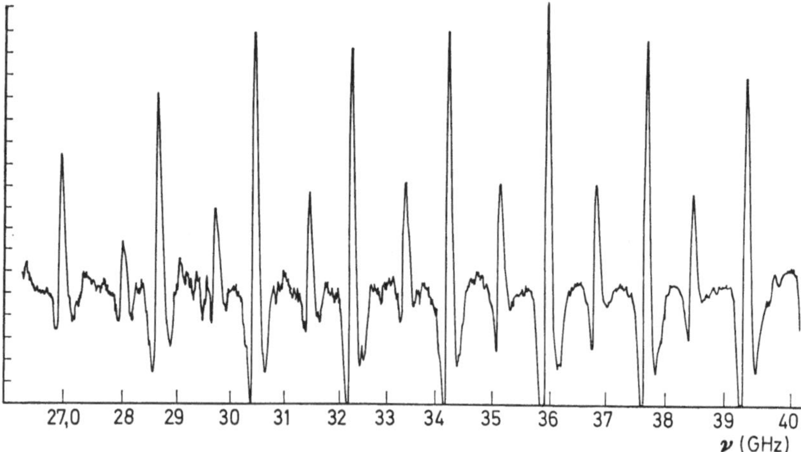

Abb. 9.6. Bandenköpfe von para-Chlortoluol-^{35}Cl und -^{37}Cl (6)

Damit ist die Einschränkung, die im Abschnitt 8 gemacht wurde, durch eine für niedrige Hinderungspotentiale günstige Formulierung beseitigt worden. Im Rahmen der Grenzen, die das Modell setzt, sind jetzt die Zusammenhänge zur Analyse der Spektren, etwa von Methylborfluorid CH_3BF_2, Toluol oder Metafluortoluol skizziert.

10. Störungsrechnung für asymmetrische Moleküle mit zwei symmetrischen Rotoren bei hohem Hinderungspotential

In der Methode schließen sich die folgenden Betrachtungen an Abschnitt 8 an. Die Erweiterung besteht darin, daß jetzt zwei symmetrische Rotoren vorhanden sind (*1—3*). Der wesentliche Unterschied zu Molekülen mit einem Rotor ist die Wechselwirkung zwischen den beiden Rotoren. Sonst sind die Eigenschaften analog.

Im Abschnitt 5 war nach einer Symmetriebetrachtung eine Anzahl von Typen (Abb. 5.1) genannt worden. Hier soll nur der Fall behandelt werden, der die Invarianzgruppe $C_{3v}^{-} \otimes C_{3v}^{+}$ (*4*) hat. Die übrigen Fälle sind geringfügige Modifikationen (*5*), wenn die beiden Rotoren äquivalent sind. Sind sie nicht-äquivalent, so hat die Modifikation für höhere Torsionszustände Konsequenzen. Die Hauptachsenlage ist auch hier unabhängig von der Drehlage der Methylgruppen. Es ist deshalb zweckmäßig, den Hamiltonoperator im Hauptachsensystem aufzustellen. Für unseren Fall, etwa für Dimethylsulfid $(CH_3)_2S$, ist eine Verallgemeinerung von (8.9) oder ein Hamiltonoperator, der seine Struktur (3.29) und (3.30) unter entsprechender Spezialisierung (Tabelle 5.1) entnimmt:

$$
\begin{aligned}
H = \frac{\hbar^2}{2} \sum_g P_g^2/I_g &+ F(p_1 - P_1)^2 + F(p_2 - P_2)^2 \\
&+ \frac{V_3}{2}\left(1 - \cos 3\alpha_2\right) + \frac{V_3}{2}\left(1 - \cos 3\alpha_2\right) \\
&+ F'\{(p_1 - P_1)(p_2 - P_2) + (p_2 - P_2)(p_1 - P_1)\} \\
&+ V_{12}\cos 3\alpha_1 \cos 3\alpha_2 + V'_{12}\sin 3\alpha_1 \sin 3\alpha_2
\end{aligned}
\qquad
\begin{aligned}
&(H_R + H_T + H_{RT}) \\[3em]
&(H_{TT})
\end{aligned}
\qquad (10.1)
$$

Ein Vergleich mit (8.9) zeigt, daß der Anteil $H_R + H_T + H_{RT}$ ein Molekül beschreibt, dessen beide Rotoren keinerlei Einfluß aufeinander ausüben. Der erste Teil von H_{TT} besteht aus einer kinetischen Wechselwirkung. Da F' aus der Struktur bekannt ist, bringt sie keine neue Information. Dagegen enthalten die Potentialteile von H_{TT} die Koeffizienten V_{12} und V'_{12}, die neben V_3 das Ziel einer Analyse sind. Die V_{12} und V'_{12} sind leider einer Bestimmung nur schwer zugänglich. Bisher wurden nur Abschätzungen publiziert (*6, 7*).

Ein geeignetes System von Basisfunktionen ist analog (8.4) und (8.5)

$$
\psi_{JKM}^{\times}(\varphi, \vartheta, \chi) \cdot U_{v1\,\sigma1}(\alpha_1) \cdot U_{v2\,\sigma2}(\alpha_2) \qquad (10.2)
$$

oder

$$
S_{J|K|\gamma M}(\varphi, \vartheta, \chi) \cdot U_{v1\sigma1}(\alpha_1) \cdot U_{v2\,\sigma2}(\alpha_2) \qquad (10.3)
$$

wobei der periodische Torsionsanteil $U_{v1\,\sigma1}(\alpha_1)\,U_{v2\,\sigma2}(\alpha_2)$ zweckmäßigerweise bezüglich der Gruppe $C_{3v}^{-} \otimes C_{3v}^{+}$ zu symmetrisieren ist. Tabelle 10.1

119

(1, 5) und Tabelle 10.2 *(2)*. $H_R + H_T + H_{RT}$ und der erste Teil von H_{TT} ist diagonal in $JM\sigma_1\sigma_2$ und nicht diagonal in Kv_1v_2 bzw. $|K|\gamma v_1 v_2$. Der Potentialteil von H_{TT} ist nur nicht diagonal in v_1v_2.

Eine Störungsrechnung für den Anteil $H_R + H_T + H_{RT}$ mit einer van-Vleck-Transformation führt unter den gleichen Voraussetzungen wie in Abschnitt 8 zu einem effektiven Operator für $v_1 = v_2$-Zustände. Die Störsummen lassen sich auf die Störsummen von Molekülen mit einem Rotor zurückführen.

$$H_{v1\,\sigma1\,v2\,\sigma2} = \frac{\hbar^2}{2}\sum_g P_g^2/I_g + F\sum_{n=1}^{2}(W_{v1\sigma1}^{(n)}P_1^n + W_{v2\sigma2}^{(n)}P_2^n) \qquad (10.4)$$

Bedenkt man die $\sigma_1\sigma_2$-Kombinationen, die für $v_1v_2 = 00$ möglich sind, so sieht man mit (8.13), daß (10.4) für den Torsionsgrundzustand vier unterschiedlich modifizierte Rotationstermschemata gibt. Das zur A_1A_1-Torsionsspezies gehörige ist das eines „quasi"-starren asymmetrischen Kreisels. Dagegen sind die Termschemata der EE-, A_1E- und EA_1-Spezies durch die linearen Glieder in P_n keine Termschemata „quasi"-starrer Kreisel. Sind die linearen Glieder zu vernachlässigen, weil die $W_{v\sigma}^{(1)}$ klein sind, so fallen die A_1E- und EA_1-Niveaus zusammen.

Da in diesem Spezialfall nur eine μ_x-Dipolmomentkomponente existiert, die der A_1A_2-Spezies der Gruppe $C_{3v}^{-}\otimes C_{3v}^{+}$ zugeordnet werden kann, sind die Auswahlregeln *(4, 5)*:

$$\begin{array}{lll} A_1A_1 \longleftrightarrow A_1A_2 & A_2A_1 \longleftrightarrow A_2A_2 & A_1E \longleftrightarrow A_1E \\ A_2E \longleftrightarrow A_2E & EA_1 \longleftrightarrow EA_2 & EE \longleftrightarrow EE \end{array} \qquad (10.5)$$

Es ist zu beachten, daß in (10.5) die Spezies der Torsions-Rotationszustände verwendet worden sind. Will man diese aus den Spezies der Torsions- und Rotationszustände erhalten, so hat man für die Rotationszustände folgende Korrelation zu beachten:

$C_{3v}^{-}\otimes C_{3v}^{+}$	V
A_1A_1	A
A_1A_2	B_x
A_2A_1	B_z
A_2A_2	B_y

Völlig analog zu Abschnitt 8 ist wieder $\Delta\sigma = 0$. Man erhält also für den Torsionsgrundzustand $v_1 = v_2 = 0$, ein Rotationsspektrum, das aus vier Rotationsspektren in einer solchen Weise zusammengesetzt ist, daß Quartetts auftreten. Bei vernachlässigbaren $W_{v\sigma}^{(1)}$ fallen die A_1E- und EA_1-Komponenten der Quartetts zusammen. Es treten gleichabständige Tripletts auf und jede der drei Komponenten A_1A_1, EE,

Tabelle 10.1. *Charaktertafel der Gruppe* $C_{3v}^- \otimes C_{3v}^+$

$C_{3v}^- \otimes C_{3v}^+$	E	$4C_{31}$	$2C_{31}C_{32}$	$2C_{31}C_{32}^2$	$3C_{2x}'C_{31}C_{32}^2$	$6C_{2x}'C_{31}$	$3C_{2z}'C_{31}C_{32}$	$6C_{2z}'C_{31}$	$9C_{2y}'$
A_1A_1	1	1	1	1	1	1	1	1	1
A_2A_1	1	1	1	1	-1	-1	1	1	-1
A_2A_2	1	1	1	1	-1	-1	-1	-1	1
A_1A_2	1	1	1	1	1	1	-1	-1	-1
A_1E	2	-1	-1	2	2	-1	0	0	0
A_2E	2	-1	-1	2	-2	1	0	0	0
EA_1	2	-1	2	-1	0	0	2	-1	0
EA_2	2	-1	2	-1	0	0	-2	1	0
EE	4	1	-2	-2	0	0	0	0	0

Tabelle 10.2. *Zur Symmetrisierung der Funktionen* $U_{v_1\,\sigma_1}(\alpha_1)\,U_{v_2\,\sigma_2}(\alpha_2)=(v\,\sigma_1\,v'\,\sigma_2)$ *bezüglich der Gruppe* $C_{3v}^{-}\otimes C_{3v}^{+}$

	Funktion	Spezies	
$v_1=v_2=v$	$(v0\,v0)$	$A_1\,A_1$	
	$(v0\,v1),\ (v1\,v0,)\ v0\,v-1),\ (v-1\,v0)$	$E\,E$	
	$(v1\,v1),\ (v-1\,v-1)$	$A_1\,E$	
	$(v1\,v-1),\ (v-1\,v1)$	$E\,A_1$	
$v_1\neq v_2$	$v_1=v\quad v_2=v'$	$+$	$-$
	$((v0\,v'0)\pm(v'0\,v0))/\sqrt{2}$	$\left\{\begin{array}{l}A_1\,A_1\quad A_2\,A_2\,{}^{*}\\ A_1\,A_2\quad A_2\,A_1\,{}^{**}\end{array}\right.$	
	$((v1\,v'1)\pm(v'1\,v1))/\sqrt{2}$ $((v-1\,v'-1)\pm(v'-1\,v-1))/\sqrt{2}$	$A_1\,E$	$A_2\,E$
	$((v1\,v'-1)\pm(v'1\,v-1))/\sqrt{2}$ $((v-1\,v'1)\pm(v'-1\,v1))/\sqrt{2}$	$E\,A_1$	$E\,A_2$
	$(v0\,v'1),\ (v'1\,v0),\ (v'-1\,v0),\ (v0\,v'-1)$	$E\,E$	
	$(v1\,v'0),\ (v'0\,v1),\ (v-1\,v'0),\ (v'0\,v-1)$	$E\,E$	

* v und v' gleiche Parität   ** v und v' ungleiche Parität

A_1E+EA_1 gehört dem Spektrum eines „quasi"-starren asymmetrischen Kreisels mit unterschiedlichen Rotationskonstanten an.

Eine Analyse der Quartett- oder Triplettstruktur analog (8.17) gibt das Hinderungspotential V_3. Da bisher H_{TT} vernachlässigt wurde, sind in den so gewonnenen effektiven V_3-Werten Einflüsse von den Potential-koeffizienten V_{12} und V'_{12} summarisch enthalten.

Die Berücksichtigung von F' und der Potentialkoeffizienten V_{12} und V'_{12}, also des Operatorteils H_{TT}, bringt Schwierigkeiten, die größer als die Hinzunahme eines V_6-Koeffizienten in Abschnitt 8 sind. Die Störungs-rechnung sollte mindestens bis zur vierten Ordnung durchgeführt werden, was für die $v_1=v_2$-Zustände mit großem Aufwand möglich ist (2, 3). Wegen der Entartung des dem Grundzustand folgenden Torsionszu-standes treten solche Schwierigkeiten auf, daß dafür noch keine Formu-lierung gegeben wurde.* Eine ausführliche Darstellung, deren Wiedergabe aber zu weit führen würde, findet sich bei *Hayashi* (3). Er diskutiert auch den Fall eines Moleküls, dessen beide Rotoren nicht-äquivalent sind.

Es ist außerdem zu erwarten, daß die Methode von *Woods* (Abschnitt 12) ein günstigerer Weg ist. Sie ist allerdings für die Bestimmung von V_3, V_{12} und V'_{12} noch nicht angewendet worden.

Auf jeden Fall muß man aber die Multiplettstruktur in Rotations-spektren verschiedener Torsionszustände analysieren, um zu einer Aus-sage über die Potentialkoeffizienten V_3, V_{12} und V'_{12} zu gelangen.

---

* Anmerkung bei der Korrektur:
Hirota et al. zeigen, wie die Schwierigkeiten überwunden werden können (8).

Für Moleküle, wie etwa Dimethyldisulfid $(CH_3)_2S_2$ oder Äthylsilan $CH_3CH_2SiH_3$ war es notwendig, das Modell des Abschnitts 8 durch einen weiteren symmetrischen Rotor zu ergänzen. Die wesentliche neue Größe ist die allerdings schwer bestimmbare Wechselwirkung zwischen den Rotoren. Sonst ist die Verfahrensweise gleich. Die Einschränkungen sind bei der hier analog zu Abschnitt 8 durchzuführenden Störungsrechnung die gleichen wie dort.

11. Drehimpuls und kinetische Energie eines asymmetrischen Moleküls mit einem symmetrischen Rotor in einem an der internen Rotationsachse orientierten Koordinatensystem

Bei der bisherigen Ableitung der kinetischen Energie wurde stets ein xyz-Koordinatensystem verwendet, dessen Orientierung im Rumpf festlag. Im Abschnitt 3 war das Hauptträgheitsachsensystem eine sinnvolle Wahl. Die Konsequenz war ein Auftreten von gemischten Gliedern $P_g p_n$ der Komponenten P_g des Gesamtdrehimpulses und der Drehimpulse p_n der Rotoren. Durch eine geeignete Wahl des Koordinatensystems lassen sich diese gemischten Glieder beseitigen (1). Es besteht eine gewisse Analogie zu einer Hauptachsentransformation, die Glieder $P_g P_{g'}$ beseitigt. Dadurch verlagern sich die Schwierigkeiten bei der späteren quantenmechanischen Behandlung. In manchen Fällen ist der in diesem Abschnitt beschriebene Weg günstiger. Er wird mit „Internal Axis Method" IAM bezeichnet.

Der Übersichtlichkeit wegen wird zunächst ein Spezialfall behandelt. Es ist ein asymmetrisches Molekül mit einem internen symmetrischen Rotor, dessen interne Rotationsachse parallel zur z-Achse liegt. Die Spezialisierung von (3.10) bis (3.12) und (3.22) bis (3.27) gibt mit $(\lambda_x, \lambda_y, \lambda_z) = (0, 0, 1)$ für die kinetische Energie.

$$T = \tfrac{1}{2}\Omega^+ \cdot I_t \cdot \Omega = \tfrac{1}{2}\mathfrak{P}_t^+ \cdot I_t^{-1} \cdot \mathfrak{P}_t \qquad (11.1\,\mathrm{a,b})$$

Mit

$$\Omega^+ = (\omega_x, \omega_y, \omega_z, \dot a) \quad ; \quad \mathfrak{P}_t^+ = (P_x, P_y, P_z, p) \qquad (11.2\,\mathrm{a, b})$$

$$\tfrac{1}{2} I_t = \tfrac{1}{2}
\begin{pmatrix}
I_x & 0 & 0 & 0 \\
0 & I_y & 0 & 0 \\
0 & 0 & I_z & I_a \\
0 & 0 & I_a & I_a
\end{pmatrix}
\;;\;
\tfrac{1}{2} I_t^{-1} = \tfrac{1}{2}
\begin{pmatrix}
\dfrac{1}{I_x} & 0 & 0 & 0 \\[2mm]
0 & \dfrac{1}{I_y} & 0 & 0 \\[2mm]
0 & 0 & \dfrac{1}{I_z - I_a} & \dfrac{-1}{I_z - I_a} \\[2mm]
0 & 0 & \dfrac{-1}{I_z - I_a} & \dfrac{I_z}{I_a(I_z - I_a)}
\end{pmatrix}
\qquad (11.3\,\mathrm{a,b})$$

Wählt man ein $x'y'z'$-System, das durch Eulersche Winkel φ', ϑ', χ' in folgender Weise im Raum festgelegt wird:

$$
\begin{bmatrix} \varphi' \\ \vartheta' \\ \chi' \\ a' \end{bmatrix} = R \cdot \begin{bmatrix} \varphi \\ \vartheta \\ \chi \\ a \end{bmatrix} \quad \text{mit} \quad R = \begin{bmatrix} 1 & 0 & 0 & 0 \\ 0 & 1 & 0 & 0 \\ 0 & 0 & 1 & I_a/I_z \\ 0 & 0 & 0 & 1 \end{bmatrix}
\tag{11.4}
$$
$$
\tag{11.5}
$$

so erhält man für die Geschwindigkeiten

$$\Omega'_{\varepsilon t} = R \cdot \Omega_{\varepsilon t} \tag{11.6}$$

mit $\Omega_{\varepsilon t}^+ = (\dot{\varphi}, \dot{\vartheta}, \dot{\chi}, \dot{a})$ und entsprechend $\Omega'^+_{\varepsilon t}$. Für die Impulse gilt die kontragrediente Transformation

$$\mathfrak{P}'_{\varepsilon t} = R^{-1+} \mathfrak{P}_{\varepsilon t} \tag{11.7}$$

mit $\mathfrak{P}_{\varepsilon t}^+ = (P_\varphi, P_\vartheta, P_\chi, p)$ und entsprechend $\mathfrak{P}'^+_{\varepsilon t}$.

Das neue $x'y'z'$-Koordinatensystem geht aus dem alten xyz-System durch eine I_a/I_z-abhängige Drehung um die z-Achse hervor. Bei interner Rotation bewegt sich also das $x'y'z'$ System relativ zum Rumpf und Rotor um die $z = z'$-Achse. Mit (2.14) läßt sich ableiten

$$\Omega'_t = S \cdot \Omega_t \tag{11.8}$$

mit $\Omega_t^+ = (\omega_x, \omega_y, \omega_z, \dot{a})$, entsprechend Ω'^+_t und

$$
S = \begin{bmatrix} \cos I_a\, a/I_z & \sin I_a\, a/I_z & 0 & 0 \\ -\sin I_a\, a/I_z & \cos I_a\, a/I_z & 0 & 0 \\ 0 & 0 & 1 & I_a/I_z \\ 0 & 0 & 0 & 1 \end{bmatrix}
\tag{11.9}
$$

Für die Impulse gilt die kontragrediente Transformation

$$\mathfrak{P}'_t = S^{-1+} \cdot \mathfrak{P}_t \tag{11.10}$$
$$\text{mit} \quad \mathfrak{P}'^+_t = (P'_x, P'_y, P'_z, p')$$

Wendet man (11.8) und (11.10) auf (11.1 a, b) an, so erhält man:

$$T = \tfrac{1}{2}\, \Omega'^+_t \cdot I'_t \cdot \Omega'_t = \tfrac{1}{2}\mathfrak{P}'^+_t \cdot I'^{-1}_t \cdot \mathfrak{P}'_t \tag{11.11a, b}$$

mit

$$\tfrac{1}{2}I'_t=\tfrac{1}{2}\begin{bmatrix} I'_x & -I'_{xy} & 0 & 0 \\ -I'_{xy} & I'_y & 0 & 0 \\ 0 & 0 & I_z & 0 \\ 0 & 0 & 0 & I_a-I_a^2/I_z \end{bmatrix}$$

$$\text{(11.12 a, b)}$$

$$\tfrac{1}{2}I'^{-1}_t=\tfrac{1}{2}\begin{bmatrix} I'_y/(I'_xI'_y+I'^{\,2}_{xy}) & I'_{xy}/(I'_xI'_y+I'^{\,2}_{xy}) & 0 & 0 \\ I'_{xy}/(I'_xI'_y+I'^{\,2}_{xy}) & I'_x/(I'_xI'_y+I'^{\,2}_{xy}) & 0 & 0 \\ 0 & 0 & {}^1/I_z & 0 \\ 0 & 0 & 0 & {}^1/I_a(1-I_a/I_z) \end{bmatrix}$$

wobei

$$I'_x=I_x\cos^2(I_a\,a/I_z)+I_y\sin^2(I_a\,a/I_z)$$

$$I'_y=I_x\sin^2(I_a\,a/I_z)+I_y\cos^2(I_a\,a/I_z) \qquad \text{(11.13 a—c)}$$

$$I'_{xy}=I'_{yx}-I_x\cos(I_a\,a/I_z)\sin(I_a\,a/I_z)-I_y\cos(I_a\,a/I_z)\sin(I_a\,a/I_z)$$

Im Spezialfall eines symmetrischen Kreisels mit $I_x=I_y$ wird $I'_x=I_x$, $I'_y=I_y$ und $I'_{xy}=0$.

Das wichtigste Resultat der Transformationen (11.8) oder (11.10), die *Nielsen* (1) erstmalig anwendete, ist, daß kein Glied in $\omega'_z\,\dot{a}'$ und kein Glied in $P'_z\,p'$ in (11.11 a, b) auftritt. Beim asymmetrischen Molekül treten aber a-abhängige Terme in $P'_x\,P'_y$ hinzu, bei symmetrischen nicht.

Der Drehimpuls

$$p'=I_a(1-I_a/I_z)\,\dot{a} \qquad\qquad \text{(11.14)}$$

hängt jetzt nur noch von der internen Rotation ab. P'_z hängt allein von der Gesamtrotation ab.

Berechnet man die (3.18) bis (3.21) entsprechenden Poissonklammern für die Komponenten von $\mathfrak{P}'_t$ so erhält man mit (11.10) und (11.7)

$$\{P'_x,\,P'_y\}=P'_z \quad \text{zyklisch} \qquad\qquad \text{(11.15)}$$

$$\{P'_g,\,p'\}=0 \qquad\qquad \text{(11.16)}$$

$$\{P'_\varepsilon,\,P'_{\bar\varepsilon}\}=0 \qquad \{\varepsilon',\,\bar\varepsilon'\}=0 \qquad \{P'_\varepsilon,\,\bar\varepsilon'\}=0 \qquad \text{(11.17)}$$

Die Form der Poissonklammern erweist sich also als invariant. Die Transformationen (11.4) und (11.7) bilden also eine zeitunabhängige

Kontakttransformation[22]). Die P'_g sind wiederum Komponenten des Gesamtdrehimpulses im $x'y'z'$-System.

Das $x'y'z'$-System kann man in anschaulicher Weise dadurch charakterisieren, daß sich der Drehimpuls von Rumpf und Rotor um die z'-Achse kompensieren:

$$(I_z - I_a)(\dot\chi - \dot\chi') + I_a(\dot\chi + \dot a - \dot\chi') = 0 \tag{11.18}$$

oder umgeformt

$$I_z(\dot\chi - \dot\chi') + I_a\dot a = 0 \tag{11.19}$$

An dieser Stelle wird es klar, daß bei der späteren quantenmechanischen Behandlung die Randbedingungen besonders zu beachten sind, da sich das $x'y'z'$-System in der beschriebenen Weise bewegt.

Man kann die Transformation (11.8) durch eine einfachere ersetzen

$$\Omega''_t = U \cdot \Omega_t \tag{11.20}$$

· mit

$$U = \begin{bmatrix} 1 & 0 & 0 & 0 \\ 0 & 1 & 0 & 0 \\ 0 & 0 & 1 & I_a/I_z \\ 0 & 0 & 0 & 1 \end{bmatrix} \tag{11.21}$$

Wendet man (11.20) auf (11.1a) an, so erhält man für die kinetische Energie

$$T = \tfrac{1}{2}\, \Omega''^{+}_t \cdot I''_t \cdot \Omega''_t \tag{11.22}$$

mit

$$\tfrac{1}{2} I''_t = \tfrac{1}{2} \begin{bmatrix} I_x & 0 & 0 & 0 \\ 0 & I_y & 0 & 0 \\ 0 & 0 & I_z & 0 \\ 0 & 0 & 0 & I_a - I_a^2/I_z \end{bmatrix} \tag{11.23}$$

Analog erhält man:

$$T = \tfrac{1}{2}\, \mathfrak{P}''^{+}_t \cdot I''^{-1}_t \cdot \mathfrak{P}''_t \tag{11.24}$$

---

[22]) Für eine zeitunabhängige Kontakttransformation erhält man die Hamiltonfunktion im neuen System einfach durch Anwenden der Transformation auf die Hamiltonfunktion im alten System (*3*).

In (11.22) und (11.24) treten keine Koppelglieder der Art $\omega_z'' \dot{\alpha}''$ bzw. $P_z'' p''$ auf. Eine Prüfung der Poissonklammern zeigt:

$$\{P_x'', P_y''\} = P_z'' \quad \text{zyklisch} \tag{11.25}$$

aber

$$\{P_x'', p''\} = \frac{I_a}{I_z} P_y'' \neq 0, \quad \{P_y'', p''\} = -\frac{I_a}{I_z} P_x'' \neq 0 \tag{11.26a—c}$$
$$\{P_z'', p''\} = 0$$

Die Form von (11.26a,b) die sich in der Quantenmechanik auf die Vertauschungsrelation überträgt, wird eine andere als die übliche Form der Matrixelemente zur Folge haben. Es ist aber zu beachten, daß (11.26c) (11.16) entspricht.

Vergleicht man die Transformationen (11.8) und (11.20) so kann man feststellen, daß ein sich im Molekül drehendes $x'y'z'$-Koordinatensystem Wechselwirkungsglieder der internen und Gesamtrotation beseitigt und für den neuen Drehimpulsvektor $\mathfrak{P}_t'$ die Form der Poissonklammern erhält. Führt man hingegen (11.20) aus, die ω_z'' aus ω_z und $\dot{\alpha}$ zusammensetzt, das Koordinatensystem $x''y''z''$ aber fest im Molekül läßt, so werden ebenfalls die Wechselwirkungsglieder beseitigt. Für die Komponenten des Drehimpulses $\mathfrak{P}_t''$ erwartet man dann in der Quantenmechanik eine besondere Behandlung.

Der Übergang zu einem Molekül mit dem Rotor in allgemeinster Lage ($\lambda_g \neq 0$) kompliziert das Verfahren sehr. Die wesentlichen Abänderungen gegenüber dem einfachen Spezialfall treten schon auf, wenn die Achse des internen Rotors in einer Hauptachsenebene liegt, das Molekül also eine Symmetrieebene besitzt. Ein λ_g ist dann gleich null, beispielsweise $\lambda_x = 0$, $\lambda_y \neq 0$, $\lambda_z \neq 0$. Zu diesem Fall liegen äquivalente Formulierungen von *Itoh* (4) und *Hecht* und *Dennison* (5) vor. Sie verallgemeinern die Überlegungen von (11.1) bis (11.19). In einer neueren Version verallgemeinert *Woods* (6) die Betrachtungen (11.20) bis (11.26). Beiden Verfahren ist gemeinsam, daß ein $x'''y'''z'''$-System mit seiner z'''-Achse in die Richtung $(0, \varrho_y, \varrho_z)$ im xyz-System gelegt wird. *Woods* verwendet ein $x''y''z''$-System, das gleich dem $x'''y'''z'''$-System ist und fest im Molekül ruht. In den beiden Systemen werden die Impulskomponenten unterschiedlich definiert. *Itoh, Hecht* und *Dennison* führen noch nachfolgend ein $x'y'z'$-System ein, dessen z'- mit der z'''-Achse übereinstimmt, das sich aber im Molekül dreht. Dadurch erreicht man, daß im $x'y'z'$-System die Form der Poissonklammern erhalten bleibt.

H. Dreizler

Spezialisiert man (3.10) bis (3.12) $(\lambda_x, \lambda_y, \lambda_z) = (0, \lambda_y, \lambda_z)$[23]), so wird der Tensor
für die kinetische Energie (11.1) im xyz-Hauptachsensystem

$$I_t = \begin{pmatrix} I_x & 0 & 0 & 0 \\ 0 & I_y & 0 & \lambda_y\, I_a \\ 0 & 0 & I_z & \lambda_z\, I_a \\ 0 & \lambda_y\, I_a & \lambda_z\, I_a & I_a \end{pmatrix} \tag{11.27}$$

Würde man jetzt zu einem Koordinatensystem übergehen, das seine z-Achse
in Richtung $(0, -\lambda_y, -\lambda_z)$ orientierte, so erhielte man die Formel (2) der kinetischen
Energie von *Hecht* und *Dennison* (5). Führt man hingegen das $x'''\,y'''\,z'''$-System ein
und transformiert

$$\Omega_t''' = U \cdot \Omega_t \tag{11.28}$$

mit

$$U = \begin{bmatrix} 1 & 0 & 0 & 0 \\ 0 & \varrho_z/\varrho & -\varrho_y/\varrho & 0 \\ 0 & \varrho_y/\varrho & \varrho_z/\varrho & 0 \\ 0 & 0 & 0 & 1 \end{bmatrix} \tag{11.29}$$

$$\Omega_t'''{}^{+} = (\omega_x''', \omega_y''', \omega_z''', \dot{\alpha}''') \tag{11.30a}$$

$$\varrho^2 = \varrho_y^2 + \varrho_z^2 \tag{11.30b}$$

so erhält man für den Tensor

$$\tfrac{1}{2} I_t''' = \tfrac{1}{2} \begin{bmatrix} I_x & 0 & 0 & 0 \\ 0 & (I_y\,\varrho_z^2 + I_z\,\varrho_y^2)/\varrho^2 & \varrho_y\,\varrho_z(I_y - I_z)/\varrho^2 & (\lambda_y\,\varrho_z - \lambda_z\,\varrho_y)\,I_a/\varrho \\ 0 & \varrho_y\,\varrho_z(I_y - I_z)/\varrho^2 & (I_y\,\varrho_y^2 + I_z\,\varrho_z^2)/\varrho^2 & (\lambda_y\,\varrho_y + \lambda_z\,\varrho_z)\,I_a/\varrho \\ 0 & (\lambda_y\,\varrho_z - \lambda_z\,\varrho_y)\,I_a/\varrho & (\lambda_y\,\varrho_y + \lambda_z\,\varrho_z)\,I_a/\varrho & I_a \end{bmatrix} \tag{11.31}$$

Wendet man auf (3.22) nach entsprechender Spezialisierung die zu (11.28)
kontragrediente Transformation

$$\mathfrak{P}_t''' = (U^{-1})^{+}\, \mathfrak{P}_t \tag{11.32}$$

an, so ist die kinetische Energie

$$T = \tfrac{1}{2}\, \mathfrak{P}_t'''{}^{+} \cdot I_t'''{}^{-1} \cdot \mathfrak{P}_t''' \tag{11.33}$$

---

[23]) Die Wahl der yz-Symmetrieebene wurde entsprechend *Hecht* und *Dennison*
getroffen.

128

mit

$$\tfrac{1}{2}\,I_t'''^{-1}=\tfrac{1}{2}\begin{bmatrix} 1/I_x & 0 & 0 & 0 \\[2ex] 0 & \dfrac{1}{\varrho^2}\left(\dfrac{\varrho_z^2}{I_y}+\dfrac{\varrho_y^2}{I_z}\right) & -\dfrac{\varrho_y\varrho_z}{\varrho^2}\left(\dfrac{1}{I_y}-\dfrac{1}{I_z}\right) & 0 \\[3ex] 0 & \dfrac{\varrho_y\,\varrho_z}{\varrho^2}\left(\dfrac{1}{I_y}-\dfrac{1}{I_z}\right) & \varrho^2\,F+\dfrac{1}{\varrho^2}\left(\dfrac{\varrho_y^2}{I_y}+\dfrac{\varrho_z^2}{I_z}\right) & -\varrho F \\[3ex] 0 & 0 & -\varrho F & F \end{bmatrix} \tag{11.34}$$

Die Komponenten von $\mathfrak{P}_t'''$ unterliegen Poissonklammern analog (3.18) bis (3.20). Bis auf die Koeffizienten von $P_x''' P_z'''$ gleicht (11.34) in seiner Struktur (11.3 b.) Die Transformation (11.32) auf das $x''' y''' z'''$-System war so gewählt worden, daß kein Term in $P_y''' p'''$ auftritt. Das Verschwinden des $P_y''' p'''$-Terms als Forderung führte *Hecht* und *Dennison* zu ihrer ersten Transformationsmatrix in (5). Wendet man jetzt auf (11.33) eine Transformation der Form (11.10)[24]) an, die also ein im Molekül drehendes Koordinatensystem einführt

$$\mathfrak{P}_t'=(S^{-1})^+\,\mathfrak{P}_t''' \tag{11.35}$$

mit

$$(S^{-1})^+=\begin{bmatrix} \cos\varrho\,\alpha & \sin\varrho\,\alpha & 0 & 0 \\[1.5ex] -\sin\varrho\,\alpha & \cos\varrho\,\alpha & 0 & 0 \\[1.5ex] 0 & 0 & 1 & 0 \\[1.5ex] 0 & 0 & -\varrho & 1 \end{bmatrix}, \tag{11.36}$$

so wird jetzt auch der $P_z'\,p'$-Term unterdrückt. Die Poissonklammern (11.15) und (11.16) bleiben in ihrer Form erhalten.

Ein Hamilton-Operator der seiner Struktur nach

$$H=\tfrac{1}{2}\,\mathfrak{P}_t'^+\cdot I_t'^{-1}\cdot\mathfrak{P}_t'+V(\alpha) \tag{11.37}$$

mit

$$I_t'^{-1}=S\,I_t'''^{-1}\,S^+ \tag{11.38}$$

gebildet wurde, dient *Hecht* und *Dennison* als Ausgangspunkt. Obwohl die Formulierung prinzipiell sehr befriedigend ist, hat sie wegen der komplizierten Form des Operators wenig Anwendung gefunden. Auch wenn alle $\lambda_g\neq 0$, lassen sich durch eine ähnliche Transformation alle Wechselwirkungsterme $P_g\,p$ beseitigen.

---

24) Es ist einfach $\varrho_z=1\cdot\dfrac{I_a}{I_z}$ durch ϱ ersetzt.

Um die Form der kinetischen Energie zu erhalten, die *Woods* (6) verwendet, hat man auf (11.33) eine α-unabhängige Transformation analog der kontragredienten zu (11.20) anzuwenden

$$\mathfrak{P}'_t = (U^{-1})^+\,\mathfrak{P}'' \tag{11.39}$$

mit

$$(U^{-1})^+ = \begin{bmatrix} 1 & 0 & 0 & 0 \\ 0 & 1 & 0 & 0 \\ 0 & 0 & 1 & 0 \\ 0 & 0 & -\varrho & 1 \end{bmatrix} \tag{11.40}$$

$$\mathfrak{P}''^+_t = (P''_x,\, P''_y,\, P''_z,\, p'') \tag{11.41}$$

und erhält für die kinetische Energie

$$T = \tfrac{1}{2}\,\mathfrak{P}''^+_t \cdot I''^{-1}_t \cdot \mathfrak{P}''_t \tag{11.42}$$

mit

$$\tfrac{1}{2}\,I''^{-1}_t = \tfrac{1}{2}\begin{bmatrix} 1/I_x & 0 & 0 & 0 \\ 0 & \dfrac{1}{\varrho^2}\left(\dfrac{\varrho_z^2}{I_y} + \dfrac{\varrho_y^2}{I_z}\right) & \dfrac{\varrho_y\varrho_z}{\varrho^2}\left(\dfrac{1}{I_y} - \dfrac{1}{I_z}\right) & 0 \\ 0 & \dfrac{\varrho_y\varrho_z}{\varrho^2}\left(\dfrac{1}{I_y} - \dfrac{1}{I_z}\right) & \dfrac{1}{\varrho^2}\left(\dfrac{\varrho_y^2}{I_y} + \dfrac{\varrho_z^2}{I_z}\right) & 0 \\ 0 & 0 & 0 & F \end{bmatrix} \tag{11.43}$$

Speziell ist zu beachten, daß

$$p'' = p''' - \varrho\,P''_z = p - \varrho_y\,P_y - \varrho_z\,P_z \tag{11.44}$$

Ein Vergleich mit (3.29) zeigt, daß man über (11.33) (11.42) erhält, wenn man nach Spezialisierung (3.29) auf das $x''y''z''$-System transformiert. Bei dieser Ableitung ist auch der allgemeinste Fall $\lambda_g \neq 0$ nicht viel komplizierter. Ich habe die Ableitungen ausführlicher dargestellt, um die Zusammenhänge und Unterschiede der verschiedenen Fälle zu zeigen.

Wesentlich für die Version von *Woods* ist noch, daß analog (11.26)

$$\{P''_x,\, p''\} \neq 0, \quad \{P''_y,\, p''\} \neq 0 \quad \text{aber} \quad \{P''_z,\, p''\} = 0 \tag{11.45 a—c}$$

Ein Hamiltonoperator, der seine Struktur (11.42) entnimmt, dient *Woods* als Ausgangsbasis. Wichtig wird auch die Poissonklammer (11.45c) sein, für die es eine entsprechende Vertauschungsrelation gibt.

Für die potentielle Energie kann man die Ansätze von (3.30) bis (3.33) bei Spezialisierung auf einen Rotor verwenden.

Mit der hier gegebenen klassischen Behandlung wird die quantenmechanische Behandlung von Molekülen mit relativ schweren Rotoren im Abschnitt 12 vorbereitet. CH_3OH oder CF_3CHO können als Beispiel dienen.

12. Quantenmechanische Behandlung für Moleküle mit einem Rotor bei einem an der internen Rotationsachse orientierten Koordinatensystem

Zunächst wird der Hamiltonoperator eines symmetrischen Moleküls mit einem symmetrischen Rotor behandelt. Wie im Abschnitt 8 gesagt wurde, gibt zwar das Rotationsspektrum eines solchen Moleküls keine Information über das Hinderungspotential, doch ist seine Behandlung theoretisch wichtig. Es wird ein günstiger Weg zur Bestimmung der Störsummen $W_{v\sigma}^{(n)}$ aus Abschnitt 8 gezeigt werden. Das ist im wesentlichen die „Bootstrap"-Methode von *Herschbach* (1). Die dann folgende Behandlung eines asymmetrischen Moleküls wird sich an die Version von *Woods* (2) halten.

Nach der Struktur von (11.11b) und (3.30), spezialisiert auf ein Molekül mit einem Rotor, hat der Hamiltonoperator eines symmetrischen Moleküls mit einem Rotor die Form:

$$H = \frac{\hbar^2}{2} \frac{1}{I_x} (P_x'^2 + P_y'^2) + \frac{\hbar^2}{2} \frac{1}{I_z} P_z'^2 \qquad (H_{RS}) \qquad (12.1)$$

$$+ F p'^2 + \frac{V_3}{2} (1 - \cos 3\alpha') \qquad (H_T)$$

wobei
$$p' = p - \frac{I_a}{I_z} P_z' = \frac{1}{i} \frac{\partial}{\partial \alpha} - \frac{I_a}{I_z} P_z' \qquad {}^{25)} \qquad (12.2)$$

und P_g' die Komponenten des Operators des Gesamtdrehimpulses sind. Die Eigenlösungen von (12.1) sind schon mit (6.2) und (7.22) bereitgestellt

$$(-1)^{\max K, M} \Theta_{JKM}(\vartheta') \, e^{iM\varphi'} \, e^{iK\chi'} \, e^{i\zeta'\alpha'} \, P(\alpha') \qquad (12.3)$$

---

[25]) $\hbar$ ist in F aufgenommen.

Die Randbedingungen sind noch zu präzisieren. Die Koordinaten wurden entsprechend (11.4) gewählt. Dreht man den Rumpf um $2\pi\,n_1$ und den Rotor um $2\pi\,n_2$, so muß die Eigenfunktion (12.3) den gleichen Wert haben.

$$\chi \to \chi + 2\pi\,n_1 \; ; \quad a \to a + 2\pi\,(n_2 - n_1)$$

haben zur Folge

$$\chi' \to \chi' + 2\pi\,n_1 + \frac{I_a}{I_z}\,2\pi\,(n_2 - n_1) \qquad a' \to a' + 2\pi\,(n_2 - n_1) \tag{12.4}$$

Es muß sein:

$$exp\left\{i2\pi\,(K/I_z)\,((I_z - I_a)\,n_1 + I_a\,n_2)\right\} \cdot exp\left\{i2\pi\,\zeta'\,(n_2 - n_1)\right\} = 1 \tag{12.5}$$

Die Forderung kann beispielsweise mit

$$\zeta' = - K\,I_a\,/\,I_z = - K\,\varrho_z \tag{12.6}$$

erfüllt werden[26]. Die Eigenwerte von (12.1) sind damit

$$W_{\zeta'\,v\sigma\,JKM} = \frac{\hbar^2}{2\,I_x}\,J(J+1) + \frac{\hbar^2}{2}\left(\frac{1}{I_z} - \frac{1}{I_x}\right)K^2 + E_{\zeta'\,v\sigma} \tag{12.7}$$

wobei ζ' nach (12.6) gewählt ist. $E_{K\,v\sigma}$ ist mit (7.24) und (7.17) zugänglich. K ersetzt nach (12.6) den Parameter ζ'. Setzt man den effektiven Operator (8.12) ergänzt durch $F\,W_{v\sigma}^{(o)} = E_{v\sigma}$ und durch Glieder mit $n > 2$ in den Eigenfunktionen des symmetrischen Kreisels an, so erhält man:

$$W_{v\sigma\,JKM} = \frac{\hbar^2}{2\,I_x}\,J(J+1) + \frac{\hbar^2}{2}\left(\frac{1}{I_z} - \frac{1}{I_x}\right)K^2 + F\sum_{n=o}^{\infty} W_{v\sigma}^{(n)}\,(\varrho_z\,K)^n \tag{12.8}$$

(12.8) kann als Potenzreihe in der Variablen

$$K\,\varrho_z = K\,I_a\,/\,I_z = - \Theta\,N\,/\,2\pi \tag{12.9}$$

---

[26] Für den allgemeineren Fall (11.37) ist in (12.6) ϱ_z durch ϱ zu ersetzen.

aufgefaßt werden. Die Koeffizienten, die Störsummen $W_{v\sigma}^{(n)}$, sind mit den Ableitungen

$$F\, W_{v\sigma}^{(n)} = \frac{(-1)^n}{n!} \left(\frac{2\pi}{N}\right)^n \frac{\partial^n}{\partial\Theta^n}\, W_{v\sigma JKM}\bigg|_{\Theta=0} \tag{12.10}$$

zu identifizieren. Da das Energietermschema unabhängig von der Koordinatenwahl ist, sind (12.7) und (12.8) gleich. Man erhält mit (7.24) und (7.17)

$$W_{v\sigma}^{(n)} = \frac{(-1)^n}{n!} \left(\frac{2\pi}{N}\right)^n \frac{N^2}{4} \frac{\partial^n}{\partial\Theta^n}\, b_{\zeta'\,v\sigma}\bigg|_{\Theta=0} =$$

$$\frac{(-1)^n}{n!} \left(\frac{2\pi}{N}\right)^n \frac{N^2}{4} \frac{\partial^n}{\partial\Theta^n} \sum_e^{\infty} \omega_e^{(v)} \cos e\,(\Theta - \Theta_0)\bigg|_{\Theta=0} \tag{12.11}$$

mit

$$\Theta_0 = -\frac{2\pi}{N}\,\sigma, \qquad \Theta = \frac{2\pi}{N}\,\zeta' = -\frac{2\pi}{N}\frac{K I_a}{I_z}$$

Mit (12.11) folgen sofort (8.13a—c). Es folgt weiterhin bei n gerade

$$\sum_\sigma W_{v\sigma}^{(n)}/N = \frac{(-1)^{3n/2}}{n!}\,(2\pi)^n\,\frac{N^2}{4}\left\{\omega_N^{(v)} + 2^n\,\omega_{2N}^{(v)} + \ldots\right\} \tag{12.12}$$

Da mit hohem s und kleinem v ω_N klein ist, und deshalb vernachlässigt werden kann, folgt (8.13d).

Da mit einer genügenden Anzahl von Eigenwerten $b_{v\sigma N}$ hinreichend viele Koeffizienten $\omega_e^{(v)}$ mit (7.17) berechnet werden können, sind die Störsummen $W_{v\sigma}^{(n)}$ auch numerisch auf diesem Wege zu erhalten.

Bei höherem reduzierten Potential s und kleiner Torsionsquantenzahl sind gute Näherungen bei $N=3$.

$$W_{v\sigma}^{(1)} = -\pi\,\tfrac{3}{2}\,\omega_1^{(v)}\sin\Theta_0 \qquad W_{v1}^{(1)} = \pi\,\tfrac{3}{2}\,\omega_1^{(v)}\,\frac{\sqrt{3}}{2}$$

$$W_{v\sigma}^{(2)} = -\frac{(2\pi)^2}{8}\,\omega_1^{(v)}\cos\Theta_0 \qquad W_{v1}^{(2)} = \frac{\pi^2}{4}\,\omega_1^{(v)} \tag{12.13a—c}$$

$$W_{v\sigma}^{(n)} = c\,\omega_1^{(v)} = \bar{c}\,(b_{v0} - b_{v1})$$

da in dieser Näherung

$$\omega_1^{(v)} = \tfrac{2}{3}\,(b_{v0} - b_{v1}) \tag{12.13d}$$

(12.13c) zeigt, daß alle Störsummen in gewisser Näherung proportional der Aufspaltung der Niveaus eines behinderten Rotors sind. Es folgt jetzt auch (8.19), da der Quotient $W_{v\sigma}^{(n)}/W_{v\sigma}^{(n')}$ näherungsweise eine Konstante ist, die keine Information über das Potential enthält.

Die „Bootstrap"-Methode läßt sich auch auf Moleküle mit zwei Rotoren erweitern (*3, 4*).

Abschließend soll ein asymmetrisches Molekül mit einem symmetrischen Rotor behandelt werden. Hier wird eine Symmetrieebene vorausgesetzt. Diese Einschränkung kann leicht aufgehoben werden. Die Ausführungen folgen im wesentlichen den Gedanken von *Woods* (*2*).

Es wird ausgegangen von einem Hamiltonoperator, der (11.42) die Struktur seines kinetischen Anteils entnimmt.

$$H = \frac{\hbar^2}{2 I_x} P_x''^2 + \frac{\hbar^2}{2\varrho^2}\left(\frac{\varrho_z^2}{I_y} + \frac{\varrho_y^2}{I_z}\right) P_y''^2 + \frac{\hbar^2}{2\varrho^2}\left(\frac{\varrho_y^2}{I_y} + \frac{\varrho_z^2}{I_z}\right) P_z''^2$$
$$+ \frac{\hbar^2 \varrho_y \varrho_z}{\varrho^2}\left(\frac{1}{I_y} - \frac{1}{I_z}\right)(P_x'' P_z'' + P_z'' P_x'') \qquad (H_R) \quad (12.14)$$
$$+ F p''^2 + V(a) \qquad\qquad\qquad\qquad\qquad\qquad (H_T)$$

Nach (11.39) ist $P_g'' = P_g'''$, $p'' = p''' - \varrho P_z'''$. Das $x''y''z''$-System, identisch mit dem $x'''y'''z'''$-System, ist mit seiner z''-Achse in Richtung $(0, \varrho_y, \varrho_z)$ im Hauptachsensystem xyz orientiert und liegt im Molekül fest. *Woods* wählt für die beiden Teiloperatoren verschiedene Koordinatensysteme und Systeme von Basisfunktionen, um die Matrizen der Teiloperatoren möglichst einfach zu erzeugen. Dann werden die Matrizen der Teiloperatoren auf ein gemeinsames System, hier das Hauptachsensystem xyz transformiert und zur Matrix von H zusammengesetzt. Darauf folgt nach einigen nützlichen, aber nicht unbedingt notwendigen Transformationen eine numerische Diagonalisierung der Matrix von H.

In Analogie zu der Poissonklammer (11.45c) kann man feststellen, daß im $x''y''z''$-System H_T und P_z'' vertauschbar sind. P^2 und P_z sind weitere Glieder des Satzes vertauschbarer Operatoren. Im Hauptachsensystem xyz sind hingegen H_T und P_z nicht vertauschbar. Eine geeignete Funktionsbasis für den Anteil H_T ist deshalb

$$\psi_{JKM}^{\times} (\varphi, \vartheta, \chi) \cdot P_{Kv\sigma}(a) \qquad\qquad (12.15\,\text{a})$$

aus Funktionen (6.2) und einem Anteil von (7.22). In anderer Schreibweise ist (12.15a)

$$\langle \varphi, \vartheta, \chi, a \mid JKM\,v\sigma\,(z''\,Z)\rangle, \qquad\qquad (12.15\,\text{b})$$

wobei die Quantisierungsachse z'' der symmetrischen Kreiselfunktion und eine raumfeste Z-Achse hervorgehoben sind. (12.15) ist sogar Eigenbasis von H_T, da die $P_{Kv\sigma}(\alpha)$ Eigenlösungen von

$$\left\{F\,(p''' - \varrho\,P_z''')^2 + \frac{V_3}{2}\,(1 - \cos 3\,\alpha)\right\}\psi_{JKM}^{\times}\,(\varphi,\,\vartheta,\,\chi)\,P_{Kv\sigma}(\alpha)$$

$$=\left\{-F\left(\frac{\partial}{\sigma\alpha} - i\,\varrho\,K\right)^2 + \frac{V_3}{2}\,(1 - \cos 3\,\alpha)\right\}\psi_{JKM}^{\times}\,(\varphi,\,\vartheta,\,\chi)\,P_{Kv\sigma}(\alpha) \qquad (12.16)$$

$$= E_{Kv\sigma}\,\psi_{JKM}^{\times}\,(\varphi,\,\vartheta,\,\chi)\,P_{Kv\sigma}(\alpha)$$

Diese Eigenwertgleichung ist gleich (7.21) wenn man dort

$$\zeta' = -\varrho\,K \qquad (12.17)$$

setzt und auch K anstelle ζ' zur Indizierung benutzt. (12.17) wäre die Folge von Periodizitätsbedingungen an die Gesamteigenfunktion, wenn man einen Operator der Struktur von (11.37) verwendete. Ein Vergleich der Transformation (11.35), (11.36), in der ϱ anstelle I_a/I_z in der Transformation (11.10) steht, zeigt, daß (12.6) durch (12.17) zu ersetzen wäre. Das Problem der nicht-periodischen Lösungen der Gleichung des behinderten Rotors wird bei dieser Version umgangen. Die Eigenwertgleichung (12.16) berücksichtigt sie schon mit dem Glied in $\varrho\,K$. Die Eigenfunktionen werden im folgenden nicht explizit benötigt. Die Eigenwerte $E_{Kv\sigma}$ stehen mit (7.17) zur Verfügung.

$$E_{Kv\sigma} = F \cdot b_{Kv\sigma} = F \cdot \sum_{e=o}^{\infty} \omega\,{}_e^{(v)}\,(s)\,\cos e\,\frac{2\pi}{3}\,(\varrho\,K - \sigma) \qquad (12.18)$$

Der Randwertparameter ζ' ist nach (12.6) durch K ersetzt.

Bei der Transformation der diagonalen Matrix von H_T vom $x''y''z''$-System auf das Hauptachsensystem xyz werden die Drehmatrizen $D_{K'K}^{*(J)}(\alpha\,\beta\,\gamma)$ des Drehoperators

$$D\,(\alpha\,\beta\,\gamma) = e^{-i\,\alpha\,P_{z''}}\,e^{-i\,\beta P_{y''}}\,e^{-i\,\gamma\,P_{z''}} \qquad (12.19)$$

verwendet werden.

$$D_{K'K}^{*(J)}\,(\alpha\beta\gamma) = \langle J\,K'\,M\,(z''Z)|\,D^*\,(\alpha\beta\gamma)\,|\,J\,K\,M\,(z''Z)\rangle$$

$$= \langle J\,K'\,M\,(z''Z)|\,J\,K\,M\,(zZ)\rangle \qquad (12.20)$$

α, β, γ sind Eulersche Winkel, die die gegenseitige Lage der beiden molekülfesten Systeme $x''y''z''$ und xyz beschreiben[27]). In der auf das Hauptachsensystem bezogenen Basis

$$|\,J\,K\,M\,v\,\sigma\,(zZ)\rangle = D^*\,(\alpha\beta\gamma)\,|\,J\,K\,M\,v\,\sigma\,(z''Z)\rangle, \qquad (12.21)$$

---

[27]) Bei *Woods* ist die Wahl entsprechend *Messiah* (5), p. 524, getroffen.

H. Dreizler

die keine Eigenbasis von H_T ist, sind die Matrixelemente von H_T

$$\langle J\,K''\,M\,v_2\,\sigma(zZ)|H_T|J\,K'\,M\,v_1\,\sigma(zZ)\rangle \tag{12.22}$$

$$=\sum_{Kv} D_{KK''}^{(J)}(\alpha\,\beta\,\gamma)\,D_{KK'}^{*(J)}(\alpha\,\beta\,\gamma)\int_0^{2\pi} P_{K''v_2\sigma}^{*}\,P_{Kv\sigma}\,d\,\alpha\int_0^{2\pi} P_{Kv\sigma}^{*}\,P_{K'v_1\sigma}\,d\,\alpha\cdot E_{Kv\sigma}$$

analog erhält man für H_R

$$\langle J\,K''\,M\,v_2\,\sigma(z\,Z)|H_R|J\,K'\,M\,v_1\,\sigma(zZ)\rangle$$

$$=\int_0^{2\pi} P_{K''v_2\sigma}^{*}\,P_{K'v_1\sigma}\,d\,\alpha\cdot\langle J\,K''\,M\,(zZ)|H_R|J\,K'\,M\,(zZ)\rangle \tag{12.23}$$

$$=\int_0^{2\pi} P_{K''v_2\sigma}^{*}\,P_{K'v_1\sigma}\,d\alpha\sum_{\overline{K},K} D_{\overline{K}K''}^{(J)}(\alpha\,\beta\,\gamma)\,D_{\overline{K}K'}^{*(J)}(\alpha\,\beta\,\gamma)\langle J\,\overline{K}\,M\,(z''Z)|H_R|J\,K\,M\,(z''Z)\rangle$$

Mit (12.22) und (12.23) hat man ohne Näherung die Elemente von H im Hauptachsensystem. (12.23) hat nur formale Bedeutung, da für H_R (12.21) eine geeignete Basis ist. Praktisch braucht man nur H_R in den Eigenfunktionen $\psi_{JKM}^{\times}$ des symmetrischen Kreisels im Hauptachsensystem anzusetzen und mit den Integralen über die $P_{Kv\sigma}(\alpha)$ zu multiplizieren. (12.22) und (12.23) ist diagonal in $J\,M\,\sigma$, nicht diagonal in $K\,v$. Die erste berechtigte Näherung ist, die in v außerdiagonalen Elemente zu vernachlässigen, wenn das Potential genügend hoch ist. Dies liegt nahe, da:

$$\lim_{s\to\infty}\int_0^{2\pi} P_{K'v'\sigma}\,P_{Kv\sigma}\,d\,\alpha=\delta_{v'v} \tag{12.24}$$

Es bleibt eine in K nicht diagonale Matrix für jedes $J\,M\,v\,\sigma$ vom Rang $2\,J+1$ mit den Elementen

$$\langle J\,K''\,M\,v\,\sigma(z\,Z)|H_T+H_R|J\,K'\,M\,v\,\sigma(z\,Z)\rangle$$

$$=\sum_K D_{KK''}^{(J)}(\alpha\beta\gamma)\,D_{KK'}^{*(J)}(\alpha\beta\gamma)\{\int_0^{2\pi} P_{K''v\sigma}^{*}\,P_{Kv\sigma}\,d\alpha\int_0^{2\pi} P_{Kv\sigma}^{*}\,P_{K'v\sigma}\,d\alpha\cdot E_{Kv\sigma}\} \tag{12.25}$$

$$+\int_0^{2\pi} P_{K''v\sigma}^{*}\,P_{K'v\sigma}\,d\alpha\,\langle J\,K''M(zZ)|H_R|J\,K'M)(zZ)\rangle$$

Woods (2) setzt die Integrale in (12.25) gleich 1. *Coffey* und *Boggs* (6) verwenden Näherungen, die *Hecht* und *Dennison* (7) gegeben haben. Bei hohem Potential kann auch noch (12.18) durch

$$E_{Kv\sigma}=F\,\omega_1^{(v)}\cos\frac{2\pi}{3}(\varrho\,K-\sigma) \tag{12.26}$$

angenähert werden. Der für die Rotationsspektroskopie uninteressante Term $F\,\omega_0^{(v)}$ der nicht von K abhängt, wurde dabei wie die höheren Glieder in (12.18) vernachlässigt. *Coffey* und *Boggs* diagonalisieren die Matrix mit den Elementen (12.25). *Woods* transformiert zuvor noch die durch den Wegfall der Integrale vereinfachte Matrix in die Basis der Wang'schen Funktionen (6.5) und in die Basis der Eigenfunktionen des asymmetrischen Kreisels. Er erreicht damit erheblich kürzere Rechenzeiten.

136

Es leuchtet ein, daß diese Methode sich auch auf Moleküle mit mehreren Rotoren übertragen läßt. Man wählt dann für jeden Rotor eine eigene Ausgangsbasis (12.15) (2).

Das Verfahren ist durch die erwähnten Näherungen im Torsionsgrundzustand $v = 0$ auf die Werte des reduzierten Potentials $s > 20$ beschränkt. Im Gegensatz zu PAM (Abschnitt 8) hat die Größe $K \, I_a/I_z$ keinen Einfluß auf die Näherung. Das Verfahren verspricht vielfältige Anwendungsmöglichkeiten.

Mit den hier gezeigten Zusammenhängen lassen sich Moleküle mit einem relativ zum Trägheitsmoment des Gesamtmoleküls großen Trägheitsmoment des Rotors behandeln. Die gegenüber Abschnitt 8 andere Behandlung des Modells ist nützlich, da sie die Begrenzung der dortigen Näherung überwindet und Moleküle, wie etwa Fluoral CF_3CHO, einer Analyse zugänglich macht.

13. Asymmetrische Moleküle mit einem asymmetrischen internen Rotor

In diesem Abschnitt werden asymmetrische Moleküle mit einem asymmetrischen starren internen Rotor an einem starren asymmetrischen Rumpf behandelt. Die Darstellung folgt etwa der Arbeit von *Quade* und *Lin*. Im Gegensatz zu Abschnitt 3 wird jetzt der Trägheitstensor des gesamten Moleküls von der Drehlage des Rotors abhängig. Die Verallgemeinerung auf den Fall mehrerer interner Rotoren ist möglich, aber noch nicht publiziert.

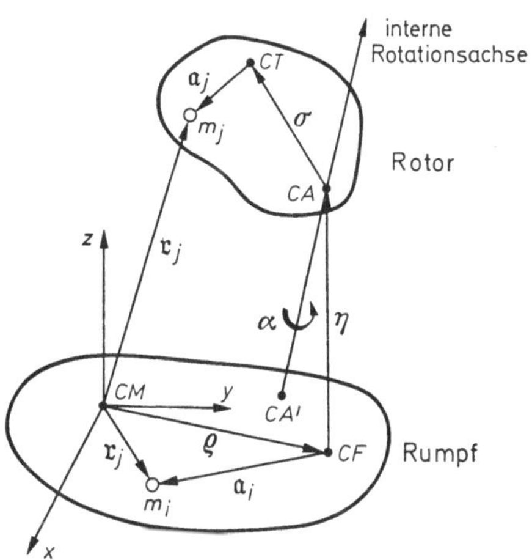

Abb. 13.1. Zur Definition der bei der Ableitung des Drehimpulses und der kinetischen Energie verwendeten Größen

Das Modell nach Abb. 13.1 sei wie folgt beschrieben. Der Rumpf und der Rotor sind beliebige, aber starre Atomgruppierungen mit den Massen M_F und M_T, mit festen Schwerpunkten CF und CT und festen Punkten CA' und CA, welche die interne Rotationsachse festlegen aber nicht notwendig Atome repräsentieren. Die interne Rotationsachse ist also nicht notwendig eine Bindungsachse. Die beiden Schwerpunkte CF und CT und der Torsionswinkel α bestimmen die Lage des Molekülschwerpunkts. Bei einer internen Rotation bewegt sich also CM und mit ihm ein xyz-System. Seine z-Achse sei stets parallel zu CA'—CA, seine y-Achse weise stets parallel zu einer Senkrechten auf CA'—CA, die in der Gleichgewichtslage des Rotors in der Ebene CA'—CA—CT enthalten ist[28]). Die x-Achse sei senkrecht zu den beiden anderen Achsen. Bei einer internen Rotation verschiebt sich also bei festgehaltenem Rumpf das xyz-System nur parallel. Die Bedeutung der Vektoren η; ϱ, σ, $\mathfrak{a}_i$, $\mathfrak{r}_i$, $\mathfrak{a}_j$, $\mathfrak{r}_j$ ist der Abb. 13.1 zu entnehmen. Nur η und $\mathfrak{a}_i$ sind von α unabhängig. Die übrigen Größen Ω und $\dot\alpha$ sind entsprechend den Abschnitten 2 und 3 gewählt.

Es gilt wiederum für den Rumpf:

$$\frac{d\mathfrak{R}_i}{dt} = (\Omega \times \mathfrak{r}_i) + \dot\varrho \tag{13.1}$$

für den Rotor:

$$\frac{d\mathfrak{R}_j}{dt} = (\Omega \times \mathfrak{r}_j) + \dot\varrho + \dot\sigma + \dot{\mathfrak{a}}_j \tag{13.2}$$

Die Schwerpunktsbedingung für das Molekül lautet:

$$M_F\,\varrho + M_T(\varrho + \eta + \sigma) = 0 \tag{13.3}$$

Hieraus folgt mit der Molekülmasse $M = M_F + M_T$ $\hspace{2cm}$ (13.4)

$$\varrho = -\frac{M_T}{M}\,(\eta + \sigma) \tag{13.5}$$

$$\dot\varrho = -\frac{M_T}{M}\,\dot\sigma \tag{13.6}$$

Die Schwerpunktsbedingungen für den Rumpf und Rotor sind:

$$\sum m_i\,\mathfrak{a}_i = 0 \qquad \sum m_j\,\mathfrak{a}_j = 0 \tag{13.7}$$

---

[28]) Allgemeinere Definition als in (1).

Mikrowellenspektroskopische Bestimmung von Rotationsbarrieren freier Moleküle

Der klassische Drehimpuls $\mathfrak{P}$ ist mit einem Ansatz analog (3.4) unter Berücksichtigung von (13.1) bis (13.7) und $\mu = M_T M_F / M$

$$\mathfrak{P} = I(a) \cdot \Omega + \mu \{(\eta \times \dot\sigma) + (\sigma \times \dot\sigma)\} + \sum_j m_j (\mathfrak{a}_j \times \dot{\mathfrak{a}}_j) \tag{13.8}$$

wobei der Trägheitstensor $I(a)$ vom Torsionswinkel a abhängt und nicht die Hauptachsenform (3.7) hat.

Die klassische kinetische Energie T ist mit einem Ansatz analog (3.8) unter Berücksichtigung von (13.1) bis (13.8).

$$T = \tfrac{1}{2} \{\Omega^+ \cdot I(a) \cdot \Omega + \mu \dot\sigma^2 + \sum_j m_j \dot{\mathfrak{a}}_j^2 \tag{13.9}$$

$$+ 2\mu \dot\sigma (\Omega \times \eta) + 2\mu \dot\sigma (\Omega \times \sigma) + 2 \sum_j m_j \dot{\mathfrak{a}}_j (\Omega \times \mathfrak{a}_j)\}$$

mit

$$\dot\sigma = \dot{a}(-\sigma_y\, i + \sigma_x\, j) \tag{13.10}$$

$$\dot{\mathfrak{a}}_j = \dot{a}(-(\mathfrak{a}_j)_y\, i + (\mathfrak{a}_j)_x\, j) \tag{13.11}$$

und teilweisem Übergang zu den Vektorkomponenten folgt:

$$T = \tfrac{1}{2} \{\Omega^+ \cdot I(a) \cdot \Omega + (\mu\, \sigma_\perp^2 + (I_{CT})_{zz})\, \dot{a}^2$$

$$- 2[\mu\, \sigma_x (\eta_z + \sigma_z) + (I_{CT})_{xz}]\, \dot{a}\, \omega_x$$

$$- 2[\mu\, \sigma_y (\eta_z + \sigma_z) + (I_{CT})_{yz}]\, \dot{a}\, \omega_y \tag{13.12}$$

$$+ 2[\mu\, (\sigma_\perp^2 + \sigma_x\, \eta_x + \sigma_y\, \eta_y) + (I_{CT})_{zz}]\, \dot{a}\, \omega_z\}$$

Mit $\sigma_\perp^2 = \sigma_x^2 + \sigma_y^2$ und den Trägheitsmomenten $(I_{CT})_{gg'}$ des Rotors bezogen auf den Rotorschwerpunkt CT. In (13.12) ist neben dem Trägheitstensor $I(a)$ noch eine Abhängigkeit vom Torsionswinkel a implizit durch σ_g und $(I_{CT})_{gg'}$ $g, g' = x, y$ gegeben. σ_z und $(I_{CT})_{zz}$ sind unabhängig von a [29]).

Nach Abb. 13.2 folgt:

$$\sigma_x = -\sigma_\perp \sin a \qquad \sigma_y = \sigma_\perp \cos a \tag{13.13}$$

und

$$(\mathfrak{a}_j)_x = (\mathfrak{a}_j)_x^e \cos a - (\mathfrak{a}_j)_y^e \sin a$$

$$\tag{13.14}$$

$$(\mathfrak{a}_j)_y = (\mathfrak{a}_j)_x^e \sin a + (\mathfrak{a}_j)_y^e \cos a$$

---

[29]) Gleichung (13.9) ist identisch mit Gleichung (6) aus (1), aber Gleichung (13.12) ist unterschiedlich von Gleichung (7) aus (1), selbst wenn man die dortige Spezialisierung auf einen ebenen Rumpf mit $\eta_x = 0$ berücksichtigt.

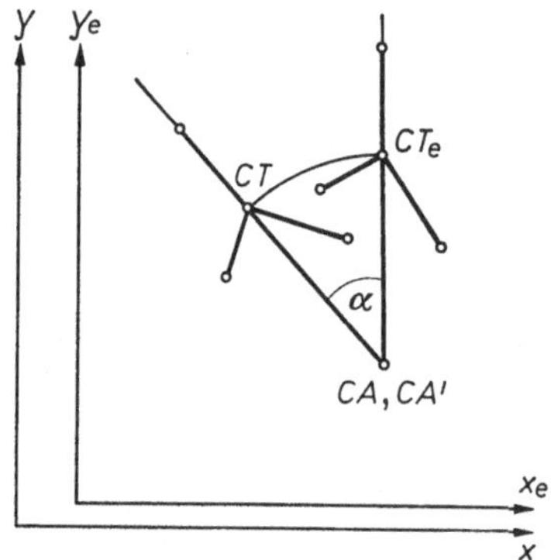

Abb. 13.2. Projektion des Rotors auf eine Ebene senkrecht zur z-Achse. e Gleichgewichtslage. Die Parallelverschiebung des xyz-Systems mit der internen Rotation ist angedeutet

wobei $(\mathfrak{a}_j)_g^e$ die Komponenten von $\mathfrak{a}_j$ in der Gleichgewichtslage sind. Damit ergibt sich für die kinetische Energie

$$
\begin{aligned}
T = \tfrac{1}{2}\{ &\Omega^+ \cdot I(a) \cdot \Omega + I_z' \dot{a}^2 \\
&+ 2[I_y' \sin a - I_x' \cos a]\, \dot{a}\, \omega_x \\
&+ 2[-I_y' \cos a - I_x' \sin a]\, \dot{a}\, \omega_y \\
&+ 2[I_z'(1 - \eta' \sin a + \eta \cos a]\, \dot{a}\, \omega_z \}
\end{aligned}
\tag{13.15}
$$

Mit den Abkürzungen für a-unabhängige Größen

$$
\begin{aligned}
I_x' &= (I_{CT})_{xz}^e & \eta' &= \mu\, \eta_x\, \sigma_\perp / I_z^e \\
I_y' &= \mu\, \sigma_\perp (\eta_z + \sigma_z) + (I_{CT})_{yz}^e & \eta &= \mu\, \eta_y\, \sigma_\perp / I_z^e \\
I_z' &= \mu\, \sigma_\perp^2 + (I_{CT})_{zz}^e
\end{aligned}
\tag{13.16 a—e}
$$

e bezeichnet wieder die Gleichgewichtslage.

In tensorieller Schreibweise wird (13.15)

$$
T = \tfrac{1}{2}\, \Omega_t^+ \cdot I(a)_t \cdot \Omega_t
$$

wobei

$$
\Omega_t^+ = (\omega_x, \omega_y, \omega_z, \dot{a})
\tag{13.17}
$$

und

$$
I_t(a) =
\begin{bmatrix}
I_{xx}(a) & -I_{xy}(a) & -I_{xz}(a) & \mathfrak{X} \\
-I_{yx}(a) & I_{yy}(a) & -I_{yz}(a) & \mathfrak{Y} \\
-I_{zx}(a) & -I_{zy}(a) & I_{zz}(a) & \mathfrak{Z} \\
\mathfrak{X} & \mathfrak{Y} & \mathfrak{Z} & I_z'
\end{bmatrix}
\tag{13.18}
$$

$$\mathfrak{X} = I'_y \sin a - I'_x \cos a$$
$$\mathfrak{Y} = -I'_y \cos a - I'_x \sin a \qquad (13.19)$$
$$\mathfrak{Z} = I'_z (1 - \eta' \sin a + \eta \cos a)$$

Der verallgemeinerte Impulsvektor $\mathfrak{P}_t$ ist jetzt

$$\mathfrak{P}_t^+ = (\partial T / \partial \omega_x,\ \partial T / \partial \omega_y,\ \partial T / \partial \omega_z,\ \partial T / \partial \dot{a}) \qquad (13.20)$$

Man erhält $\qquad\qquad \mathfrak{P}_t = I\,(a)_t \cdot \Omega_t \qquad\qquad (13.21)$

Ein Vergleich mit (13.8) unter Benutzung von (13.10), (13.11), (13.13), (13.14) und (13.16) zeigt wiederum, daß die drei ersten Komponenten $\partial T / \partial \omega_g$ von $\mathfrak{P}'_t$ identisch mit den Komponenten P_g des Gesamtdrehimpulses $\mathfrak{P}$ sind. Diese Tatsache und die Unabhängigkeit von $p = \left(\dfrac{\partial T}{\partial \dot{a}} \right) \varphi, \vartheta, \chi$ von der Lage des xyz-Systems genügen, um die Betrachtungen über die Poissonklammern aus Abschnitt 3 auf diesen Molekültyp zu übertragen.

Es wird darauf verzichtet, die Abhängigkeit von $I_{gg'}(a)$ von a explizit zu entwickeln, da sie für jedes Molekül individuell ist. *Quade* und *Lin* geben ein Beispiel.

Mit (13.20) und (13.21) läßt sich die kinetische Energie in Impulsen formulieren:

$$T = \tfrac{1}{2}\, \mathfrak{P}_t^+ \cdot (I\,(a)_t)^{-1} \cdot \mathfrak{P}_t \qquad (13.22)$$

(13.22) kann mit *Quade* und *Lin* formal vereinfacht werden, wenn man folgende Umordnung[30]) anwendet.

$$\mathfrak{P}'_t = \begin{bmatrix} P'_x \\ P'_y \\ P'_z \\ p \end{bmatrix} = \begin{bmatrix} 1 & 0 & 0 & -\mathfrak{X} \\ 0 & 1 & 0 & -\mathfrak{Y} \\ 0 & 0 & 1 & -\mathfrak{Z} \\ 0 & 0 & 0 & I'_z \end{bmatrix} \begin{bmatrix} P_x \\ P_y \\ P_z \\ p \end{bmatrix} \qquad (13.23)$$

Damit wird

$$T = \tfrac{1}{2}\, \mathfrak{P}'^+_t \cdot (I'\,(a)_t)^{-1} \cdot \mathfrak{P}'_t \qquad (13.24)$$

---

[30]) Mit dieser Umordnung gewinnt man eine Formulierung der klassischen kinetischen Energie, für die *Wilson*, *Decius* und *Cross* (2) den quantenmechanischen Operator schon angegeben haben (Abschnitt 4).

mit

$$I'(a) =$$

$$\begin{bmatrix}
I_{xx}(a) - \mathfrak{X}^2/I_z' & -I_{xy}(a) - \mathfrak{X}\mathfrak{Y}/I_z' & -I_{xz}(a) - \mathfrak{X}\mathfrak{Z}/I_z' & 0 \\
-I_{yx}(a) - \mathfrak{Y}\mathfrak{X}/I_z' & I_{yy}(a) - \mathfrak{Y}^2/I_z' & -I_{yz}(a) - \mathfrak{Y}\mathfrak{Z}/I_z' & 0 \\
-I_{zx}(a) - \mathfrak{Z}\mathfrak{X}/I_z' & -I_{zy}(a) - \mathfrak{Z}\mathfrak{Y}/I_z' & I_{zz}(a) - \mathfrak{Z}^2/I_z' & 0 \\
0 & 0 & 0 & I_z'
\end{bmatrix}$$

$$(13.25)$$

Im Tensor wurde eine Separation erreicht. Da aber *Quade* und *Lin* bei weiteren Rechnungen

$$\mathfrak{P}_t' = (P_x - \mathfrak{X}p, \ P_y - \mathfrak{Y}p, \ P_z - \mathfrak{Z}p, \ p) \tag{13.26}$$

wieder aufspalten, habe ich für (13.22) die Bezeichnung Transformation vermieden. Es verschwinden also keineswegs gemischte Glieder $P_g p$. (13.23) ist übrigens keine Kontakttransformation, was sich durch Anwenden von Poissonklammern auf die Komponenten von $\mathfrak{P}_t'$ zeigen läßt.

Die komplizierten Ausdrücke für Moleküle mit asymmetrischen Rotoren gebieten, nach einfacheren Spezialfällen zu suchen. Eine Betrachtung von (13.15) bringt folgende Fälle.

I. Der Rumpf besitzt eine Symmetrieebene in der auch das Rotoratom CA liegt. a) Gleichgewichtslage des Rotors senkrecht zur Symmetrieebene: $\eta_y = 0 \rightarrow \eta = 0$. b) Gleichgewichtslage des Rotors parallel zur Symmetrieebene: $\eta_x = 0 \rightarrow \eta' = 0$

II. Der Rumpf besitzt um die interne Rotationsachse C_2-Symmetrie. Dann liegt CF auf der internen Rotationsachse: $\eta_x = 0$, $\eta_y = 0 \rightarrow \eta' = 0$, $\eta = 0$.

III. Der Rotor besitzt eine Symmetrieebene: $I_x' = (I_{CT})_{xy}^e = 0$.

IV. Der Rotor besitzt um die interne Rotationsachse C_2-Symmetrie. Dann liegt CT auf der internen Rotationsachse: $\sigma_x = 0$, $\sigma_y = 0 \rightarrow \sigma_\perp = 0$, $I_x' = 0$, $I_y' = 0$, $I_z' = (I_{CT})_{zz}^e$, $\eta' = 0$, $\eta = 0$.

Der letzte ist der einfachste Fall. Er wird leider selten realisiert sein.

Für die potentielle Energie wählt man den Ansatz einer eindimensionalen Fourierreihe. Bestimmungsstücke der Analyse sind die Koeffizienten der Reihe, von denen aber meist nur die ersten bestimmbar sind.

$$V(a) = \tfrac{1}{2} \sum_N V_N (1 - \cos Na) + \tfrac{1}{2} \sum_N \bar{V}_N (1 + \sin Na) \tag{13.27}$$

Da bei $a = 0$ ein Potentialminimum sein soll, existiert die Nebenbedingung $\sum_N N \bar{V}_N = 0$, mit der ein Parameter eliminiert werden kann. Für spezielle Fälle vereinfacht sich der Ansatz:

II. oder IV. Bei $V(a) = V(a + \pi)$ bleiben nur Glieder mit geradem N.

$$V(a) = \tfrac{1}{2} \sum_N V_{2N} (1 - \cos 2Na) + \tfrac{1}{2} \sum_N \bar{V}_{2N} (1 + \sin 2Na) \tag{13.28}$$

I. und IV. oder II. und III. Bei $V(a) = V(a+\pi)$ und $V(a) = V(-a)$ bleiben nur gerade Glieder mit geradem N

$$V(a) = \tfrac{1}{2} \sum_N V_{2N} (1 - \cos 2Na) \qquad (13.29)$$

Ein weiterer wichtiger Fall tritt auf, wenn ein N-zähliger symmetrischer Rotor (CH_3-Gruppe) durch Isotopierung asymmetrisch wird (CH_2D-Gruppe). Dann gilt allgemein

$$V(a) = \tfrac{1}{2} \sum_N V_N (1 - \cos Na) + \tfrac{1}{2} \sum \bar{V}_N (1 + \sin Na) \qquad (13.30)$$

Wenn der Rumpf zusätzlich eine Symmetrieebene besitzt, sind alle $\bar{V}_N = 0$.

Der Arbeit von *Quade* und *Lin* ging über den gleichen Molekültyp eine Arbeit von *Burkhard* und *Irvin* (*3*) voraus, die ein anderes *xyz*-System verwendet. Die gewonnenen Ausdrücke sind noch komplizierter. Auf der Basis dieser Arbeit ist eine Spektrumsanalyse meines Wissens nicht publiziert worden.*

Besteht das Molekül aus zwei gleichen asymmetrischen Teilen, die gegeneinander rotieren, so kann man sich an die Behandlungsweise halten, die *Hunt, Leacock, Peters* und *Hecht* (*4*) für H_2O_2 wählten.

14. Quantenmechanische Behandlung asymmetrischer Moleküle mit einem asymmetrischen Rotor

Im folgenden Abschnitt soll die quantenmechanische Behandlung für asymmetrische Moleküle mit einem asymmetrischen Rotor skizziert werden (*1*). Die Darstellung zeigt nur einen allgemeinen Weg, da sich bei den bisher durchgeführten Untersuchungen noch kein allgemeines Verfahren herausgebildet hat.

Bei der Aufstellung des Hamiltonoperators hat man unbedingt die Bemerkungen des Abschnitts 4 zu berücksichtigen. Die allgemeine Struktur des Operators entnimmt man der klassischen kinetischen und potentiellen Energie. Die Koeffizienten der Drehimpulsglieder $P_g P_{g'}$ und $P_g p$ sind jetzt Funktionen des Torsionswinkels. Zweckmäßig entwickelt man diese Koeffizienten in Reihen von $\cos na$ und $\sin na$ und bricht die Entwicklung an geeigneter Stelle ab.

Im Operator lassen sich formal Teile zusammenfassen, die dem Operator eines starren symmetrischen Kreisels mit konstanten Koeffizienten und dem Operator eines behinderten Rotors mit konstanten Koeffizienten gleichen. Die Eigenfunktionen dieser Teile nimmt man möglichst mit einer geeigneten Symmetrisierung als Basis für die Darstellung der

---

* Anmerkung bei der Korrektur:
Quade hat die Formulierung der Theorie weitergeführt (*3a*).

Matrix des Gesamtoperators. Meist ist das eine umfangreiche Aufgabe. Man kann auch versuchen, analog zu den Verfahren in Abschnitt 11 und 12 durch geeignete Transformationen den Operator zu vereinfachen, um damit zu einfacheren Matrizen zu gelangen (2). Die Matrizen werden dann durch Störungsrechnung oder numerische Verfahren diagonalisiert.

Einen ersten Hinweis über die Struktur des Energietermschemas kann man über die Symmetrie des Operatorteils für die behinderte Rotation erhalten. Beim CH_2DCHO beispielsweise (1) ist das Potential im Rahmen der Näherung immer noch dreizählig. Die unsymmetrische Methylgruppe CH_2D zerstört diese Symmetrie. Der Operator ist nur noch invariant gegen die Gruppe C_{1h}: $(E), (\sigma)$ mit σ: $\alpha \rightarrow -\alpha$. Diese Gruppe läßt keine Entartung zu, was bedeutet, daß die Niveaus $\sigma = \pm 1$ (Abschnitt 7), die der E-Spezies der Gruppe C_{3v} zugehören, aufspalten müssen. Die Korrelation der Gruppe C_{3v} und C_{1h} zeigt dies.

C_{3v}	C_{1h}
A_1	A'
A_2	A''
E	$A' \oplus A''$

Es existieren also drei verschiedene Subniveaus zu einem v in einem dreizähligen Potential. Da (12.13c) in der Grenze des symmetrischen Rotors richtig ist, wird man erwarten, daß es auch drei unterschiedliche Torsions-Rotationstermschemata gibt und damit wenigstens drei unterschiedliche Rotationsspektren, wenn nur Übergänge in einem Torsions-Rotationstermschema erlaubt sind. Das Spektrum von CH_2DCHO (1) zeigt diese Struktur.

Die klassische und die angedeutete quantenmechanische Behandlung des asymmetrischen Moleküls mit einem asymmetrischen Rotor zeigt, welchen Aufwand die Analyse der Rotationsspektren dieser Molekülklasse erfordert. Die Anwendung der Bestimmungsmethoden von Hinderungspotentialen ist hier erst am Anfang.

15. Einige Ergebnisse

In diesem Abschnitt sollen einige wenige Ergebnisse gebracht werden. Eine umfassende Zusammenstellung aller mit Hilfe der Mikrowellenspektroskopie untersuchten Moleküle bringt *Starck* (1). In einem Kapitel sind dort die Ergebnisse der Untersuchung der internen Rotation zusammengestellt. Eine weitere Datensammlung gab *Herschbach* (2). Außerdem gibt es für die Mikrowellenspektroskopie Bibliographien (3, 4), die laufend vervollständigt werden.

Nach der erfolgten Separation der Elektronen- und Kernbewegung sollten isotope Moleküle gleiche Hinderungspotentiale haben, wenn man außerdem die unterschiedlichen Schwingungen vernachlässigen kann und somit mit Berechtigung zu dem Modell starrer Molekülteile übergehen kann. Beispielsweise ergaben die Messungen an Methylketen (5).

$$CH_3CH = \quad C = O \qquad V_3 = 1177 \pm 20 \text{ cal/mol}$$
$$CH_3CH = \quad C = {}^{18}O \qquad 1177$$
$$CH_3CH = {}^{13}C = O \qquad 1176$$
$$CH_3{}^{18}CH = \quad C = O \qquad 1173$$
$${}^{13}CH_3CH = \quad C = O \qquad 1173$$
$$CH_3CD = \quad C = O \qquad 1206$$

Bis auf eine Ausnahme erhält man praktisch gleiche Hinderungspotentiale, die Unterschiede sind nicht signifikant. Die Abweichung im Fall des deuterierten Ketens deutet an, daß Veränderungen in der Nähe der Methylgruppe merkliche Einflüsse haben, vermutlich über die effektive Struktur, die sich mit den veränderten Schwingungen ändert. Die C^{13}-Substitutionen wirken sich wegen der geringen relativen Massenänderung nicht so stark aus.

Häufig sind deshalb wohl auch die Hinderungspotentiale für CH_3 und CD_3 geringfügig unterschiedlich.

$$(CH_3)_2CO \qquad V_3 = 757,1 \pm 3 \text{ cal/mol} \qquad (6, 7)$$
$$(CD_3)_2CO \qquad V_3 = 732,3 \pm 3 \text{ cal/mol}$$

Der Einfluß der Schwingungen auf die Torsion ist sicher von Molekül zu Molekül unterschiedlich. In vielen Fällen ist das in dieser Arbeit benutzte Modell sicher berechtigt. Es gibt aber auch Beispiele, bei denen man die Wechselwirkung zwischen der Torsion und den Schwingungen nicht vernachlässigen sollte. Die Messungen des Hinderungspotentials in zwei schwingungsangeregten Zuständen des Methylthiocyanats zeigen diese Tatsache (8).

$$CH_3SCN \qquad v = 0 \qquad s = 44,5$$
$$CH_3SCN \qquad v = 1 \qquad s = 41,8$$

Die beiden effektiven reduzierten Potentiale s lassen sich mit einem Hinderungspotential V_3 und einer Konstante V_c für die Wechselwirkung Torsion-Schwingung interpretieren. (8a)

Interessant sind auch die Untersuchungen der Methyltorsion in zwei Konformationen eines Moleküls. Eine Änderung des Hinderungspotentials verwundert hier nicht.

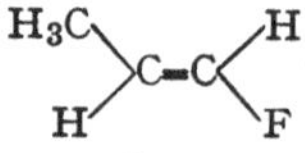

$$\mathrm{H_3C}\diagdown \mathrm{C}{=}\mathrm{C} \diagup \mathrm{H} \atop \mathrm{H} \diagup \qquad \diagdown \mathrm{F} \qquad V_3 = 2207 \pm 9 \; \mathrm{cal/mol} \quad (9)$$

trans

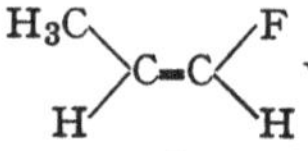

$$\mathrm{H_3C}\diagdown \mathrm{C}{=}\mathrm{C} \diagup \mathrm{F} \atop \mathrm{H} \diagup \qquad \diagdown \mathrm{H} \qquad V_3 = 1057 \pm 9 \; \mathrm{cal/mol} \quad (10)$$

cis

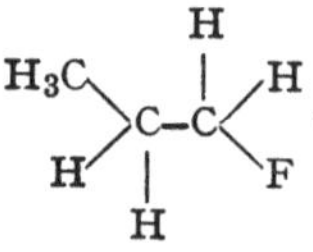

$$V_3 = 2690 \pm 40 \; \mathrm{cal/mol} \quad (11)$$

trans

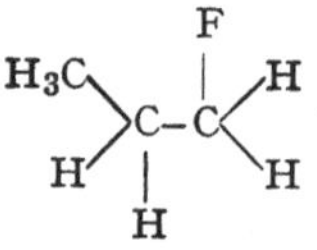

$$V_3 = 2865 \pm 17 \; \mathrm{cal/mol} \quad (11)$$

gauche

Bei vielen Untersuchungen hat man sich auf die Bestimmung des ersten Potentialkoeffizienten beschränkt. Die wenigen Fälle, bei denen man die mühevolle Bestimmung des zweiten Koeffizienten durchgeführt hat, zeigen, daß der zweite Koeffizient klein gegen den ersten ist.

$$\mathrm{H_3CCH}{=}\mathrm{CH_2} \qquad V_3 = 1997 \pm 2 \; \mathrm{cal/mol} \quad (12)$$
$$V_6 = -37 \pm 6 \; \mathrm{cal/mol}$$

Eine Ausnahme brachte die Untersuchung des N-Methylpyrrols mit

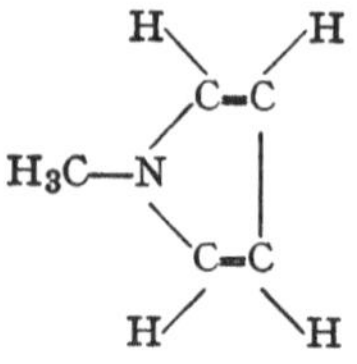

$$V_6 = 128{,}9 \; \mathrm{cal/mol} \quad (13)$$
$$V_{12} = 47{,}7 \; \mathrm{cal/mol}$$
oder
$$V_6 = 133{,}5 \; \mathrm{cal/mol}$$
$$V_{12} = -32{,}9 \; \mathrm{cal/mol}$$

Bei ihm handelt es sich allerdings um ein Molekül mit niedrigem Hinderungspotential. Beide Sätze von Potentialparametern geben das Spektrum gleich gut wieder. Ein Kriterium für die Auswahl eines Satzes ist noch unbekannt.

Im Laufe der Zeit wurden auch eine Anzahl von Molekülfamilien untersucht. Die allgemeine Schwierigkeit dieser Analysen ist der Grund, warum das Material noch relativ klein ist. Manchmal zeigen die Ergebnisse einen deutlichen Trend. Manchmal fügen sie sich nicht in diese Vergleiche. Diese Tatsache muß man hinnehmen. Sie verwundert nicht zu sehr, wenn man bedenkt, daß die Energiehöhe des Hinderungspotentials nur ein Bruchteil der Bindungsenergien ist. Eine relativ geringfügige Änderung in den Bindungsenergien, in der potentiellen Energie des Moleküls, scheinen die Hinderungspotentiale deutlich zu beeinflussen.

CH_3OH	$V_3 = 1070$	cal/mol	(14)
CH_3SH	1270 ± 3		(15)
CH_3SeH	810		(16)
CH_3CH_2F	$V_3 = 3306 \pm 100$		(17)
CH_3CH_2Cl	3685 ± 12		(18)
CH_3CH_2Br	3684 ± 30		(19)
CH_3CH_2J	3220 ± 100		(20)
CH_3CH_2CN	3050 ± 10		(21)
$(CH_3)_2O$	$V_3 = 2720 \pm 150$		(22)
$(CH_3)_2S$	2176		(23, 24).
$(CH_3)_2Se$	1500 ± 20		(25)
$H_3C-C_6H_5$	$V_6 = 13{,}94 \pm 0{,}1$		(26)
$H_3C-C_6H_4F$	$13{,}82 \pm 0{,}03$		(27)
$H_3C-C_6H_4Cl$	$13{,}9 \pm 0{,}04$		(28)
$H_3C-C_5H_4N$	$13{,}5 \pm 0{,}03$		(29)
$H_3C-C_6H_4F$	$V_3 = 45{,}3 \pm 0{,}5$ $V_6 = 22{,}8 \pm 0{,}5$ oder $V_3 = 48{,}4 \pm 0{,}5$ $V_6 = -15{,}1 \pm 0{,}5$		(30)

Beim meta-Fluortoluol geben beide Sätze von Potentialparametern die Spektren mit gleicher Genauigkeit wieder.

Einen unverständlichen Gang zeigen die Hinderungspotentiale in der folgenden Zusammenstellung:

$$\begin{array}{ccc}
\mathrm{H_3C} \!\!\diagdown \\ \quad C{=}O{=}O \ (31) \\ \mathrm{H_3C} \!\!\diagup
\end{array}
\qquad
\begin{array}{c}
\mathrm{H_3C} \!\!\diagdown \\ \quad C{=}CH_2 \ (32) \\ \mathrm{H_3C} \!\!\diagup
\end{array}
\qquad
\begin{array}{c}
\mathrm{H_3C} \!\!\diagdown \\ \quad C{=}O \ (6,\ 7) \\ \mathrm{H_3C} \!\!\diagup
\end{array}$$

$V_3 = 2066 \pm 50$ cal/mol $\qquad V_3 = 2210 \pm 10$ cal/mol $\qquad V_3 = 757 \pm 3$ cal/mol

$$\begin{array}{ccc}
\mathrm{H_3C} \!\!\diagdown \\ \quad C{=}O{=}O \ (5) \\ \mathrm{H} \!\!\diagup
\end{array}
\qquad
\begin{array}{c}
\mathrm{H_3C} \!\!\diagdown \\ \quad C{=}CH_2 \ (12) \\ \mathrm{H} \!\!\diagup
\end{array}
\qquad
\begin{array}{c}
\mathrm{H_3C} \!\!\diagdown \\ \quad C{=}O \ (33) \\ \mathrm{H} \!\!\diagup
\end{array}$$

$V_3 = 1177 \pm 20$ cal/mol $\qquad V_3 = 1977 \pm 2$ cal/mol $\qquad V_3 = 1162 \pm 30$ cal/mol

Beispiele für untersuchte Moleküle mit Rotoren, die nicht Methylgruppen sind, gibt es nur wenige.

$$F_3C{-}C \diagup^{O}_{\diagdown H} \qquad V_3 = 885 \pm 75 \ \text{cal/mol} \ (34)$$

$$(CH_3)_3C{-}C \diagup^{O}_{\diagdown H} \qquad V_3 = 1186 \ \text{cal/mol} \ (35)$$

Beim letzten Beispiel handelt es sich um das Hinderungspotential der n-Butylgruppe.

Ebenfalls liegen sehr wenige Untersuchungen über Moleküle vor, die einen asymmetrischen Rotor besitzen. Die Schwierigkeit der Auswertung hat bisher umfangreichere Untersuchungen gehemmt.

$$\bigcirc\!\!-OH \qquad V_2 = 3150 \pm 300 \ \text{cal/mol} \ (36)$$

$$CHD_2CHO \qquad V_3 = 1115 \qquad \text{cal/mol} \ (37)$$

$$CH_2DCHO \qquad V_3 = 1144 \qquad \text{cal/mol}$$

Abschließend kann man sagen, daß man mit Hilfe der Analyse von Feinstrukturen in Rotationsspektren detaillierte Aussagen über die Höhe von Hinderungspotentialen gewinnen kann. Trotz der Vernachlässigungen, die für die verwendeten Modelle notwendig waren, ist diese Methode bislang die zuverlässigste. Allerdings ist die Methode experimentell und theoretisch recht aufwendig.

Über die Lage der Potentialminima und -maxima im Molekül sagen die Frequenzen der Feinstruktur in den meisten hier angeführten Fällen nichts aus. Darüber kann man aber aus der meist parallel zur Potentialbestimmung durchgeführten allgemeinen Strukturbestimmung aus dem Rotationsspektrum die notwendige Information entnehmen (2). In manchen Fällen liefern auch die relativen Intensitäten der Feinstrukturlinien über die Spinstatistik zusätzliche Aussagen (38, 39).

16. Zusammenfassung

Die vorangehenden Ausführungen befaßten sich mit einer Bestimmungsmethode eines Teils des molekülinternen Potentials, des Hinderungspotentials der internen Rotation. Die Bestimmungsmethode, die aus Aufspaltungen von Rotationslinien im Mikrowellengebiet die Information entnimmt, hat sich als recht genau erwiesen. Sie ist möglich, wenn äquivalente Konformationen des Moleküls existieren. Der Grund der Genauigkeit ist, daß das Hinderungspotential durch die Aufhebung einer Lageentartung sehr empfindlich in die präzise meßbare Linienaufspaltung eingeht und daß wenigstens im Grundzustand der internen Rotation oder Torsion die Aufspaltung von anderen Schwingungen verhältnismäßig wenig beeinflußt wird. Die Schwäche des bisher notgedrungen benutzten Modells zeigt sich nur wenig. Ist man gezwungen, die Aufspaltung von Rotationslinien in angeregten Zuständen der Torsion zu verwenden, weil etwa ein höheres Hinderungspotential oder ein größeres Trägheitsmoment des Rotors nicht meßbare Aufspaltungen im Grundzustand bewirkt, so kann das benutzte Modell zu einer nur näherungsweise richtigen Interpretation der Aufspaltungsmessungen führen. Den gleichen Vorbehalt muß man einräumen, wenn man aus den Aufspaltungen von Rotationslinien mehrerer Torsionszustände nicht nur die Höhe, sondern auch die Form des Potentials durch Hinzunahme weiterer Entwicklungsglieder der Fourierreihe beschreiben will. Trotz dieser Einschränkungen ist diese Bestimmung des Hinderungspotentials aus dem Rotationsspektrum die genaueste Methode, die existiert.

Relativ einfach und in vielen Fällen ausgeführt ist die Bestimmung des Hinderungspotentials der Methyltorsion bei einer und zwei Methylgruppen am Molekül. Prinzipiell ebenso einfach ist die Bestimmung des Hinderungspotentials von achsialsymmetrischen Rotoren mit größerem Trägheitsmoment (z. B. CF_3) wenn eine Aufspaltung meßbar ist. Unter Umständen ist eine spezielle Formulierung der Theorie anzuwenden. Bei Molekülen mit achsialsymmetrischen Rotoren ist es nicht möglich, aus den Linienaufspaltungen auf die Lage der Potentialminima zu

H. Dreizler

schließen. Die Information ist infolge der Achsialsymmetrie der Rotoren nicht gegeben.

Bedeutend komplizierter ist die Bestimmung von Hinderungspotentialen, wenn eine Asymmetrie des Rotors das Gesamtträgheitsmoment des Moleküls von der Drehlage des Rotors abhängig macht, wie etwa beim CH_2DCHO oder H_2O_2.

Bei einer Äquivalenz der verschiedenen Konformationen treten zwar weiterhin Aufspaltungen auf, doch ist die Analyse durch die notwendig komplizierteren Zusammenhänge erschwert. Deshalb steht die Anwendung der Bestimmungsmethode auf diesen Molekültyp erst am Anfang. Prinzipiell ist hier die Bestimmung der Lage der Potentialminima möglich.

Unabhängig von der Äquivalenz oder Nicht-Äquivalenz, aber meist viel ungenauer, ist die Bestimmung von Hinderungspotentialen aus dem meist wenig präzisen Intensitätsvergleich von Rotationslinien in verschiedenen angeregten Zuständen der internen Rotation.

Wenn eine Verbesserung der experimentellen spektroskopischen Methoden im fernen Infrarot möglich ist, ist aus hochauflösenden Messungen von Torsions-Rotationsspektren in diesem Frequenzgebiet eine weitgehende Information zu erwarten.

Ich danke Herrn Dr. *H. D. Rudolph*, Herrn Dr. *D. Sutter*, Herrn Dr. *F. Mönnig* und Herrn Dr. *G. Herberich*, Freiburg/Br. für viele Diskussionen über dieses Gebiet. Herrn Dr. *H. D. Rudolph*, Herrn Dr. *F. Mönnig* und Herrn Dr. *D. Sutter* verdanke ich eine besonders kritische Durchsicht des Manuskripts.

Der Deutschen Forschungsgemeinschaft und dem Fonds der Chemie danke ich für die finanzielle Untersützung der mikrowellenspektroskopischen Arbeitsgruppe in Freiburg.

Herrn Prof. Dr. *P. Favero* und Dr. *A. M. Mirri* und dem *Centro Nazionale delle Ricerche* danke ich für die Einladung für einen Aufenthalt in Bologna. Ein Seminar über dieses Gebiet gab die Möglichkeit, den Artikel nochmals zu überarbeiten.

17. Literatur

Abschnitt 1

1. *Born, M.*, u. *J. R. Oppenheimer*: Ann. Phys. *84*, 457 (1927).
2. *Messiah, A.*: Quantum Mechanics, Vol. II, Kap. III, XVIII. Amsterdam: North Holland Publishing Co. 1965.
3. *Kirtman, B.*: J. Chem. Phys. *37*, 2516 (1962).
4. *Quade, C. R.*: J. Chem. Phys. *44*, 2512 (1966).

5. *Hunt, R. H., R. A. Leacock, C. W. Peters,* and *K. T. Hecht:* J. Chem. Phys. *42,* 1931 (1965).
6. *Dreizler, H.:* Z. Naturforsch. *21a,* 1628 (1966).
7. *Kojima, T.:* J. Phys. Soc. Japan *15,* 284 (1960).
   Forest, H.: Diss. Columbia Univ. 1964.
8. *Mönnig, F., H. Dreizler* u. *H. D. Rudolph:* Z. Naturforsch. *21a,* 1633 (1966).
9. *Dreizler, H.:* Z. Naturforsch. *21a,* 621 (1966).
10. *Esbitt, A. S.,* and *E. B. Wilson jr.:* Rev. Sci. Instr. *34,* 901 (1963).
11. *Harris, D. O., H. W. Harrington, A. C. Luntz,* and *W. D. Gwinn:* J. Chem. Phys. *44,* 3467 (1966).
12. *Sugden, T. N.,* and *C. N. Kenney:* Microwave Spectroscopy of Gases, Kap. 5. London: Van Nostrand 1965.
13. *Dreizler, H.:* Z. Naturforsch. *16a,* 477 (1961).
14. *Kivelson, D.:* J. Chem. Phys. *22,* 1733 (1954); J. Chem. Phys. *23,* 2230 (1955); J. Chem. Phys. *23,* 2236 (1955).
15. *Kirchhoff, W. H.,* and *D. R. Lide:* J. Chem. Phys. *43,* 2203 (1965).
16. *Lide, D. R.:* J. Chem. Phys. *33,* 1514 (1960).
17. *Scharpen, L. H.:* Diss. Stenford Univ. 1965
18. *Townes, C. H.,* and *A. L. Schawlow:* Microwave Spectroscopy. New York: Mc Graw Hill Book Inc. 1955.
19. *Gordy, W., W. S. Smith, R. F. Trambarulo:* Microwave Spectroscopy. New York: J. Wiley & Sons Inc. 1953.
20. *Strandberg, M. W. P.:* Microwave Spectroscopy. New York: J. Wiley & Sons Inc. 1954.
21. *Rudolph, H. D.:* Z. Angew. Phys. *13,* 401 (1961).
22. *Flygare, W. H.:* J. Chem. Phys. *41,* 206 (1964).
23. *Gordy, W.:* Microwave Spectroscopy in the Region of 4—0,4 mm. Molecular Spectroscopy. Invited Lectures VIIIth European Congress on Molecular Spectroscopy Copenhagen 1965. London: Butterworks 1965.
24. *Battaglia, A., A. Gozzini* e *E. Polacco:* Nuovo Cimento *14,* 1076 (1959).
25. *Yajima, T.* and *K. Shimoda:* J. Phys. Soc. Japan *15,* 1668 (1960).
26. *Cox, A. P., G. W. Flynn,* and *E. B. Wilson jr.:* J. Chem. Phys. *42,* 3094 (1965).
27. *Woods, R. C., A. M. Ronn* und *E. B. Wilson jr.:* Rev. Sci. Instr. *37,* 1927 (1966).
28. *Lin, C. C.,* and *J. D. Swalen:* Rev. Mod. Phys. *31,* 841 (1959).

Abschnitt 2

1. *Goldstein, H.:* Klassische Mechanik, Kap. 4—5. Frankfurt/Main: Akademische Verlagsgesellschaft 1963.
   Klein, F., u. *A. Sommerfeld:* Über die Theorie des Kreisels, Kap. I § 3, § 4. Leipzig: B. G. Teubner 1914.
2. *Goldstein, H.:* l. c. Kap. 4—8.
3. *Klein, F.,* u. *A. Sommerfeldt:* l. c. Kap. I § 5, Kap. III § 3.
   Budó, A.: Theoretische Mechanik, p. 255. Berlin: Deutscher Verlag der Wissenschaften 1956.

Abschnitt 3

1. *Lin, C. C.,* and *J. D. Swalen:* Rev. Mod. Phys. *31,* 841 (1959).
2. *Crawford, B. L.:* J. Chem. Phys. *8,* 273 (1940).
3. *Herschbach, D. R.:* J. Chem. Phys. *31,* 91 (1959).
4. *Goldstein, H.:* l. c. Kap. 5.
5. Z. B. *M. Lagally:* Vorlesungen über Vektorrechnungen. Leipzig: Akad. Verlagsgesellschaft 1945.

H. Dreizler

6. *Goldstein, H.:* l. c. Kap. 8—4.
7. *Landau, L. D.*, u. *E. M. Lifschitz:* Lehrbuch der Theoretischen Physik, Bd. 1, § 42. Berlin: Akademie Verlag 1966.
8. *Woods, R. C.:* J. Mol. Spectr. *21*, 4 (1966).

Abschnitt 4

1. *Schrödinger, E.:* Ann. Phys. *79*, 745 (1926).
2. *Podolsky, B.:* Phys. Rev. *32*, 812 (1928).
3. Ein Beweis findet sich in: *E. B. Wilson jr., J. C. Decius*, and *P. C. Cross:* Molecular Vibrations, Kap. 11—3. New York: McGraw Hill Book Co., Inc. 1955.

Abschnitt 5

1. *Longuet-Higgins, H. C.:* Mol. Phys. *6*, 445 (1963).
2. *Bunker, P. R.:* Mol. Phys. *8*, 81 (1964).
3. — Mol. Phys. *9*, 247 (1965).
4. — Mol. Phys. *9*, 257 (1965).
5. *Mulliken, R. S.:* Phys. Rev. *59*, 873 (1941).
6. *King, G. P., R. M. Hainer*, and *P. C. Cross:* J. Chem. Phys. *11*, 27 (1943).
7. *Winter, C. v.:* Physica *XX*, 274 (1954).
8. *Myers, R. M.*, and *E. B. Wilson jr.:* J. Chem. Phys. *33*, 186 (1960).
9. *Littlewood, D. E.:* The Theory of Group Characters, p. 275. New York: Oxford University Press 1950.
10. *Dreizler, H.:* Z. Naturforsch. *16a*, 1354 (1961).
11. — Z. Naturforsch. *16a*, 477 (1961).
12. *Swalen, J. D.*, and *C. C. Costain:* J. Chem. Phys. *31*, 1562 (1959).
13. *Pierce, L.*, and *M. Hayashi:* J. Chem. Phys. *35*, 479 (1961).
14. *Dreizler, H.*, u. *H. D. Rudolph:* Z. Naturforsch. *17a*, 712 (1962).
15. *Pierce, L.:* J. Chem. Phys. *34*, 498 (1961).
16. *Sutter, D., H. Dreizler* u. *H. D. Rudolph:* Z. Naturforsch. *20a*, 1676 (1965); Z. Naturforsch. *22a*, 188 (1967).
17. *Sage, M. N.:* J. Chem. Phys. *35*, 142 (1961).
18. *Hayashi, M.:* unveröffentlicht.
19. *Lin, C. C.*, and *J. D. Swalen:* Rev. Mod. Phys. *31*, 841, p. 875 (1959).
20. *Hecht, K. T.*, and *D. N. Dennison:* J. Chem. Phys. *26*, 31 (1957).
21. *Kilb, R. W., C. C. Lin*, and *E. B. Wilson jr.:* J. Chem. Phys. *26*, 1695 (1957).
22. *Swalen, J. D.*, and *D. R. Herschbach:* J. Chem. Phys *27*, 100 (1957).
23. *Wilson jr., E. B., C. C. Lin*, and *D. R. Lide:* J. Chem. Phys. *23*, 136 (1955).
24. *Rudolph, H. D., H. Dreizler, A. Jaeschke* u. *P. Wendling:* Z. Naturforsch. *22a*, 940 (1967).

Abschnitt 6

1. *King, E. W., R. M. Hainer*, and *P. C. Cross:* J. Chem. Phys. *11*, 27 (1943).
2. *Cross, P. C., R. N. Hainer*, and *G. W. King:* J. Chem. Phys. *12*, 210 (1944).
3. *v. Winter, C.:* Physica *XX*, 274 (1954).
4. *Landau, L. D.*, and *E. N. Lifshitz:* Quantum Mechanics, p. 373. London: Pergamon Press 1959.
5. *Allen, H. C.*, and *P. C. Cross:* Molecular Vib-Rotors. New York: J. Wiley & Sons Inc. 1963.
6. Zitate in: *H. Dreizler, R. Peter* und *H. D. Rudolph*, Z. Naturforsch. *21a*, 2058 (1966).
7. *Reiche, F.*, u. *H. Rademacher:* Z. Physik *39*, 444 (1926).

8. *Rademacher, H.*, u. *F. Reiche*: Z. Physik *41*, 453 (1927).
9. *Mullikan, R. S.*: Phys. Rev. *59*, 873 (1941).
10. *Sutter, D.*: Diss. Freiburg 1966.

Abschnitt 7

1. Eine mathematisch vollständige Diskussion der Mathieuschen Differential-gleichung findet sich in *J. Meixner* und *F. W. Schäfke*: Mathieusche Funktionen und Sphäroidfunktionen. Berlin — Göttingen — Heidelberg: Springer 1954.
2. *Margenau, H.*, and *G. M. Murphey*: The Mathematics of Physics and Chemistry, Kap. 2.17. New York: D. van Nostrand 1956.
3. Tables Relating to Mathieu Functions. New York: Columbia University Press 1951.
4. *Kilb, R. W.*: Tables of Degenerate Mathieu Functions, Dept. of Chemistry. Harvard University 1956.
5. *Herschbach, D. R.*: Tables of the Internal Rotation Problem, Dept. of Chemistry. Harvard University 1957.
6. *Hayashi, M.*, and *L. Pierce*: Tables for the Internal Rotation Problem, Dept. of Chemistry University of Notre Dame. Notre Dame Ind. 1961.
7. *Lin, C. C.*, and *J. D. Swalen*: Rev. Mod. Phys. *31*, 841, 852, 856 (1959).
8. *Koehler, J. S.*, and *D. M. Dennison*: Phys. Rev. *57*, 1006 (1940).
9. *Swalen, J. D.*, and *L. Pierce*: J. Math. Phys. *2*, 736 (1961).
10. *Herschbach, D. R.*: J. Chem. Phys. *31*, 91 (1959).
11. *Sutter, D.*, u. *R. Peter*: private Mitteilung.

Abschnitt 8

1. *Kilb, R. W.*, *C. C. Lin*, and *E. B. Wilson jr.*: J. Chem. Phys. *26*, 1695 (1957).
2. *Herschbach, D. R.*: J. Chem. Phys. *31*, 91 (1959).
3. *Lin, C. C.*, and *J. D. Swalen*: Rev. Mod. Phys. *31*, 841 (1959).
4. *Kemble, E. C.*: Fundamental Principles of Quantum Mechanics, p. 394. New York: Dover Publications Inc. 1958.
5. *Van Vleck, J. H.*: Phys. Rev. *33*, 467 (1929).
6. *Jordahl, O. M.*: Phys. Rev. *45*, 87 (1934).
7. *Herschbach, D. R.*: Tables on the Internal Rotation Problem, Dept. of Chemistry. Harvard Univ. 1957.
8. *Hayashi, M.*: A Review on the Energy Levels for Internal Torsion and Over-all Rotation of Two Top Molecules, Univ. of Hiroshima 1964. App. I, private Mitteilung.
9. *Stelman, D.*: J. Chem. Phys. *41*, 2111 (1964).
10. *Woods, R. C.*: J. Mol. Spectr. *21*, 4 (1966).
11. *Burkhard, D. G.*, and *D. M. Dennison*: Phys. Rev. *84*, 408 (1951).
12. *Wilson jr., E. B.*, *C. C. Lin*, and *D. R. Lide*: J. Chem. Phys. *23*, 136 (1955).
13. *Landau, L. D.*, and *E. M. Lifshitz*: Quantum Mechanics, § 72. London: Pergamon Press 1959.
14. *Strandberg, N. W. P.*: Microwave Spectroscopy, p. 17. New York: J. Wiley & Sons Inc. 1954.
15. *Hayashi, M.*, and *L. Pierce*: Tables for the Internal Rotation Problem, Dept. of Chemistry of Notre Dame. Notre Dame Ind. 1961.
16. *Dreizler, H.*, *R. Peter*, u. *H. D. Rudolph*: Tabellen zur Analyse von Rotationsspektren asymmetrischer Kreisel. Z. Naturforsch. *21 a*, 2058 (1966).
17. *Schwendemann, R. H.*: private Mitteilung 1964.
18. *Dobyns, V.*: J. Chem. Phys. *43*, 4534 (1965).

H. Dreizler

Abschnitt 9

1. *Wilson jr., E. B., C. C. Lin*, and *D. R. Lide:* J. Chem. Phys. *23*, 136 (1955).
2. *Lin, C. C.*, and *J. D. Swalen:* Rev. Mod. Phys., *31*, 841, 865 (1959).
3. *Rudolph, H. D.:* private Mitteilung 1967.
4. *Rudolph, H. D.* u. *A. Trinkaus,:* Z. Naturforsch. *23a*, 68 (1968).
5. *H. D. Rudolph, H. Dreizler, A. Jaeschke* u. *P. Wendling:* Z. Naturforsch. *22a*, 940 (1967).
6. Prospekt der Firma Hewlett Packard.

Abschnitt 10

1. *Swalen, J. D.*, and *C. C. Costain:* J. Chem. Phys. *31*, 1562 (1959).
2. *Pierce, L.:* J. Chem. Phys. *34*, 498 (1962).
3. *Hayashi, M.:* A Review on the Energy Levels for Internal Torsion and Over-all Rotation of Two Top Molecules, Univ. of Hiroshima 1964, private Mitteilung.
4. *Myers, R. J.*, and *E. B. Wilson jr.:* J. Chem. Phys. *33*, 186 (1960).
5. *Dreizler, H.:* Z. Naturforsch. *16a*, 1354 (1961).
6. *Hayashi, M.*, and *L. Pierce:* J. Chem. Phys. *35*, 479 (1961).
7. *Dreizler, H.*, u. *G. Dendl:* Z. Naturforsch. *20a*, 11 (1965).
8. *Hirota, E., C. Matsumura* u. *Y. Morino* Bull Chem. Soc. Japan *40*, 1124 (1967).

Abschnitt 11

1. *Nielsen, H. H.:* Phys. Rev. *40*, 445 (1932).
2. *Lin, C. C.*, and *J. D. Swalen:* Rev. Mod. Phys. *31*, 841, 855, 861 (1959).
3. *Landau, L. D.*, u. *E. M. Lifschitz:* Lehrbuch der Theoretischen Physik, Bd. I, p. 168. Berlin: Akademie Verlag 1966.
4. *Itoh, T.:* J. Phys. Soc. Japan *11*, 264 (1956).
5. *Hecht, H. T.*, and *D. M. Dennison:* J. Chem. Phys. *26*, 31 (1957).
6. *Woods, R. C.:* J. Mol. Spectr. *21*, 4, (1966).

Abschnitt 12

1. *Herschbach, D. R.:* J. Chem. Phys. *31*, 91 (1959).
2. *Woods, R. C.:* J. Mol. Spectr. *21*, 4 (1966), J. Mol. Spectr. *22*, 49 (1967).
3. *Dreizler, H.:* Z. Naturforsch. *20a*, 749 (1965).
4. *Hayashi, M.:* A Review on the Energy Levels for Internal Torsion and Over-all Rotation of Two Top Molecules, Univ. of Hiroshima 1964, private Mitteilung.
5. *Messiah, A.:* Quantum Mechanics. Amsterdam: North-Holland 1965.
6. *Coffey, D.*, and *J. E. Boggs:* Symp. on Molecular Spectr. Columbus Ohio 1966 pap. V 1.
7. *Hecht, K. T.*, and *D. M. Dennison:* J. Chem. Phys. *26*, 31 (1957).

Abschnitt 13

1. *Quade, C. R.*, and *C. C. Lin:* J. Chem. Phys. *38*, 540 (1963).
2. *Wilson jr., E. B., J. C. Decius*, and *P. C. Cross:* Molecular Vibrations, Kap. 11, New York: McGraw Hill Book Co. 1955.
3. *Burkhard, G. D.*, and *J. C. Irvin:* J. Chem. Phys. *23*, 1405 1955.
3a. *Quade, C. R.* J. Chem. Phys. *47*, 1073 (1967).
4. *Hunt, R. H., R. A. Leacock, C. W. Peters*, and *K. T. Hecht:* J. Chem. Phys. *42*, 1931 (1965); R. A. Leacock: Diss. Univ. of Michigan 1963.

Abschnitt 14

1. *Quade, C. R.*, and *C. C. Lin:* J. Chem. Phys. *38*, 540 (1963).
2. *Hunt, R. H., R. A. Leacock, C. W. Peters*, and *K. T. Hecht:* J. Chem. Phys. *42*, 1931 (1965).

Abschnitt 15

1. *Starck, B.:* Landolt Börnstein, Neue Serie II/4. Berlin — Heidelberg — New York: Springer 1967.
2. *Herschbach, D. R.:* Bibliography for Hindered Internal Rotation and Microwave Spectroscopy 1962, Bericht UCRL — 10404. Office of Technical Services Dept. of Commerce Washington 25 D. C.
3. *Favero, P. G., A. Guarnieri,* and *A. M. Mirri:* Microwave Gas Spectroscopy. Bibliography 1954—1964. Bologna 1966; *P. G. Favero:* Microwave Gas Spectroscopy. Bibliography 1954 — 1962. Padua 1963.
4. *Starck, B.:* Bibliographie Mikrowellenspektroskopischer Untersuchungen an Molekülen 1945—1962. Freiburg 1963, 1963—1965. Freiburg 1966.
5. *Bak, B., J. J. Christiansen, K. Kunstmann, L. Nygard,* and *J. Rastrup—Anderson:* J. Chem. Phys. *45,* 883 (1966).
6. *Peter, R.,* u. *H. Dreizler:* Z. Naturforsch. *20a,* 301 (1965).
7. *Swalen, J. D.,* and *C. C. Costain:* J. Chem. Phys. *31,* 1562 (1959).
8. *Dreizler, H.:* Z. Naturforsch. *21a,* 2101 (1966).
8a. *Dreizler, H. et al.:* unveröffentlicht.
9. *Siegel, S.:* J. Chem. Phys. *27,* 989 (1957).
10. *Beaudet, R. A.,* and *E. B. Wilson jr.:* J. Chem. Phys. *37,* 1133 (1962).
11. *Hirota, E.:* J. Chem. Phys. *37,* 283 (1962).
12. — J. Chem. Phys. *45,* 1984 (1966).
13. *Arnold, W., H. Dreizler* u. *H. D. Rudolph:* Z. Naturforsch. *23a,* 301 (1968).
14. *Ivash, E. V.,* and *D. M. Dennison:* J. Chem. Phys. *21,* 1804 (1953).
15. *Kojima, T.,* and *T. Nishikawa:* J. Phys. Soc. Japan *12,* 680 (1957).
16. *Thomas, C. H.:* Bull. Am. Phys. Soc., Ser. II *11,* 235 (1966).
17. *Herschbach, D. R.:* J. Chem. Phys. *25,* 3584 (1956).
18. *Schwendeman, R. H.,* and *J. D. Jacobs:* J. Chem. Phys. *36,* 1245 (1962).
19. *Flanagan, C.,* and *L. Pierce:* J. Chem. Phys. *38,* 2963 (1963).
20. *Kasuja, T.:* J. Phys. Soc. Japan *15,* 1273 (1960) .
21. *Laurie, V. W.:* J. Chem. Phys. *31,* 1500 (1959).
22. *Kasai, P. H.,* and *R. J. Myers:* J. Chem. Phys. *30,* 1096 (1959).
23. *Dreizler, H.,* u. *H. D. Rudolph:* Z. Naturforsch. *17a,* 712 (1962).
24. *Pierce, L.,* and *N. Hayashi:* J. Chem. Phys. *35,* 479 (1961).
25. *Beecher, J. F.:* J. Mol. Spectr. *22,* 414 (1966).
26. *Rudolph, H. D., H. Dreizler, A. Jaeschke* u. *P. Wendling:* Z. Naturforsch. *22a,* 940 (1967).
27. *Rudolph, H. D.* u. *H. Seiler:* Z. Naturforsch. *20a,* 1682 (1965).
28. *Herberich, G.:* Z. Naturforsch. *22a,* 761 (1967).
29. *Rudolph, H. D., H. Dreizler* u. *H. Seiler:* Z. Naturforsch. *22a,* 1738 (1967).
30. *Rudolph, H. D.* u. *A. Trinkaus:* Z. Naturforsch. *23a,* 68 (1968).
31. *Dreizler, H.,* u. *H. D. Rudolph:* Fachausschußsitzung Hochfrequenzphysik. Freudenstadt 1967.
32. *Laurie, V. W.:* J. Chem. Phys. *34,* 1516 (1961).
33. *Kilb, R. W., C. C. Lin,* and *E. B. Wilson jr.:* J. Chem. Phys. *26,* 1695 (1957).
34. *Woods, R. C.:* J. Mol. Spectr. *21,* 4 (1966).
35. *Ronn, A. N.,* and *R. C. Woods:* J. Chem. Phys. *45,* 3831 (1966).
36. *Kojima, T.:* J. Phys. Soc. Japan *15,* 284 (1960).
37. *Quade, C. R.,* and *C. C. Lin:* J. Chem. Phys. *38,* 540 (1963).
38. *Myers, R. J.,* and *E. B. Wilson jr.:* J. Chem. Phys. *33,* 186 (1960).
39. *Dreizler, H.:* Z. Naturforsch. *16a,* 1354 (1961).

Eingegangen am 15. Juni 1967.

Kraftkonstantenberechnungen aus den Schwingungsspektren einfacher organischer Moleküle

Prof. Dr. H. J. Becher

Anorganisch-Chemisches Institut der Universität Münster

Inhalt

Einleitung

Die Infrarotspektroskopie verdankt ihre große Bedeutung vor allem ihrer Eignung als analytisches Hilfsmittel zur Identifizierung chemischer Stoffe oder charakteristischer Atomanordnungen. Dazu werden umfang-

156

reiche Sammlungen von Vergleichsspektren benötigt. Einzelne funktionelle Gruppen werden oft nur durch sog. Schlüsselbanden oder charakteristische Gruppenfrequenzen nachgewiesen. Man nimmt an, daß die zu den Frequenzen gehörenden Schwingungsformen überwiegend jeweils durch die Atome und Kraftkonstanten der betreffenden funktionellen Gruppe bestimmt werden. Um charakteristische Gruppenfrequenzen zu finden, kann man Serien von Verbindungen, die alle die interessierende Gruppe enthalten, spektroskopisch untersuchen und die annähernd lagekonstanten Frequenzen zusammenstellen. Zuverlässiger ist es aber, für das einfachste Molekül mit der gewünschten Gruppe eine Normalkoordinatenanalyse auszuführen. Bei einer solchen Untersuchung werden ein geeigneter Kraftkonstantensatz für die vorliegenden Bindungen und Valenzwinkel berechnet und im Anschluß daran die Normalamplituden der einzelnen Grundschwingungen ermittelt. Damit lassen sich die Schwingungsformen charakterisieren. Schwingungsformen, bei denen überwiegend die Abstände oder Valenzwinkel in einer Atomgruppe beansprucht werden, können eine abgekürzte Bezeichnung erhalten, in der diese Zuordnung ausgedrückt wird. Solche Bezeichnungen sind νCH_3, δCH_3, ϱNO_2, γNO_2, γCH usw. Dabei bedeutet

ν eine Valenzschwingung,

δ eine Deformationsbewegung der in der Gruppe enthaltenen Winkel,

ϱ eine Pendelbewegung der ganzen Gruppe gegen die angrenzende Bindung und

γ eine Schwingungsbewegung aus einer ausgezeichneten Molekülebene heraus.

Durch Zusätze wie in ν_s und ν_{as} kann man noch den Symmetriecharakter der Schwingungsform in Bezug auf die Symmetrie der angegebenen Gruppe bezeichnen.

Gelegentlich werden charakteristische Gruppenfrequenzen zum Nachweis von Bindungsbeeinflussungen in der zugehörigen Gruppe durch benachbarte Bindungen benutzt. Man nimmt dabei an, daß die Frequenz der Gruppe proportional zur Wurzel aus der zugehörigen Bindungskraftkonstante ist, entsprechend der für den einfachen harmonischen Oszillator gültigen Beziehung

$$\nu = \frac{1}{2\pi}\sqrt{k/\mu}$$

($\nu=$ Frequenz in sec^{-1}, $k=$ Kraftkonstante, $\mu=$ „reduzierte" Masse). Gegen eine Verallgemeinerung dieser Annahme müssen Einwände erhoben werden, da Normalkoordinatenanalysen an vollständigeren Systemen zeigen, wie selten es gerechtfertigt ist, in einem System gekoppelter Schwingungen eine einzelne Frequenz proportional zu nur einer Kraftkonstante zu setzen.

Um eine zuverlässige Grundlage für die Beurteilung der Charakteristik von Gruppenschwingungen zu gewinnen, müssen an möglichst vielen einfachen Systemen vollständige Normalkoordinatenanalysen ausgeführt werden. Die hierbei erhaltenen Kraftkonstanten können als Bindungsgrößen im Zusammenhang mit den Bindungsverhältnissen in den untersuchten Molekülen diskutiert werden.

Normalkoordinatenanalysen und Kraftkonstantenrechnungen an den Schwingungsspektren einfacher Verbindungen werden seit über 40 Jahren ausgeführt. Neben der Berechnung der Kraftkonstanten, die häufig auf erhebliche Schwierigkeiten stößt, ist es vor allem die Aufgabe solcher Untersuchungen, aus den beobachteten Infrarot- und Raman-Frequenzen der Moleküle die Grundschwingungsspektren, d.h. die sogenannten „Normalschwingungen", abzuleiten. Solche Zuordnungen können auch schon durch sehr vereinfachte Kraftkonstantenberechnungen, bei denen man über die Potentialfunktion nur Näherungsannahmen macht, sehr erleichtert werden. Die Frage, welche Kraftkonstanten dabei zu verwenden sind, führt auf das Problem des *Kraftfeldes* in den Molekülen, das an einer größeren Zahl einfacher Verbindungen zu untersuchen ist, ehe sinnvolle Berechnungen an komplizierteren Schwingungssystemen möglich sind. Über solche Untersuchungen will der folgende Beitrag informieren.

1. Zur Theorie der Molekülschwingungen *(1—6)*

a) Molekülschwingungen als Energiezustände

Nach der Born-Oppenheimer-Näherung kann man die zur Bewegung der Atomrümpfe gehörende Schwingungsenergie eines Moleküls unabhängig von der Elektronenbewegung beschreiben. Als Potentialenergie der Schwingungsbewegung erhält man für den einfachen Fall des zweiatomigen Moleküls eine Funktion mit dem Abstand zwischen den beiden Atomen als einziger Variablen. Diese Funktion ist im sogenannten harmonischen Ansatz quadratisch und hat beim Gleichgewichtsabstand ein Minimum. Die Schwingungsenergie kann dann nach den Gleichungen der Quantenmechanik die Werte

$$E = h\,\nu\,(v + \tfrac{1}{2}) \tag{1}$$

annehmen. Für ein Molekül mit mehr als zwei Atomen gilt

$$E = \sum_i h\,\nu_i\,(v_i + \tfrac{1}{2}\,d_i) \tag{2}$$

In diesen Gleichungen sind ν_i die Eigenschwingungen des Systems (sec^{-1}), v_i die zugehörigen Schwingungsquantenzahlen und d_i die Entartungsgrade. Die Frequenzwerte der Eigenschwingungen in Molekülen erstrecken sich überwiegend auf einen Bereich von 0,1 bis $12 \cdot 10^{13}$ sec^{-1} $= 33$ bis 4000 cm^{-1}. Von Energiezuständen mit kleinen Eigenschwingungen abgesehen ist bei Raumtemperatur vorwiegend der Grundzustand mit $v = 0$ besetzt. Bei der Wechselwirkung mit elektromagnetischer Strahlung können in den Molekülen Energieübergänge stattfinden, von denen bei Raumtemperatur der Übergang von $v = 0$ nach $v = 1$ am häufigsten auftritt. Damit werden die Moleküle zu Grundschwingungen angeregt. Diese Anregung ist bei der Absorption von infraroter Strahlung, deren Frequenz mit einem der Frequenzwerte ν_i des Moleküls übereinstimmt, unter bestimmten Auswahlregeln möglich. Sie kann ferner bei der unelastischen Streuung einer Strahlung erfolgen, deren Frequenz zwar groß gegen die Eigenschwingungen des Moleküls, aber noch zu klein für die Anregung von Elektronenenergieübergängen ist. In solchen Fällen treten im Streulicht neben der Primärstrahlung die Frequenzen des Raman-Spektrums auf.

b) Koordinaten zur Darstellung der Molekülschwingungen

Die Eigenschwingungen ν_i des Systems können anschaulich als *periodische Bewegungen von Atomen um ihre Gleichgewichtslage* im Molekülverband aufgefaßt werden. Die Gleichgewichtslage selbst wird durch die Elektronenenergie des Moleküls bestimmt. Bei der Aufnahme von Raman- und Infrarot-Spektren liegen die Moleküle im allgemeinen im elektronischen Grundzustand vor.

Die Bewegung jedes einzelnen Atoms im Molekül kann durch die zeitliche Änderung von drei kartesischen Koordinaten beschrieben werden. Für eine Ortsbeschreibung von N Atomen in einem Molekül werden demnach $3\,N$ Koordinaten benötigt, deren zeitliche Veränderung auf $3\,N$ Freiheitsgrade der kinetischen Energie führt. In diese $3\,N$ Freiheitsgrade sind die drei Translations- und Rotationsfreiheitsgrade eingeschlossen, die nicht zu den eigentlichen Molekülschwingungen zu rechnen sind, da bei ihnen die relative Lage der Atome zueinander ungeändert bleibt und keine zeitliche Änderung der potentiellen Energie auftritt. Im allgemeinen Falle hat demnach ein Molekül mit N Atomen $3 \cdot N - 6$ Freiheitsgrade für die Molekülschwingungen. Bei linearen Molekülen (wie CO_2) sind es $3 \cdot N - 5$ Freiheitsgrade, da hier die Rotation des Moleküls durch zwei anstelle von drei Koordinatenbeziehungen definiert werden kann. Anstelle von kartesischen Koordinaten verwendet man zur

Darstellung der Atombewegungen in den Molekülschwingungen sehr oft die *Änderungen der Bindungslängen und Valenzwinkel* im Molekül. Diese Größen werden als „innere Koordinaten" bezeichnet. Zum Beispiel sind in dem gewinkelten Molekül ONCl die Änderungen der beiden Abstände r(NO) und r(NCl) und die des Winkels ONCl derartige innere Koordinaten. Diese drei Koordinaten bilden einen vollständigen Satz zur Beschreibung der Schwingungsbewegung. Ihre Anzahl ist im vorliegenden Beispiel gerade so groß wie die Anzahl der Freiheitsgrade für die Molekülschwingungen des ONCl $(3 \times 3 - 6 = 3)$. Das ist nicht immer der Fall. So gehören zu dem Methanderivat

$$
\begin{array}{c}
\text{D} \\
| \\
\text{H}—\text{C}—\text{Cl} \\
| \\
\text{Br}
\end{array}
$$

zehn innere Koordinaten: die Änderungen der vier Valenzabstände und der sechs Valenzwinkel eines Tetraedermoleküls. Das Molekül besitzt aber nur neun Schwingungsfreiheitsgrade. Hier sind nicht alle 6 Valenzwinkeländerungen voneinander unabhängig, wie man an einem Tetraedermodell leicht ersehen kann. Abhängigkeiten zwischen inneren Koordinaten führen auf Redundanzbedingungen. Man wählt in solchen Fällen Linearkombinationen aus voneinander abhängigen inneren Koordinaten als neue Koordinaten. Diese müssen so beschaffen sein, daß ebenso viele dieser Linearkombinationen definitionsgemäß null sind wie Redundanzbedingungen vorliegen.

c) Koeffizienten der potentiellen und kinetischen Schwingungsenergie ($\mathfrak{F}$- und $\mathfrak{G}^{-1}$-Matrix)

Die inneren Koordinaten bilden ein Koordinatensystem, das einer Translation des Schwerpunktes und einer Rotation der Trägheitsachsen des Moleküls folgt und damit die Behandlung der Schwingungsenergie unabhängig von der Translations- und Rotationsenergie gestattet. Die außerhalb der Gleichgewichtskonfiguration auftretenden Kräfte im Molekül können bei einer Darstellung der Potentialfunktion in solchen inneren Koordinaten als *gerichtete Valenzkräfte* zwischen den Atomen aufgefaßt werden. Man definiert damit das Kraftfeld des schwingenden Moleküls in Übereinstimmung mit den chemischen Bindungsvorstellungen. In der Gleichgewichtslage haben alle innere Koordinaten den Wert null. Außerhalb der Gleichgewichtslage läßt sich der Zuwachs an Potentialenergie in besonders einfacher Weise bei dem sogenannten harmonischen Oszillator angeben. Die Funktion für ΔV enthält dann nur Glieder mit den zweiten

Ableitungen der Potentialenergie nach den inneren Koordinaten des Systems, entsprechend

$$V = \tfrac{1}{2} \sum_i \sum_j \left(\frac{\partial^2 V}{\partial R_i \, \partial R_j} \right)_0 R_i \, R_j = \tfrac{1}{2} \sum_i \sum_j F_{ij} \, R_i \, R_j \qquad (3)$$

Über die Zulässigkeit dieser Näherung und geeignete Verbesserungsglieder vgl. S. 172.

Wenn man in Gleichung (3) die potentielle Energie zweimal nach der gleichen Koordinate R_i differenziert, stellt der Ausdruck

$$F_{ii} = \left(\frac{\partial^2 V}{\partial R_i^2} \right)_0$$

die *Kraftkonstante* der Bindung oder des Valenzwinkels dar, die zur inneren Koordinate R_i gehören. Ableitungen nach einer Bindungs- bzw. einer Winkelkoordinate werden häufig als Valenz- bzw. Deformationskraftkonstanten unterschieden. Man verwendet für die ersteren auch die Abkürzungen f, f_r, k_r oder K_r und für letztere d, f_a oder H_a. Einheitliche Bezeichnungsregeln haben sich noch nicht eingebürgert. Valenzkraftkonstanten haben die Dimension mdyn/Å oder 10^5 dyn/cm; Deformationskonstanten, bei denen R_i eine Winkeländerung darstellt, die Einheit mdyn $\cdot$ Å/Rad^2. Die Division durch das Produkt der den Winkel einschließenden Bindungsabstände führt auch Deformationskraftkonstanten auf die Einheit mdyn/Å zurück.
Ausdrücke der Form

$$\left(\frac{\partial^2 V}{\partial R_i \cdot \partial R_j} \right) \text{ mit } i \neq j$$

gehören zu sogenannten *Wechselwirkungskonstanten* der Koordinaten R_i und R_j. Sie sind von null verschieden, wenn eine Auslenkung in der Koordinate R_i eine Änderung in der Gleichgewichtslage der Koordinate R_j verursacht (Näheres hierzu im Abschnitt Potentialfunktionen).

Zur Schwingungsenergie des Moleküls gehört außer der potentiellen Energie auch die *kinetische Energie der schwingenden Massen* m_a. Unter Verwendung kartesischer Ortskoordinaten erhält man für sie den Summenausdruck

$$E_{\text{kin}} = \tfrac{1}{2} \sum_a m_a (\dot{x}_a^2 + \dot{y}_a^2 + \dot{z}_a^2) \qquad (4)$$

Man transformiert auch die kinetische Energie auf innere Koordinaten R_i, durch die die potentielle Energie bereits dargestellt wurde. Diese Transformation der einzelnen Summenausdrücke $m_a(\dot{x}_a^2+\dot{y}_a^2+\dot{z}_a^2)$ auf die zeitlichen Ableitungen nach den inneren Koordinaten R_i und R_j erfolgt mit den Elementen m_{ij} einer Matrix $\mathfrak{M}$, deren inverse Form $\mathfrak{M}^{-1}$ auch als Matrix $\mathfrak{G}$ bezeichnet wird. Sie kann nach Vorschriften von *Wilson* und Mitarbeitern leicht aus den reziproken Atommassen und aus Koeffizienten, die die inneren Koordinaten mit kartesischen Koordinaten verknüpfen, gebildet werden (3). Da die inverse Form $\mathfrak{G}^{-1}$ der $\mathfrak{G}$-Matrix gleich der Transformationsmatrix $\mathfrak{M}$ für die kinetische Energie ist, erhält man den Ausdruck

$$E_{\text{kin}}=\tfrac{1}{2}\sum_i\sum_j G_{ij}^{-1}\cdot\dot{R}_i\cdot\dot{R}_j \tag{5}$$

d) Säkulargleichung, Eigenvektoren und Normalkoordinaten

Die Beziehungen (3) und (5) für die kinetische und die potentielle Energie des Systems werden in die *Bewegungsgleichungen* von *Lagrange* eingeführt. Man erhält damit für ein System mit n Schwingungsfreiheitsgraden und ebenso vielen inneren Koordinaten n lineare homogene Gleichungen der Form

$$\sum_{j=1}^{n}(F_{ij}-\lambda\,G_{ij}^{-1})\cdot L_j=0\,, \quad i=1 \text{ bis } n \tag{6}$$

Diese Gleichungen enthalten außer den schon eingeführten Größen F_{ij} und G_{ij}^{-1} die Symbole λ für die Eigenwerte und L_j für die zugehörigen Eigenvektoren des Systems. Ein Eigenwert λ ist proportional dem Quadrat der zugehörigen Eigenschwingung ν. Gibt man ν in cm^{-1}, Kraftkonstanten in mdyn/Å und Massen in Atomgewichtseinheiten an, so lautet die Beziehung zwischen λ und ν^2: $\lambda=0{,}5891\cdot10^{-6}\cdot\nu^2$. Die Auflösung von (6) nach den Eigenwerten folgt aus der Bedingung

$$|F_{ij}-\lambda G_{ij}^{-1}|=0 \tag{7a}$$

wobei die Determinante alle Glieder F_{ij} bzw. G_{ij}^{-1} in der richtigen Zeilen- und Spaltenanordnung enthält. Ordnet man die Elemente F_{ij} bzw. G_{ij}^{-1} in Matrixform an, so kann man die vorstehende Gleichung in der Form

$$|\mathfrak{F}-\lambda\cdot\mathfrak{G}^{-1}|=0 \tag{7b}$$

schreiben, die nach den Regeln der Matrizenrechnung in

$$|\mathfrak{F} \cdot \mathfrak{G} - \mathfrak{E}\,\lambda| = 0 \qquad (7c)$$

zu überführen ist. ($\mathfrak{E} =$ Einheitsmatrix).

$\mathfrak{F}$ und $\mathfrak{G}$ sind symmetrische quadratische Matrizen. Daher ist die Gleichung

$$|\mathfrak{G} \cdot \mathfrak{F} - \mathfrak{E} \cdot \lambda| = 0 \qquad (7d)$$

mit den vorstehenden Gleichungen identisch. In dieser Form wird die Säkulardeterminante im Anschluß an die Arbeiten von *Wilson* im allgemeinen geschrieben.

Die Entwicklung der Säkulardeterminante führt auf die charakteristische Gleichung

$$\lambda^n - C_{n-1}\,\lambda^{n-1} + C_{n-2}\,\lambda^{n-2} \cdots + (-1)^n C_0\,\lambda^0 = 0 \qquad (8)$$

Die Koeffizienten C_{n-1} bis C_0 sind aus den Elementen, den Unterdeterminanten steigenden Ranges und schließlich der Determinante der $\mathfrak{G}$- bzw. $\mathfrak{F}$-Matrix zu bilden. Gleichung (8) hat n Lösungen, die die gesuchten Eigenwerte des Systems sind.

Das Gleichungssystem (6) ist für jeden der n Eigenwerte λ_k erfüllt. Insgesamt sind demnach n^2 Gleichungen für n^2 Eigenvektoren L_{jk} vorhanden. Gleichung (6) läßt sich in kompakter Form als Matrizengleichung angeben. In dieser ist $\mathfrak{L}$ die Matrix der Elemente L_{jk}, bei denen sich der Index j auf die innere Koordinate, der Index k auf den Eigenwert bezieht. λ ist eine Diagonal-Matrix der Elemente λ_k. Die Gleichung lautet

$$\mathfrak{F} \cdot \mathfrak{L} = \mathfrak{G}^{-1} \cdot \mathfrak{L} \cdot \lambda \quad \text{oder} \quad \mathfrak{G} \cdot \mathfrak{F} \cdot \mathfrak{L} = \mathfrak{L} \cdot \lambda \qquad (9)$$

Die Eigenvektoren L_{jk} sind durch diese Matrizengleichung nur als relative Größen gegeben. Sie werden durch die Einführung der sogenannten *Normalkoordinaten* normiert. Normalkoordinaten sind so geartet, daß die Energie jeder zu einem Eigenwert λ_k gehörenden Schwingung unabhängig von derjenigen anderer Schwingungen durch eine einzige derartige Normalkoordinate zu beschreiben ist. Die Energiefunktion wird damit ein Summenausdruck quadratischer Glieder der einzelnen Normalkoordinaten:

$$V = \tfrac{1}{2} \sum_k \lambda \cdot Q_k^2, \qquad E_{\text{kin}} = \tfrac{1}{2} \sum_k \dot{Q}_k^2 \qquad (10)$$

Normalkoordinaten sind massen-gewogene Koordinaten, wie aus der Beziehung für die kinetische Energie hervorgeht.

Die Eigenvektoren in der $\mathfrak{L}$-Matrix der Gleichung (9) werden nunmehr so normiert, daß für alle λ_k die Bedingungen

$$2 V_k = \lambda_k \cdot Q_k^2 = \sum_{ij} F_{ij} \cdot L_{ik} \cdot L_{jk} \tag{11}$$

erfüllt sind. Die normierten Elemente der $\mathfrak{L}$-Matrix ermöglichen die Transformation von Normalkoordinaten auf innere Koordinaten durch die Matrixgleichung $\mathfrak{R} = \mathfrak{L} \cdot \mathfrak{Q}$, in der $\mathfrak{R}$ und $\mathfrak{Q}$ die Spaltenmatrizen der inneren und der Normalkoordinaten sind. Die umgekehrte Transformation gelingt durch $\mathfrak{Q} = \mathfrak{L}^{-1} \cdot \mathfrak{R}$. Die Auslenkungen der inneren Koordinaten in den Normalschwingungen sind mit diesen Beziehungen gegeben. Statt einer graphischen Wiedergabe dieser Auslenkungen, die bei nicht ebenen Molekülen Schwierigkeiten bereitet, kann man zur Charakterisierung der Schwingungsformen die *Potentialenergieverteilung* angeben. Diese folgt für jeden Eigenwert λ_k und jede Kraftkonstante F_{ij} aus der Gleichung

$$V_k(F_{ij}) = \frac{F_{ij} \cdot L_{ik} \cdot L_{jk}}{\sum\limits_{ij} F_{ij} \cdot L_{ik} \cdot L_{jk}} \tag{12}$$

Sie beschreibt somit die relativen Beiträge der einzelnen Kraftkonstanten zur potentiellen Energie während der Auslenkung der inneren Koordinaten in den Normalschwingungen.

e) Symmetrieeigenschaften

Hat ein Molekül Symmetrieeigenschaften, ergeben sich daraus für die Normalkoordinatenanalyse wichtige Folgerungen. Symmetrieeigenschaften werden durch die bekannten Symmetrieelemente wie Drehachsen, Symmetrieebenen u. a. charakterisiert. Je nach Art und Anzahl der vorhandenen Symmetrieelemente gehört das Molekül zu einer bestimmten Punktgruppe wie C_{2v}, D_{3h} u. a., in deren Bezeichnung die vorhandenen Symmetrieeigenschaften zum Ausdruck kommen.

Die Gesamtzahl der Symmetrieoperationen einer Punktgruppe läßt nur eine begrenzte Zahl einfachster Darstellungen zu, die man als die irreduciblen Darstellungen oder Symmetrierassen der Punktgruppe bezeichnet. Sie können aus den sogenannten Charaktertabellen entnommen werden. Diesen Symmetrierassen müssen die Normalschwingungen eines Moleküls zugeordnet werden, die somit Symmetrieeigenschaften haben. Für ein gegebenes Molekül kann mit Abzähltabellen die Anzahl der Normalschwingungen in den einzelnen Rassen seiner Punktgruppe leicht ermittelt werden. Damit ergeben sich *Auswahlregeln* über die Beobachtbarkeit der Normalschwingungen des Moleküls im Infrarot- und Raman-Spektrum, da abgeleitet werden konnte, ob die Symmetrieeigenschaften einer Symmetrierasse zu einer Änderung des Dipolmomentes oder der Polarisierbarkeit im Molekül bei einer entsprechenden Auslenkung aus der Gleichgewichtslage führen. Der Symmetriecharakter bestimmt ferner den Polarisationszustand der Raman-Frequenzen und die Rotationsfeinstruktur im Infrarotspektrum gasförmiger Moleküle. Diese Zusammenhänge können die Ableitung eines Grundschwingungsspektrums aus den beobachteten Raman- und Infrarotbanden sehr erleichtern.

Für die Berechnung der Normalschwingungen ist die Molekülsymmetrie ebenfalls von großer Bedeutung. Wenn man die Symmetrieeigenschaften, die die Normalschwingungen in den einzelnen Symmetrierassen einer Punktgruppe haben, bei der Aufstellung der Koordinaten zur Beschreibung der Schwingungsbewegung berücksichtigt, so spalten die $\mathfrak{F}$- und $\mathfrak{G}$-Matrizen der Säkulardeterminante in ebenso viel Blöcke auf, wie Normalschwingungen in verschiedenen irreduciblen Darstellungen auftreten. Die Säkulargleichung kann damit für jede Symmetrierasse getrennt ausgewertet werden, wodurch ihr Rang beträchtlich vermindert wird. Man erreicht diese Aufspaltung oder „Faktorisierung" der $\mathfrak{F}$- und $\mathfrak{G}$-Matrix dadurch, daß man die inneren Koordinaten, die zu äquivalenten Sätzen gehören, zu Symmetriekoordinaten kombiniert, die entsprechend den irreduciblen Darstellungen der Punktgruppe transformiert werden.

Bei Molekülen mit drei- und höherzähligen Drehachsen oder Drehspiegelachsen können je zwei oder drei Eigenwerte der Säkulargleichung entartet sein, d.h. genau die gleichen Frequenzen besitzen. Eine zweifache Entartung kann man sich am Beispiel der Schwingungsbewegung des CO_2 senkrecht zu seiner Molekülachse, die eine unendlich zählige Drehachse darstellt, leicht veranschaulichen. Bei entarteten Schwingungen sind die Normalkoordinaten nicht eindeutig bestimmt; wohl aber kann man jede mögliche Schwingungsbewegung durch die Überlagerung von zwei- bzw. bei dreifacher Entartung von drei Bewegungsformen beschreiben, für die eine entsprechende Zahl von Symmetriekoordinaten aufgestellt wird. Zur Auswertung der Säkulargleichung braucht aber nur ein Satz dieser Symmetriekoordinaten pro entartete Klasse berücksichtigt zu werden.

2. Lösungsmannigfaltigkeit bei der Berechnung der Kraftkonstanten aus Schwingungsfrequenzen.
Die Potentialenergieverteilung als einschränkendes Prinzip

Die Berechnung der Eigenwerte λ und damit der Schwingungsfrequenzen für die Normalschwingungen eines Moleküls zur Erleichterung der Zuordnung oder zur Bestimmung der Normalkoordinaten erfordert die

Kenntnis der $\mathfrak{F}$-Matrix, die die Kraftkonstanten des Moleküls in bezug auf die inneren Koordinaten oder deren Kombinationen zu Symmetriekoordinaten enthält. Kraftkonstanten können aber wiederum nur aus Normalschwingungen berechnet werden, da die Energie der Moleküle als Funktion der Kernabstände durch quantenmechanische „ab initio“-Rechnungen[1] noch nicht mit der nötigen Genauigkeit ermittelt werden kann. Nun macht die Zuordnung der Grundschwingungen bei sehr einfachen Molekülen aus den beobachteten Spektren im allgemeinen keine besonderen Schwierigkeiten. Man kann daher versuchen, bei ihnen die Säkulardeterminante bei gegebenen Eigenwerten λ und gegebener $\mathfrak{G}$-Matrix, deren Aufstellung außer den Atommassen auch die Kenntnis der Abstände und Valenzwinkel im Molekül voraussetzt, nach den Elementen der $\mathfrak{F}$-Matrix aufzulösen. Diese Aufgabe ist ohne zusätzliche Daten nur durchführbar, wenn das Molekül nur eine einzige Schwingung oder nur je eine Schwingung in den einzelnen Symmetrierassen seiner Punktgruppe hat. Sind zwei Schwingungen in einer Rasse vorhanden, so enthalten die $\mathfrak{F}$-Matrizen außer den Kraftkonstanten F_{11} und F_{22} der inneren Koordinaten bzw. der aus ihnen gebildeten Symmetriekoordinaten auch die Wechselwirkungskonstanten F_{12} und F_{21}. Da wegen der Symmetrie der $\mathfrak{F}$-Matrix das Element F_{12} gleich dem Element F_{21} ist, müssen drei verschiedene Elemente der $\mathfrak{F}$-Matrix aus zwei Eigenwerten λ_k bestimmt werden. Die Entwicklung der Säkulardeterminante führt bei dem vorliegenden Problem auf die beiden folgenden Gleichungen

$$\lambda_1 + \lambda_2 = F_{11} G_{11} + F_{22} G_{22} + 2 F_{12} \cdot G_{12}$$

$$\lambda_1 \cdot \lambda_2 = (F_{11} \cdot F_{22} - F_{12}^2)(G_{11} \cdot G_{22} - G_{12}^2) = |\mathfrak{F}| \cdot |\mathfrak{G}|$$

Wenn man aufgrund von Überlegungen zur Potentialfunktion für F_{12} einen festen Wert einsetzt, etwa null wie beim einfachen Valenzkraftfeld, so erhält man ein quadratisches Gleichungssystem für die beiden noch unbekannten Größen F_{11} und F_{22}, das auf zwei Lösungspaare führt. Variiert man F_{12} systematisch, so stellt man fest, daß nur in einem begrenzten Bereich von F_{12}-Werten reelle Lösungen für F_{11} und F_{22} erhalten werden können. Ebenso wie durch Minimal- und Maximalwerte von F_{12} ist der reelle Lösungsbereich durch Minimal- und Maximalwerte für F_{11} und F_{22} eingegrenzt. Graphisch lassen sich alle möglichen Lösungen in einem dreidimensionalen Koordinatensystem mit den Achsen F_{11}, F_{22} und F_{12} darstellen. Der leichteren Anschauung wegen ist eine

---

[1] Vgl. *H. Preuß*: Fortschr. Chem. Forsch. *9*, 325-353 (1968)

Darstellung in zwei ebenen Koordinatensystemen mit F_{12} als gemeinsamer Abszisse vorzuziehen. Die Abb. 1 gibt die Lösungen für die $\mathfrak{F}$-

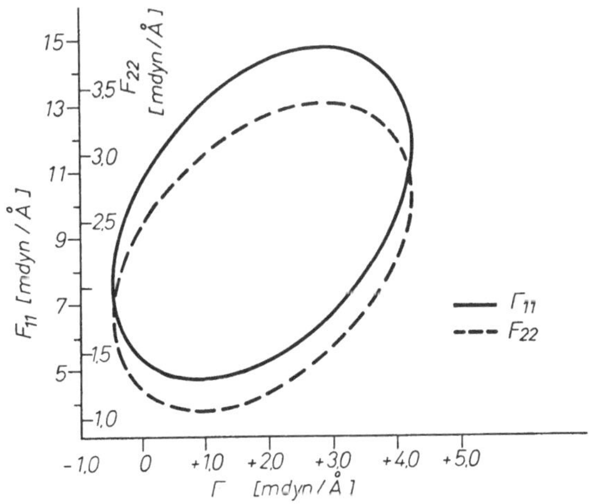

Abb. 1. Lösungsellipsen für die Symmetriekraftkonstanten des NO_2 in der Rasse a_1

Matrizen zu den beiden symmetrischen Schwingungen des NO_2 in der Rasse a_1 der Punktgruppe C_{2v} wieder (9). Diese werden durch die Symmetriekoordinaten

$$S_1 = \sqrt{1/2} \,(\Delta r_1 + \Delta r_2)$$

und

$$S_2 = r_{NO} \cdot \Delta \alpha$$

beschrieben, wobei Δr_1 und Δr_2 die Änderung der beiden NO-Abstände und $\Delta \alpha$ diejenige des Valenzwinkels ist. Aufgetragen sind die Kraftkonstanten der Symmetriekoordinaten in der Einheit mdyn/Å. Die zu den F_{12}-Werten des reellen Lösungsbereiches gehörenden F_{11} und F_{22}-Werte liegen auf zwei Ellipsen. Nur zu den Extremalwerten von F_{12} gehört jeweils ein einziger F_{11}- bzw. F_{22}-Wert. In den übrigen Bereichen von F_{12} bildet stets der größere F_{11}-Wert mit dem kleineren F_{22}-Wert und der kleinere F_{11}-Wert mit dem größeren F_{22}-Wert ein Lösungspaar.

Zu der in Abb. 1 gezeigten Lösungsmannigfaltigkeit für die $\mathfrak{F}$-Matrix gehört eine entsprechende Lösungsmannigfaltigkeit für die zugehörigen Schwingungsamplituden und die Potentialenergieverteilung, in welcher sich der Beitrag der zu den inneren Koordinaten gehörenden Kraftkonstanten zur Potentialenergie der Eigenwerte ausdrückt. Von dieser Lösungsmannigfaltigkeit führt aber nur ein *begrenzter Ausschnitt* zu einer

H. J. Becher

Darstellung der Potentialenergieverteilung im Molekül, die valenzchemischen Gesichtspunkten entspricht. Diese lassen erwarten, daß eine Abstandsänderung zweier gleicher Bindungen eine größere Energieänderung hervorrufen wird als eine Änderung des Valenzwinkels. Die Potentialenergie der höheren Schwingung wird daher stärker von der Abstandskoordinate, diejenige der tieferen Schwingung dagegen mehr von der Winkelkoordinate bestimmt werden. Die von einer gleichzeitigen Änderung beider Koordinaten herrührende Wechselwirkungsenergie sollte im Vergleich zur Gesamtenergie jeder Schwingung nicht zu groß werden und bei keiner Schwingung nennenswert über den Energiebeitrag einer Kraftkonstante in der Hauptdiagonale der F-Matrix hinausgehen. Die Abb. 2 und 3 zeigen die Potentialenergieverteilung für die Eigenwerte λ_1 und λ_2 der beiden symmetrischen Schwingungen des NO_2 (9). Aufgetragen wurden die Energieanteile

$$V_1(F_{11}) = \frac{F_{11} \cdot L_{11}^2}{\lambda_1}, \quad V_1(F_{22}) = \frac{F_{22} \cdot L_{21}^2}{\lambda_1},$$

$$2V_1(F_{12}) = \frac{2F_{12} \cdot L_{11} \cdot L_{21}}{\lambda_1}$$

und die entsprechenden Energieanteile V_2 für λ_2, jeweils in Abhängigkeit von F_{12} und dem dazugehörigen größeren F_{11}- und kleineren F_{22}-Wert der Lösungsellipsen. Zur Darstellung der Potentialenergieverteilung des zu jedem F_{12}-Wert gehörenden zweiten F_{11}-F_{22}-Lösungspaares hat man in den Abb. 2 und 3 einfach die Bezeichnungen $V_1(F_{11})$ und $V_1(F_{22})$ bzw. $V_2(F_{11})$ und $V_2(F_{22})$ zu vertauschen, während die Potentialenergieanteile von F_{12} unverändert bleiben. Man ersieht daraus, daß die zu einem gegebenen F_{12}-Wert gehörenden beiden Wertepaare für F_{11} und F_{22} zu einer Vertauschung der Potentialenergieanteile von F_{11} und F_{22} an den Eigenwerten λ_1 und λ_2 führen. Man kann somit die untere Hälfte der Lösungsellipse für F_{11} und die obere Hälfte der Lösungsellipse für F_{22} in Abb. 1 von vornherein ausschließen, wenn man verlangt, daß die Abstandsänderung in der Gruppe zu einer größeren Energieänderung als die Winkeländerung führt. Weiterhin ist aus den Abb. 2 und 3 zu entnehmen, daß im Bereich von $F_{12} > 1,0$ entweder $2V_1(F_{12})$ einen merklich größeren Betrag als $V_1(F_{22})$ oder $2V_2(F_{12})$ einen größeren Betrag als $V_2(F_{11})$ annimmt, so daß auch dieser *Lösungsbereich* ausgeschlossen werden kann.

Weitergehende Untersuchungen über die Potentialenergieverteilung bei gekoppelter Valenz- und Deformationsschwingung wurden an anderer Stelle beschrieben (9). Es konnte dort die Bedingung aufgestellt werden, daß die Summe der Potentialenergieanteile der Deformations- und Wech-

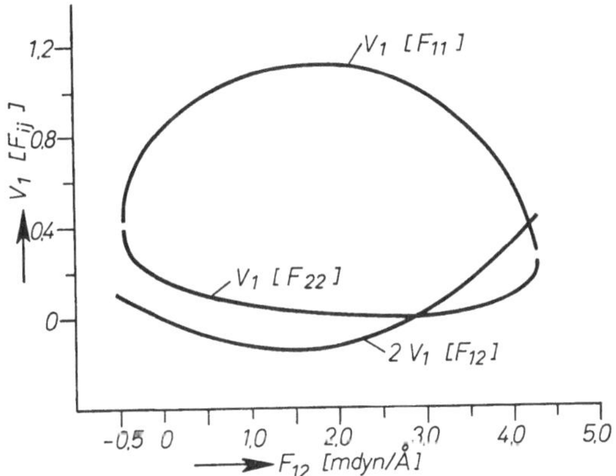

Abb. 2. Potentialenergieverteilung der Schwingung ν_1 des NO_2 in Abhängigkeit von der Wechselwirkungskonstante

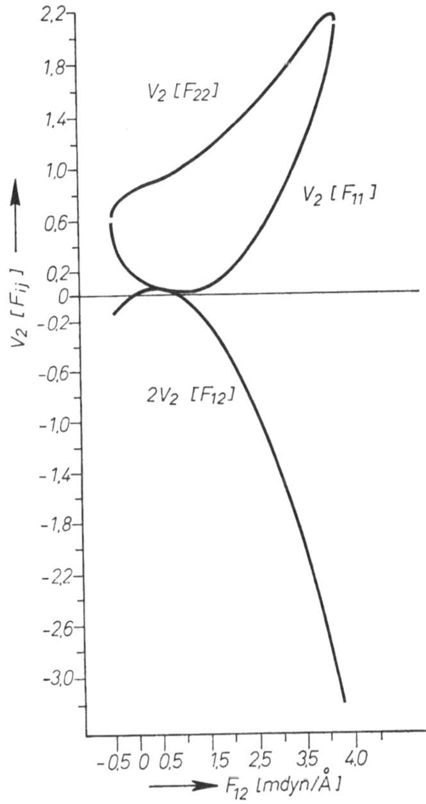

Abb. 3. Potentialenergieverteilung der Schwingung ν_2 des NO_2 in Abhängigkeit von der Wechselwirkungskonstante

selwirkungskonstanten an der Valenzschwingung gleich null wird. Man erhält mit dieser Bedingung Lösungen, die durch weitere physikalische Daten gestützt werden. Das von *Sawodny*, *Fadini* und *Ballein* (*52a*) sowie *Becher* und *Mattes* (*10a*) beschriebene Kopplungsstufenverfahren zur Berechnung vollständiger $\mathfrak{F}$-Matrizen mit einem System völlig entkoppelter Schwingungen als Ausgangslösung gibt solche Lösungen mit möglichst charakteristischer Potentialenergieverteilung.

3. Zusätzliche Daten zur Überwindung der Lösungsmannigfaltigkeit bei der Kraftkonstantenberechnung

a) Frequenzänderungen durch Isotopensubstitution

Durch Isotopensubstitution in einem Molekül wird seine Potentialfunktion im Rahmen der Born-Oppenheimer-Näherung nicht verändert (*2, 3*). Das bedeutet, daß bei harmonischen Schwingungen, wie sie zu einer quadratischen Potentialfunktion gehören, aus den Frequenzen eines Isotopenderivats die gleichen Kraftkonstanten wie aus denen der Ausgangsverbindung berechnet werden müssen. Die Frequenzwerte selbst sind jedoch massenabhängig. Daher gewinnt man mit ihren Änderungen bei einer Isotopensubstitution zusätzliche Daten zur Bestimmung der Kraftkonstanten aus Schwingungsfrequenzen. Hat ein Molekül in einer Symmetrierasse zwei Grundschwingungen, die von der Masse eines isotop substituierbaren Atoms abhängen, so können für das Ausgangsmolekül und sein Isotopenderivat insgesamt vier Frequenzwerte zu den Normalschwingungen dieser Symmetrierasse bestimmt werden. In der zugehörigen $\mathfrak{F}$-Matrix treten drei Symmetriekraftkonstanten auf. Da zwischen den vier Frequenzen durch die Produktregel eine Abhängigkeit besteht, reichen die vier Frequenzen gerade zur Bestimmung von drei Kraftkonstanten aus. Die Produktregel, die von *Teller* und *Redlich* in äußeren Symmetriekoordinaten abgeleitet wurde (*2, 3*), läßt sich bei Verwendung von inneren Symmetriekoordinaten in der Form schreiben:

$$\frac{\lambda_1 \cdot \lambda_2}{\lambda_1' \cdot \lambda_2'} = \frac{|\mathfrak{G}|}{|\mathfrak{G}'|} \tag{13}$$

In dieser Beziehung sind die λ und λ' wieder die Eigenwerte des Moleküls, $|\mathfrak{G}|$ bzw. $|\mathfrak{G}'|$ die Determinantenwerte der zugehörigen $\mathfrak{G}$-Matrizen. Jedes Isotopenderivat liefert mit seinen Frequenzen für die $\mathfrak{F}$-Matrizen Lösungsellipsen, wie in Abb. 1 für das NO_2 dargestellt wurden. Stellt man diese Lösungsellipsen für beide Isotopenverbindungen im gleichen Koordinatensystem dar, *so geben ihre Schnittpunkte die Kraftkonstanten an*, die für beide Verbindungen übereinstimmen. Wenn die Produktregel genau erfüllt ist, schneiden sich die zu den Kraftkonstanten F_{11} und F_{22} gehörenden Kurven bei dem gleichen F_{12}-Wert. Im allgemeinen wird man für die Lösungsellipsen der beiden Isotopenderivate zwei solche Schnittpunkte erhalten, so daß immer noch zwei Lösungsmöglichkeiten übrig bleiben. Diese unterscheiden sich in der Potentialenergieverteilung der beobachteten Schwingungen auf die inneren Koordinaten. Eine von ihnen ist durch eine sinnvolle Anwendung des Valenzkraftmodells auszuwählen.

Die Genauigkeit, mit der eine $\mathfrak{F}$-Matrix aus den Frequenzänderungen einer Isotopensubstitution ermittelt werden kann, hängt davon ab, ob sich die Kurven von F_{11} und F_{22} gegen F_{12} beider Isotopenderivaten beim Schnittpunkt in ihrer Steigung genügend unterscheiden. Das ist nicht immer der Fall, wie von *Beckmann* und Mitarbeitern gezeigt wurde (*11*). Man hat aber zu beachten, daß die Genauigkeit, mit der der Schnittpunkt ermittelt werden kann, vorwiegend davon abhängt, mit welcher Genauigkeit die *Frequenzverschiebungen* bei der Isotopeneinführung und nicht die Absolutwerte der Frequenzen gemessen werden können. Hierauf wurde von *Chalmers* und *McKean* hingewiesen (*13*).

Bei drei Schwingungen in einer Symmetrierasse enthält die $\mathfrak{F}$-Matrix des allgemeinen Valenzkraftfeldes sechs verschiedene Symmetriekraftkonstanten. Die Isotopensubstitution eines an diesen Schwingungen beteiligten Atoms führt zu Änderungen dieser drei Frequenzen, von denen aber eine infolge der Produktregel keine Aussage über die $\mathfrak{F}$-Matrix liefert. In diesem Falle kann man daher nur fünf Elemente der $\mathfrak{F}$-Matrix berechnen und muß für das sechste einen Wert aus Vergleichsmolekülen oder aus Modellbetrachtungen übernehmen oder weitere Isotopenderivate untersuchen. Auch hier sind wieder, mathematisch betrachtet, mehrere Lösungssätze möglich, unter denen man durch Zuordnungsüberlegungen eine Auswahl treffen muß. Die Darstellung der gesamten Lösungsmannigfaltigkeit ist für eine $\mathfrak{F}$-Matrix vom Range drei nicht mehr möglich. Daher wird in solchen Fällen diejenige Lösung, die den gestellten Forderungen entspricht, durch iterative Verbesserung einer Näherungslösung bis zur möglichst genauen Wiedergabe der beobachteten Frequenzen und ihrer Isotopenverschiebungen gesucht (*7, 10a, 50, 53, 62*).

Wir haben bei den Überlegungen bisher stets vorausgesetzt, daß die Potentialfunktionen quadratisch und daher die Kraftkonstanten unabhängig von der Amplitude seien. Diese Annahme ist aber nicht ausreichend erfüllt, wie aus folgenden Beobachtungen hervorgeht:

1. In den Infrarotspektren treten neben den Grundschwingungen, bei denen die Quantenzahl um eine Einheit geändert wird, auch Oberschwingungen auf. Dieses ist der Theorie nach nur für anharmonische Schwingungen möglich.

2. Die beobachteten Oberschwingungen verhalten sich in ihren Frequenzen häufig zu den Grundschwingungen nicht entsprechend dem Zahlenverhältnis 2:1, wie es für harmonische Schwingungen zu erwarten ist.

3. Bei Deuterium-Substitutionen zeigen die Schwingungen Abweichungen von der Produktregel, die außerhalb der Meßgenauigkeit liegen.

Die Untersuchung der Schwingungsspektren zweiatomiger Molekeln hat gezeigt, daß man die Schwingungsenergien bis zur Dissoziation in wesentlich verbesserter Form wiedergeben kann, wenn die Energiefunktion durch ein quadratisches Glied der Quantenzahl als einem weiteren Glied einer vollständigen Reihenentwicklung entsprechend der Gleichung

$$\frac{E}{h \cdot c} = \omega_e (v + \tfrac{1}{2}) - \omega_e \cdot x_e (v + \tfrac{1}{2})^2 \tag{14}$$

erweitert wird (2). Mit ω_e, gemessen in cm^{-1}, bezeichnet man in dieser Gleichung diejenige Frequenz, mit der der Oszillator im Energieminimum bei unendlich kleiner Amplitude schwingen würde. x_e ist die Anharmonizitätskonstante.

Für die Frequenz des Übergangs $v = 0 \to v = 1$ gilt dann die Beziehung $v = \omega_e (1 - 2 x_e)$. Analog gilt für den Übergang

$$v = 0 \to v = 2 \qquad v = 2\,\omega_e (1 - 3 x_e)\;.$$

Bei genauer Kenntnis der Grundschwingung und der Oberschwingung eines Oszillators ist somit ω_e und x_e berechenbar.

Für ein Schwingungssystem mit mehr als einer Normalschwingung gilt

$$\frac{E}{h \cdot c} = \sum_i \omega_i \cdot (v + \tfrac{1}{2}) - \sum_i \sum_j X_{ij} (v_i + \tfrac{1}{2})\,(v_j + \tfrac{1}{2}) \tag{15}$$

Die harmonischen Normalschwingungen des Systems sind mit i und j durchlaufend numeriert. Auch hier lassen sich im Prinzip die Anharmonizitätskonstanten und die harmonischen Grundschwingungen aus beobachteten Grundschwingungen, Oberschwingungen und Kombinationsschwingungen berechnen. In der Praxis treten aber nahezu unüberwindliche Schwierigkeiten bei der Aufgabe auf, alle dabei benötigten Grund- und Kombinationsschwingungen hinreichend genau zu vermessen und zuzuordnen. Es erhebt sich daher die Frage, ob man auf eine Anharmonizitätskorrektur verzichten oder sie in vereinfachter Form vornehmen kann.

In Tabelle 1 sind einige aus den Spektren zweiatomiger Moleküle und Radikale (2) entnommenen Anharmonizitätskonstanten (x_e) wiedergegeben, wie sie durch Gleichung (14) definiert sind.

Tabelle 1. *Anharmonizitätskonstanten x_e in einigen zweiatomigen Molekülen und Radikalen*

CH	0,0225	N_2	0,0061	B_2	0,0089
OH	0,0222	O_2	0,0076	BCl	0,006
HCl	0,018	Cl_2	0,0071	SiCl	0,004
HBr	0,018	Br_2	0,0034		

Aus diesen Werten für x_e folgt mit der Beziehung $v = \omega_e(1 - 2x_e)$, daß die Grundschwingung bei den Hydriden etwa 4% niedriger auftritt als die harmonische Frequenz ω_e, bei allen übrigen Verbindungen dagegen nur etwa 1 bis 1,5% niedriger. Von den Hydriden abgesehen, erhält man daher aus der Grundfrequenz in der Regel einen um 2 bis 3% kleineren Wert für die Kraftkonstante als am Minimum der Potentialkurve. Bei Hydriden kann die Abweichung 7 bis 10% betragen.

Für das Verhältnis einer Frequenz v eines zweiatomigen Moleküls zu einer durch Isotopensubstitution veränderten Frequenz v' gilt

$$\frac{v}{v'} = \frac{\omega_e(1 - 2x)}{\omega_e'(1 - 2x')} = \sqrt{\frac{G}{G'}} \cdot \frac{1 - 2x}{1 - 2x'} \tag{16}$$

Die Produktregel $\frac{v}{v'} = \sqrt{\frac{G}{G'}}$ ist nicht erfüllt, weil die Anharmonizitätskonstante des Ausgangsmoleküls (x) von derjenigen des Isotopenderivates (x') verschieden ist. In erster Näherung ist x bzw. x' proportional zu der Schwingungsamplitude und damit zu der Wurzel aus der reziproken Schwingungsmasse. Für das Verhältnis x/x' gilt daher (20)

$$\frac{x}{x'} \approx \sqrt{\frac{G}{G'}} = \frac{\omega_e}{\omega_e'} \approx \frac{v}{v'} \tag{17}$$

Hieraus folgt $\Delta x = x - x' \approx x \cdot \frac{\Delta v}{v}$, wobei $\Delta v = v - v'$ ist. Da $x \ll 1$ ist, kann man Gleichung (16) in die Näherungsbeziehung

$$\frac{v}{v'} \approx \sqrt{\frac{G}{G'}} \cdot (1 - 2\Delta x) \tag{18}$$

umformen. Für das Verhältnis der aus v und v' berechneten Kraftkonstanten F und F' gilt mit der gleichen Näherung

$$\frac{F}{F'} \approx 1 - 4\,\Delta x\,. \tag{19}$$

Wenn $x < 0{,}01$ und $\frac{\Delta v}{v} < 0{,}1$, wie es außer bei der Isotopensubstitution D für H stets der Fall ist, unterscheiden sich demnach F und F' um weniger als $0{,}5\%$, während bei einer H/D-Substitution Unterschiede von 2 bis 5% auftreten können.

Bei zwei gekoppelten Schwingungen kann man die Anharmonizitätskorrektur der Gleichung (15) für den Übergang $v = 0 \to v = 1$ in die Beziehungen $v_1 = \omega_1(1 - 2x_1)$ und $v_2 = \omega_2(1 - 2x_2)$ zusammenfassen. Unter Anwendung der gleichen Näherungsrechnungen, wie sie oben für nur eine Schwingung durchgeführt wurde, ergibt sich dann als Verhältnis der Kraftkonstanten von zwei Isotopenverbindungen,

$$\frac{|\mathfrak{F}|}{|\mathfrak{F}'|} = 1 - 4\,\Delta x_1 - 4\,\Delta x_2 \tag{20}$$

wobei $|\mathfrak{F}|$ und analog $|\mathfrak{F}'| = F_{11} \cdot F_{22} - F_{12}^2$ ist. Die Anwendung der Produktregel auf die Ausgangsverbindung und ihr Isotopenderivat führt auf

$$\frac{v_1 \cdot v_2}{v_1' \cdot v_2'} = \sqrt{\frac{|\mathfrak{G}|}{|\mathfrak{G}'|}} \cdot (1 - 2\,\Delta x_1 - 2\,\Delta x_2) \tag{21}$$

und damit nur auf die Summe der für die Korrektur benötigten beiden Größen Δx_1 und Δx_2. Man ist daher vor allem bei der Berechnung von Kraftkonstanten in Wasserstoff- und Deuterium-Verbindungen, deren Anharmonizitätsunterschied am stärksten ins Gewicht fällt, zu weiteren *Näherungen* gezwungen. Die Situation soll am *Beispiel des Äthylens* erläutert werden. Zunächst überträgt man vielfach Anharmonizitätskorrekturen von einer Rasse, in der die Frequenzen genügend genau bestimmt werden können, auf andere Rassen. Bei der Aufteilung der Summe von Δx_1 und Δx_2 auf die Einzelglieder sahen *Crawford* und Mitarbeiter die Anharmonizitätskorrektur der CH-Deformationsschwingungen als vernachlässigbar klein an und konnten damit die Korrektur für die Valenzschwingung aus der Produktregel entnehmen (*17*). Dagegen berücksichtigte *Strey* nach einem Vorschlag von *Manneback* die Anharmonizität bei allen CH-Schwingungen durch die Verwendung korrigierter Atomgewichte für Wasserstoff und Deuterium, die nach der Beziehung bestimmt wurden:

$$m_{\mathrm{H,\,D}} \text{ (korrigiert)} = m_{\mathrm{H,\,D}} \left(1 + \frac{4\,C}{\sqrt{m_{\mathrm{H,\,D}}}}\right)$$

wobei C eine Konstante ist (70). Diese wird so gewählt, daß die mit den korrigierten Atomgewichten berechneten $\mathfrak{G}$-Matrizen die Produktregel für die beobachteten Frequenzen genau erfüllen. Auch von *Strey* wurde eine Übertragbarkeit dieser Korrekturen auf die verschiedenen Symmetrierassen angenommen.

Wie stark sich die Anharmonizitätskorrektur gerade beim Äthylen auf das Berechnungsergebnis auswirkt, zeigt ein Vergleich der Kraftkonstanten, die in der Rasse b_{3u} von *Crawford* einerseits und *Strey* andererseits berechnet wurden. Um diesen Vergleich zu ermöglichen, werden die von den Autoren angegebenen Kraftkonstanten auf die Symmetriekoordinaten

$$S_1(b_{3u}) = \tfrac{1}{2}(\Delta r_1 + \Delta r_2 - \Delta r_3 - \Delta r_4)$$

$$S_2(b_{3u}) = \frac{1}{\sqrt{12}} \cdot r_{\mathrm{CH}} \cdot (2\Delta\alpha_{12} - 2\Delta\alpha_{34} + \Delta\beta_3 + \Delta\beta_4 - \Delta\beta_1 - \Delta\beta_2)$$

transformiert. Die Bezeichnung der inneren Koordinaten geht aus der Abb. 4 hervor. Die Ergebnisse in mdyn/Å lauten:

Crawford (17): $\quad F_{11} = 6{,}14 \quad F_{22} = 0{,}392 \quad F_{12} = 0{,}392$

Strey (70): $\qquad F_{11} = 5{,}43 \quad F_{22} = 0{,}397 \quad F_{12} = -0{,}13$

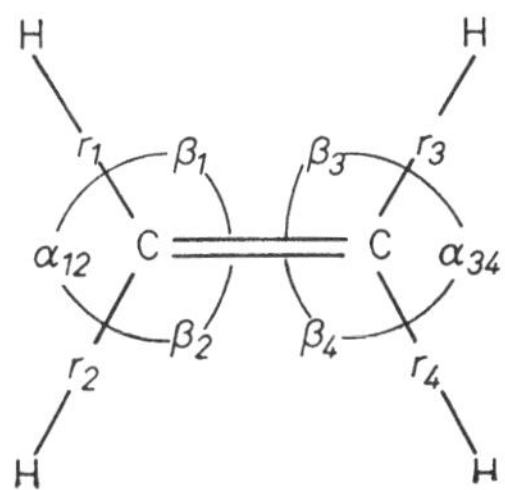

Abb. 4. Bezeichnung der inneren Koordinaten im Äthylen

Die verschiedene Weise der Anharmonizitätskorrektur macht sich vor allem in der Kraftkonstante der CH_2-Valenzschwingung und in dem Wechselwirkungsglied F_{12} bemerkbar.

Zu einem ähnlichen Bild führt der Vergleich von zwei *Kraftkonstanten-berechnungen am* C_2H_6 *und* C_2D_6 *(24, 32)*. Solange die Anharmonizitäts-korrekturen für die verschiedenen CH-Schwingungen nicht im einzelnen bestimmbar sind, kann man demnach aus Frequenzverschiebungen durch H/D-Substitution nur angenäherte Werte für die CH-Valenzkraft-konstanten und für die Wechselwirkungskonstanten entnehmen. Nun ist die Änderung in der Anharmonizität bei einer H/D-Substitution mit einem Δx in der Größenordnung von 0,01 relativ groß. Aus den Größen-ordnungen für die Anharmonizitätskonstanten in Tabelle 1 und den Frequenzverschiebungen bei der Isotopensubstitution von ^{12}C durch ^{13}C oder ^{14}N durch ^{15}N, die bei 1 bis 2% liegen, ergibt sich, daß in diesen Fällen Δx von der Größenordnung 10^{-4} ist. Bei diesen Substitutionen hat man daher wesentlich kleinere Änderungen in den Kraftkonstanten zu erwarten, wenn man diese aus den unkorrigierten Grundschwingungen berechnet. Wenn überdies von zwei gekoppelten Schwingungen ν_1 und ν_2 bei der Isotopensubstitution die relative Änderung $\dfrac{\Delta \nu_2}{\nu_2}$ merklich kleiner ist als $\dfrac{\Delta \nu_1}{\nu_1}$, kann man die zu $\dfrac{\Delta \nu_2}{\nu_2}$ proportionale Korrektur Δx_2 in der Gleichung (21) vernachlässigen und Δx_1, aus den beobachteten Frequen-zen $\nu_1, \nu_1', \nu_2, \nu_2'$ bestimmen. Mit Δx_1 kann dann ν_1' auf die gleiche Anhar-monizität wie ν_1 korrigiert werden, so daß sich nunmehr für das Iostopen-derivat und die Ausgangsverbindung die gleichen Kraftkonstanten ergeben müssen. Wenn bei zwei gekoppelten Schwingungen nur von einer die Isotopenverschiebung genau bekannt ist und die Korrektur auf gleiche Anharmonizität bei ihr entweder vernachlässigbar klein ist oder gegebe-nenfalls berücksichtigt werden kann, so genügt diese Kenntnis zusammen mit den beiden Grundschwingungen der Ausgangsverbindung bereits zur Berechnung der diese Daten erfüllenden Kraftkonstanten *(10, 13)*. Um ein Bild zu gewinnen, wie stark die berechnete Frequenzverschiebung $\Delta \nu$ von dem jeweiligen Kraftkonstantensatz der Lösungsellipsen abhängt, trägt man sie am besten gegen eine der Kraftkonstanten, etwa die Wech-selwirkungskonstante, auf.

Nach dieser Methode wurden für *Kohlenstofftetrafluorid* mit der Sub-stitution $^{12}C \to ^{13}C$ Kraftkonstanten berechnet, die auch die Coriolis-Kopplungskonstanten richtig wiedergeben *(13)* (Weitere Untersuchungen bei *McKean (37)* und *Becher (10)*. Abb. 5 erläutert die Anwendung dieses Verfahrens auf die beiden Schwingungen ν_3 und ν_4 in der Rasse f_2 des CH_4. In Abhängigkeit von F_{34} und den zugehörigen Kraftkonstanten F_{33} und F_{44}, die die bei *Mills (45)* zitierten Grundschwingungen ν_3 und ν_4 des $^{12}CH_4$ ergeben, ist die Frequenzänderung durch ^{13}C-Substitution, die für ν_3 berechnet wird, aufgetragen. Kürzlich wurde als Änderung von ν_3 durch ^{13}C-Substitution $\Delta \nu_3 = 9{,}95$ cm^{-1} gefunden *(43)*. Zu diesem

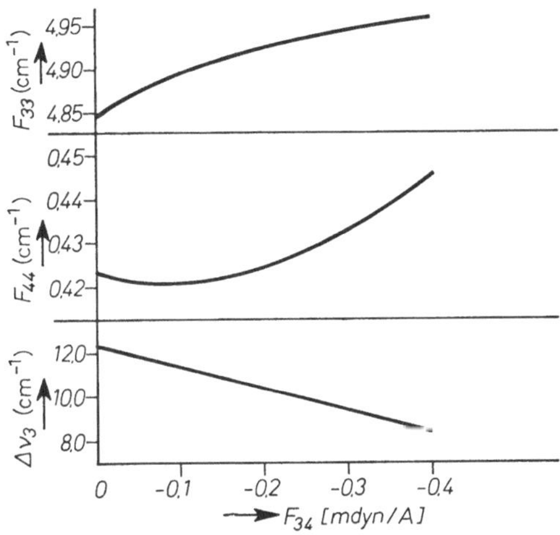

Abb. 5. Ausschnitt aus dem Lösungsbereich der Symmetriekraftkonstanten des $^{12}CH_4$ in f_2 und zugehörige Isotopenfrequenzänderung von ν_3 beim Übergang $^{12}CH_4-^{13}CH_4$

Wert gehört laut Abb. 5 ein F_{12} von $-0{,}255$. Bei dieser Auswertung ist aber der Anharmonizitätsunterschied Δx_3 von $^{12}CH_4$ und $^{13}CH_4$ noch nicht berücksichtigt. Δx_3 kann nach $\Delta x = x\dfrac{\Delta \nu}{\nu}$ berechnet werden, (vgl. S. 173), da die Anharmonizitätskonstante x_3 der Schwingung ν_3 des $^{12}CH_4$ mit $x_3 = 0{,}022$ angegeben worden ist (45). Man erhält $\Delta x_3 = 0{,}73 \cdot 10^{-4}$. Damit kann die Schwingung ν_3' der Isotopenverbindung $^{13}CH_4$ durch Anwendung der aus Gleichung (18) folgenden Korrekturgleichung

$$\nu'\,(\text{korrigiert}) = \nu'\,(1 - 2\,\Delta x)$$

auf die gleiche Anharmonizität wie ν_3 im $^{12}CH_4$ korrigiert werden. Für diese Korrektur erhält man $-0{,}45$ cm^{-1}. Dadurch erhöht sich die Frequenzverschiebung $\Delta \nu_3 = \nu_3 - \nu_3'$ auf $10{,}40$ cm^{-1}. Diese Verschiebung führt nach Abb. 5 auf ein F_{12} von $-0{,}21$, in ausgezeichneter Übereinstimmung mit Berechnungen, bei denen anharmonizitätskorrigierte Frequenzverschiebungen des Übergangs CH_4/CD_4 und Coriolis-Konstanten zur Kraftkonstantenberechnung verwandt wurden (22, 45).

Zusammenfassend ist festzustellen: Frequenzverschiebungen durch ^{13}C-, ^{15}N- und ^{18}O-Substitution können eine wertvolle Hilfe zur Ermittlung von Kraftkonstanten sein, wenn die Frequenzverschiebungen möglichst genauer als $\pm\,0{,}5$ cm^{-1} bestimmt werden können. Wenn die relative Frequenzverschiebung bei der Isotopensubstitution größer als $0{,}01$

ist, empfiehlt es sich, eine Korrektur für die Änderung der Anharmoni-
zität $\Delta x_i = x_i \cdot \dfrac{\Delta \nu_i}{\nu_i}$ anzubringen. Für diese Korrektur genügt es, wenn
man die Anharmonizitätskonstante x_i in der Ausgangsverbindung nähe-
rungsweise kennt. Bei der Auswertung von Frequenzverschiebungen
durch H/D-Substitution zur Berechnung von Kraftkonstanten ist dagegen eine genauere Anharmonizitätskorrektur erforderlich, wenn man die
Nebendiagonalglieder der $\mathfrak{F}$-Matrix mit mehr als einer nur größenord-
nungsmäßigen Genauigkeit erfassen will.

b) Corioliskopplungs- und Zentrifugaldehnungs-Konstanten

Wenn ein Molekül gleichzeitig rotiert und schwingt, treten Corioliskräfte auf, die bei der Darstellung der Energieterme berücksichtigt
werden müssen. Corioliskräfte sind senkrecht zu den Rotationsachsen
und zu den Bewegungsrichtungen der Atome bei einer Molekülschwin-
gung gerichtet und führen daher zu einer Wechselwirkung zwischen verschiedenen Schwingungsbewegungen, die bei entarteten Schwingungen
besonders ausgeprägt ist.

Betrachtet man nur die Drehung eines Moleküls um die z-Achse seines
Koordinatensystems, so gilt für die Wechselwirkungsenergie als Folge der
Corioliskräfte

$$2E = \Omega_z \cdot \omega_z$$

ω_z ist die Winkelgeschwindigkeit, während Ω_z durch die Gleichung

$$\Omega_z = \mathfrak{Q}' \cdot \zeta^z \cdot \dot{\mathfrak{Q}}$$

mit der transponierten Form der Spaltenmatrix $\mathfrak{Q}$ der Normalkoordinaten
und deren zeitlicher Ableitung $\dot{\mathfrak{Q}}$ sowie der Matrix ζ^z der Corioliskopplungskonstanten zusammenhängt. Die Eigenschaften der ζ-Matrix wur-
den von *Meal* und *Polo* ausführlich behandelt (44). Sie zeigten, daß die
Corioliskopplungskonstanten aus den Transformationskoeffizienten von
inneren Koordinaten auf Normalkoordinaten, die durch die inverse
Matrix $\mathfrak{L}^{-1}$ der Eigenvektormatrix $\mathfrak{L}$ gegeben sind, berechnet werden
können. In diese Rechnung gehen die Elemente einer Matrix $\mathfrak{C}$ ein, die
ebenso wie die $\mathfrak{G}$-Matrix der inversen kinetischen Energie aus reziproken
Atommassen und Transformationskoeffizienten von kartesischen auf
innere Koordinaten gebildet wird. Es ist

$$\zeta^z = \mathfrak{L}^{-1} \cdot \mathfrak{C}^z \cdot \mathfrak{L}'^{-1}$$

Wenn die ζ-Konstanten gemessen werden können, stellen sie somit weitere Bestimmungsstücke für die Eigenvektoren L_{ik} der Normalschwingungen dar und können zur Überwindung der Lösungsmannigfaltigkeit für die $\mathfrak{F}$-Matrix aus $\mathfrak{G}$-Matrix und Frequenzen beitragen.

Bisher wurden fast ausschließlich Corioliskopplungskonstanten bestimmt, die bei sphärischen und bei symmetrischen Kreiselmolekülen zu den entarteten Schwingungen gehören, deren Bewegungsrichtung senkrecht zur Kreiselachse erfolgt. Vernachlässigt man bei einem sphärischen Kreiselmolekül wie CH_4 die Abhängigkeit des Trägheitsmomentes von der Schwingungsquantenzahl, so gilt für die Energieterme der beiden je dreifach entarteten Grundschwingungen in der Rasse f_2

$$R(J) = \nu_0 + 2B(1 - \zeta_i) + 2B(1 - \zeta_i)J$$

$$Q(J) = \nu_0$$

$$P(J) = \nu_0 - 2B(1 - \zeta_i)J$$

($B = $ Rotationskonstante im Schwingungszustand $v = 0$ und $v = 1$, $J = $ Rotationsquantenzahl im Schwingungszustand $v = 0$)

Zu den beiden Grundschwingungen ν_3 und ν_4 gehören die ζ_i-Konstanten ζ_3 und ζ_4, für die Summenregel $(\zeta_3 + \zeta_4) = \frac{1}{2}$ gilt. Damit werden B, ζ_3 und ζ_4 aus der Aufspaltung im R- und P-Zweig der zu ν_3 und ν_4 gehörenden Banden berechenbar.

Gute *Näherungswerte* für ζ_i kann man bei Kugelkreiseln auch aus der Bandenkontur der entarteten Schwingungen erhalten, wenn die Auflösung der einzelnen Rotationslinien nicht möglich ist (27). Die Anwendung dieses Näherungsverfahrens wurde auch auf die entarteten Schwingungen symmetrischer Kreisel versucht, erfordert dann aber umfangreiche Rechnungen zur Darstellung der Bandenform als Funktion von Trägheitsmomenten und Corioliskopplungskonstanten (34, 39). Am Beispiel von Hydriden und Fluoriden der 4. und 5. Hauptgruppe wurde gezeigt, daß die ζ_i-Konstanten ihrer infrarotaktiven entarteten Schwingungen, die in Abhängigkeit von den Kraftkonstanten und den damit gegebenen $\mathfrak{L}^{-1}$-Matrizen des infrage kommenden Lösungsbereiches berechnet werden, sehr stark von der Mischung der Symmetriekoordinaten in den Normalkoordinaten abhängen und damit eine recht genaue Bestimmung der Wechselwirkungskonstanten in der $\mathfrak{F}$-Matrix ermöglichen (22, 23, 24, 45).

Abb. 6 zeigt die Ergebnisse einer derartigen Untersuchung am CH_4 und seinen Isotopenderivaten CD_4 und CT_4 (22, 45). Dargestellt sind die aus harmonischen Frequenzen der Normalschwingungen ω_3 und ω_4 in f_2 berechneten Symmetriekraftkonstanten F_{33} und F_{44} gegen F_{34} in einem Ausschnitt der Lösungsellipsen und dazu die zu diesen Lösungen gehören-

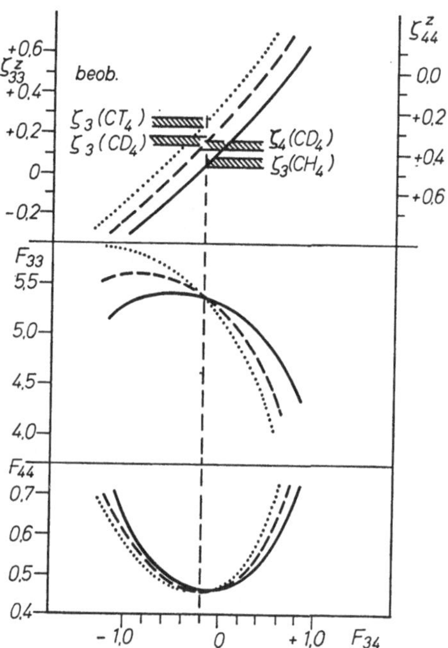

Abb. 6. Symmetriekraftkonstanten und Coriolis-ζ-Konstanten von CH_4, CD_4 und CT_4 in f_2 (Harmonische Schwingungen). Nach *I. M. Mills*: Spectrochimica Acta *20*, 523 [1964]. Pergamon Press Ltd., Oxford)

den ζ-Konstanten ζ_3 und ζ_4. Die beobachteten ζ-Konstanten und ihr Zuverlässigkeitsbereich sind markiert. ζ-Konstanten und die Forderung nach Gleichheit der Kraftkonstanten für die Isotopenderivate infolge der Verwendung harmonisch korrigierter Frequenzen führen auf übereinstimmende Lösungen für die Kraftkonstanten (*22, 45*).

Zentrifugaldehnungskonstanten berücksichtigen die geringfügige Änderung des Trägheitsmomentes bei großen Rotationsquantenzahlen. Sie können aus den reinen Rotationsspektren bestimmt werden. Die Beziehungen zwischen ihnen und den Kraftkonstanten der Moleküle wurden von *Kivelson* und *Wilson* untersucht (*38*). Auch hier berechnet man am besten zu den möglichen Kraftkonstantensätzen die zugehörigen Zentrifugaldehnungskonstanten und vergleicht mit der Beobachtung. Am Beispiel des OCS und des N_2O wies *Wilson* nach (*74*), daß in der Nähe der Kraftkonstäntensätze, die aus Isotopendaten abgeleitet werden, die Änderung der Zentrifugaldehnungskonstanten in Abhängigkeit von dem jeweiligen Lösungsbereich zu gering ist, um bei Berücksichtigung der Zuverlässigkeit in der Messung der Dehnungskonstanten zu einer genügenden Eingrenzung der Lösung zu führen (*74*).

4. Potentialfunktionen

Die Schwierigkeiten bei der Berechnung von Kraftkonstanten aus
Schwingungsfrequenzen würden beträchtlich geringer sein, wenn man
Potentialfunktionen anwenden könnte, in denen nicht mehr Kraftkonstanten auftreten als Frequenzwerte vorhanden sind. Die Frage, ob
man in der Darstellung der potentiellen Energie als quadratische Funktion der inneren Koordinaten einzelne Kraftkonstanten, etwa die Wechselwirkungskonstanten, vernachlässigen oder zu Abhängigen einer allgemeineren Kraftkonstante zusammenfassen kann, ist oft, bisher aber ohne
befriedigende Lösung von allgemeinerer Bedeutung, behandelt worden
$(1, 3, 6)$.

a) Einfaches Valenzkraftfeld

Als *einfaches* Valenzkraftfeld (SVFF = *Simple valence force field*) wird
eine Potentialfunktion bezeichnet, in der nur Kraftkonstanten

$$F_{ii} = \frac{\delta^2 V}{\delta R_i^2}$$

vorkommen, während alle Wechselwirkungskonstanten

$$F_{ij} = \frac{\delta^2 V}{\delta R_i \cdot \delta R_j} \qquad (i \neq j)$$

vernachlässigt werden. Demgegenüber werden beim vollständigen Valenzkraftfeld (GVFF) alle F_{ij} in der $\mathfrak{F}$-Matrix berücksichtigt. Beim SVFF
liegen ebenso viele Kraftkonstanten wie innere Koordinaten vor, deren
Zahl bei Abwesenheit von Redundanzbedingungen der Zahl der Normalschwingungen entspricht. Bei Molekülen mit Symmetrieeigenschaften ist
die Zahl der voneinander verschiedenen Kraftkonstanten des einfachen
Valenzkraftfeldes in der Regel kleiner als die Zahl der Schwingungen;
man hat etwa beim Äthan zu 11 raman- und infrarotaktiven Normalschwingungen nur vier Kraftkonstanten des SVFF, wenn man die zur
inaktiven Torsionsschwingung gehörende Kraftkonstante nicht mitrechnet. In derartigen Fällen ist eine Prüfung des SVFF leicht möglich,
da die gleichen Kraftkonstanten in verschiedenen Rassen auftreten
können. Für solche Kraftkonstanten berechnet man mit den beobachteten
Frequenzen oft recht unterschiedliche Werte, wie Tabelle 2 zeigt:

Tabelle 2. *Einige Kraftkonstanten der SVFF-Rechnung*

k_{CO} im CO_2	k_{CS} im CS_2	k_{CH} im CH_4	k_{HCH} im CH_4
aus a_g: 17,04	aus a_g: 8,16	aus a_1: 5,05	aus e: 0,46
aus a_u: 14,18	aus a_u: 6,97	aus f_2: 4,85	aus f_2: 0,42

(k_{AB} = Valenzkraftkonstante, k_{ABA} = Deformationskraftkonstante, in mdyn/Å)

Die Vernachlässigung von Wechselwirkungskonstanten führt damit zu beträchtlicher Unsicherheit in den Valenz- und Deformationskonstanten. Diese ist besonders groß, wenn die Kopplung von zwei Schwingungen ν_1 und ν_2 zu einer weitgehenden Mischung ihrer inneren Koordinaten R_1 und R_2 in den Normalkoordinaten Q_1 und Q_2 führt, wie fast immer bei 𝔊-Matrizen, bei denen G_{12} nicht klein gegen G_{11} und G_{22} ist. Unter Umständen existiert dann überhaupt keine reelle Lösung für eine 𝔉-Matrix ohne Wechselwirkungskonstanten.

Versuche, mit einer kleineren Zahl von Wechselwirkungskonstanten, etwa solchen zwischen benachbarten Bindungen auszukommen (modifiziertes Valenzkraftmodell), ermöglichen bei manchen Verbindungsklassen die Berechnung chemisch sinnvoller, d.h. vernünftig übertragbarer Kraftkonstanten (31). Solche Rechnungen können aber nur im Bereich von Verbindungen mit ähnlichen Kopplungsverhältnissen, für die die Brauchbarkeit des Näherungsmodells möglichst nachzuweisen ist, zu diskutierbaren Kraftkonstanten führen. Aus Zusammenstellungen bei *Siebert* ist etwa zu entnehmen, daß man bei pyramidalen Verbindungen vom Typ AB_3 und tetraedrischen vom Typ AB_4 die Wechselwirkungskonstante zwischen Abstands- und Winkeländerung vernachlässigen kann, wenn die Atommassen von A größer als die von B sind und man sich mit Näherungswerten für die Valenzkraftkonstanten begnügt (6).

b) Urey-Bradley-Kraftfeld

Anstelle einer Berücksichtigung so verschiedenartiger Wechselwirkungskonstanten wie $F_{rr'}$, F_{ra} und $F_{aa'}$, zu den Abständen und Winkeln r, r', a und a' versucht das Urey-Bradley-Kraftfeld (UBFF) mit einer Erweiterung des einfachen Valenzkraftfeldes durch Abstoßungskräfte zwischen benachbarten, aber nicht chemisch aneinander gebundenen Atomen eine geeignete Potentialfunktion zu gewinnen (73). Die hierin erscheinenden Koordinaten sind neben den Änderungen der Gleichgewichtsabstände r_i und der durch die Abstände r_i und r_j eingeschlossenen Winkel a_{ij} die Änderungen der Abstände q_{ij} zwischen nicht gebundenen Atomen. Dabei treten außer Abhängigkeitsbeziehungen zwischen Winkelkoordinaten, die ein gemeinsames Zentralatom haben, zusätzliche Redundanzbedingungen auf, da in einer gewinkelten Gruppe A—B—C die Abstände A—B, B—C, A—C und der Winkel das System überbestimmen. Infolge dieser Abhängigkeit können die ersten Ableitungen der potentiellen Energie nach Δr_{AB}, Δr_{BC}, Δq_{AC} und $\Delta\alpha$ nicht alle im Energieminimum null sein. Die Potentialfunktion enthält lineare Glieder. Läßt man Koordinaten zur Beschreibung einer inneren Rotation unberücksichtigt, so lautet der allgemeine Ansatz (*59, 61*):

$$V = \tfrac{1}{2}\sum K_i\,(\Delta r_j)^2 + \tfrac{1}{2}\sum H_{ij}\cdot r_i\cdot r_j\,(\Delta\alpha_{ij})^2 + \tfrac{1}{2}\sum F_{ij}\,(\Delta q_{ij})^2$$
$$+ \sum (K', H', F')\,(r\cdot\Delta r, r^2\cdot\Delta\alpha, q\cdot\Delta q)$$

(Beim UBFF hat es sich eingebürgert, Valenzkraftkonstanten mit K, Deformationskraftkonstanten mit H und die zu nicht gebundenen Atomen gehörenden Kraftkonstanten mit F zu bezeichnen. Die ersten Ableitungen der Potentialenergie nach den gewählten Koordinaten sind die mit K', H' und F' bezeichneten Größen.)

Durch Einführung der Abhängigkeitsbeziehungen zwischen den genannten Koordinaten lassen sich die linearen Terme entfernen, wobei zugleich K' und in manchen Fällen auch H' eliminiert wird. Bei Molekülen ohne Symmetrieeigenschaften erfordert im Vergleich zur Anzahl der Normalschwingungen auch das UBFF zu viele Kraftkonstanten. Wenn Symmetrieeigenschaften vorliegen, sind immer noch zusätzliche Annahmen erforderlich. Üblicherweise setzt man $F'_{ij} = -0,1\,F_{ij}$, womit man eine bestimmte Abstandsabhängigkeit des Abstoßungspotentials zwischen den nicht aneinander gebundenen Atomen zugrundelegt.

Bei einem gewinkelten symmetrischen Molekül wie H_2O bleiben dann die Konstanten K, H und F (mit $F' = -0,1\,F$) übrig, die aus den drei Grundschwingungen bestimmt werden können. Beim symmetrischen Tetraedermolekül wie CH_4 sind K, H, F, F' und H' aus nur vier Frequenzen zu bestimmen. Man muß entweder wieder $F' = -0,1\,F$ setzen oder für H' den Wert null annehmen.

Vor allem *Shimanouchi* und Mitarbeiter haben zahlreiche Berechnungen mit dem Urey-Bradley-Feld ausgeführt (*59, 63*). (Zusammenfassende Darstellung (*61*)). Hervorgehoben wurde dabei die gute Übertragbarkeit der UBFF-Konstanten gleicher Bindungen innerhalb homologer Verbindungsreihen. Man berechnet z. B. aus den Grundschwingungen des CCl_4 und CBr_4 mit der Beziehung $F' = -0,1\,F$ und einer als *,,internal tension''* bezeichneten Konstante $\varkappa$, die durch Linearkombination von F' und H' gebildet wird, die folgenden Kraftkonstanten in mdyn/Å

	$K\,(\mathrm{CX})$	$H\,(\mathrm{XCX})$	$F\,(\mathrm{XX})$	$\varkappa$
CCl_4	1,81	0,103	0,643	0,263
CBr_4	1,49	0,075	0,466	0,252

Überträgt man diese Konstanten auf die gemischt substituierten Verbindungen Cl_nCBr_{4-n} ($n = 0$—4), wobei für die Konstanten der Gruppen Cl—C—Br bzw. Cl ... Br gemittelt wird, so erhält man Erwartungsspektren, deren Frequenzen gegenüber den beobachteten Werten eine mittlere Abweichung von nur 1,7% zeigen (61).

Bei der Anwendung auf Äthan, Propan und höhere Kohlenwasserstoffe und ebenso bei der Anwendung auf Äthylen und Benzol mußte das UBFF modifiziert werden (61). Es wurden Wechselwirkungen zwischen benachbarten H—C—C-Winkeln und beim Benzol Wechselwirkungen zwischen den einzelnen CC-Bindungen im Ring eingeführt. Durch diese zusätzlichen Konstanten nähert sich das UBFF wieder mehr dem allgemeinen Valenzkraftfeld und verliert seinen Vorteil einer Potentialfunktion mit einer begrenzten Zahl von Variablen. Auch müssen bei der Anwendung auf Moleküle nicht so hoher Symmetrie wie Äthan oder Benzol Bedenken auftauchen, weil dann die Notwendigkeit zur Einführung ergänzender Wechselwirkungskonstanten nicht erkannt werden kann, da nicht die gleichen Kraftkonstanten des einfachen UB-Feldes in verschiedenen Rassen erscheinen.

Neuerdings wurden mehrfach Transformationsrelationen zwischen den Kraftkonstanten des UB-Feldes und des allgemeinen Valenzkraftfeldes angegeben (26, 63). Mittels derartiger Transformationen zeigte *Duncan*, daß die Ergebnisse der UB-Rechnung bei Molekülen wie CH_4, CF_4, NH_3 und NF_3 nur unbefriedigend mit den Auswertungen der Corioliskopplungskonstanten übereinstimmen (26). Durch Erweiterung des UBFF um Wechselwirkungskonstanten zwischen benachbarten Bindungen konnten diese Abweichungen später beseitigt werden (63). Als Rechtfertigung für das UBFF wird darauf hingewiesen, daß die Abstoßungspotentiale der nicht aneinander gebundenen Atome in einer vernünftigen Größenordnung liegen (61, 63). Andererseits ergeben sich Einwände gegen das UBFF aus den Schwierigkeiten beim Versuch einer Deutung der UB-Valenzkraftkonstanten durch die jeweiligen Bindungsverhältnisse. Während für die Valenzkraftkonstanten des geeignet modifizierten VFF in empirischen Regeln Zusammenhänge mit dem Bindungsgrad, der Ordnungszahl und Periodennummer der aneinander gebundenen Atome, ihrer Elektronegativität und den Bindungsabständen nachgewiesen werden konnten (30, 66) liegen vergleichbare Zusammenhänge für die Valenzkraftkonstanten des UBFF bisher nicht vor. Als Beispiel diene ein Vergleich der CC-Kraftkonstanten im Äthan, Benzol und Äthylen, die aus UB-Rechnungen einerseits und GVFF-Rechnungen andererseits stammen. Das Verhältnis der K (CC), bezogen auf den Wert im C_2H_6, folgt bei den GVFF-Konstanten recht gut der Reihe 1 : 1,5 : 2, und damit dem Gang der Bindungsgrade, während die UBFF-Konstanten die Abstufung 1 : 1,9 : 2,6 haben.

	K(CC) UBFF	K(CC) GVFF	K(CC) ber. nach Gordys Regel (*30*)	
C_2H_6	2,8 (*61*)	4,4 (*67*)	4,20	mdyn/Å
C_6H_6	5,4 (*61*)	6,7 (*57*)	7,70	mdyn/Å
C_2H_4	7,3 (*61*)	9,1 (*10, 17, 70*)	9,70	mdyn/Å

Es ist ferner unbefriedigend, daß die UB-Valenzkraftkonstanten der CX-Bindung in Molekülen vom Typ CH_3X mit X = Halogen oder CH_3 wesentlich kleiner als diejenigen sind, die man aus der CX-Valenzschwingung unter der Annahme einer starren CH_3-Gruppe berechnet. Diese Näherung sollte aber in solchen Fällen recht brauchbare Kraftkonstanten liefern, weil die zur CX-Schwingung gleichrassigen Schwingungen in der CH_3-Gruppe alle bei größeren Wellenzahlen liegen. Dasselbe gilt für die analogen SiH_3X-Verbindungen.

Tabelle 3. *CX- und SiX-Kraftkonstanten in Verbindungen vom Typ CH_3X und H_3SiX*

	K(CX) und K(SiX) in mdyn/Å		
	UBFF (*61*)	GVFF (*7, 24, 25*)	Näherungsrechnung
CH_3F	3,4 − 3,6	5,8	5,4
CH_3CH_3	2,8	4,4	4,4
CH_3Cl	1,6 − 2,1	3,4	3,3
CH_3Br	1,2 − 1,8	2,9	2,8
SiH_3F	∼ 5,6	5,3	5,3
SiH_3CH_3	—	3,0	2,9
SiH_3Cl	∼ 2,6	3,0	3,0
SiH_3Br	∼ 2,0	2,45	2,4

Tabelle 3 enthält die CX- und SiX-Valenzkraftkonstanten in derartigen Verbindungen, die nach dem UBFF, dem allgemeinen Valenzkraftfeld (GVFF) und nach der Näherungsberechnung mit starrer CH_3- bzw. SiH_3-Gruppe erhalten wurden. Beim H_3SiF, H_3SiCl und H_3SiBr wurde die UBFF-Kraftkonstante der Si-Halogenbindung von der Berechnung des SiF_4, $SiCl_4$ und $SiBr_4$ übernommen. Wie man sieht, unterscheiden sich die Kraftkonstanten der Näherungsrechnung nur wenig von derjenigen, die das GVFF liefert, während die zugehörigen CX-Valenzkraftkonstanten des UBFF beträchtlich kleiner sind. Es ist anzunehmen, daß durch die Zusammenfassung aller Wechselwirkungen in den Repulsionskräften des UBFF diese letzteren zu viel Gewicht erhalten und damit zu kleine Valenzkraftkonstanten berechnet werden.

c) Abhängigkeitsbeziehungen zwischen den Kraftkonstanzen des vollständigen Valenzkraftfeldes

Die Notwendigkeit, den Ansatz des einfachen UBFF durch zusätzliche Potentialglieder zu erweitern, die oft den Wechselwirkungsgrößen des GVFF entsprechen, liegt es nahe, ganz auf das letztere zurückzugehen, so daß die Repulsionskräfte zwischen nicht gebundenen Atomen in den Wechselwirkungskräften des GVFF aufgehen. Da nur für eine begrenzte Zahl einfacher Moleküle die Berechnung vollständiger und durch zusätzliche Meßdaten genügend genau fixierter $\mathfrak{F}$-Matrizen möglich sein wird, muß man versuchen, durch geeignete Relationen zwischen den Kraftkonstanten des GVFF, die etwa in einer Verbindungsreihe übertragbar sind, die Zahl der voneinander unabhängigen Parameter in den $\mathfrak{F}$-Matrizen zu reduzieren. In der Regel handelt es sich dabei um Voraussagen über die Größenordnung der Wechselwirkungskonstanten, bei denen für den Fall nicht zu stark gekoppelter Schwingungen schon näherungsweise Eingrenzungen genügen, um die Kraftkonstanten in der Diagonale der $\mathfrak{F}$-Matrix durch die beobachteten Grundschwingungen innerhalb relativ schmaler Bereiche zu fixieren. Relationen zur Abschätzung der Wechselwirkungskonstanten können leichter gefunden und begründet werden, wenn man diese Größen valenztheoretisch deuten kann. So wurde etwa die Wechselwirkungskonstante k' der beiden CO-Bindungen im CO_2, die zu dem Potentialterm $\Delta V = k' \cdot \Delta r_1 \cdot \Delta r_2$ gehört, auf die Resonanzstörung der Grenzstrukturen $O\equiv C—O \longleftrightarrow O=C=O \longleftrightarrow O—C\equiv O$ während der Auslenkung der Atome aus ihren Gleichgewichtslagen zurückgeführt (71). *L. H. Jones* hat derartige Überlegungen dazu benutzt, um in Metallcarbonylen die Wechselwirkungen zwischen Bindungen in Abhängigkeitsbeziehungen zusammenzufassen, wobei nur π-Elektronenwechselwirkungen berücksichtigt wurden (35, 36). Sein Ansatz basiert auf mehreren Hypothesen zur Besetzung und Überlappung der π-Orbitale und bedarf noch weiterer Untersuchungen. Sicher darf man bei der Deutung der Bindungs-Wechselwirkungen nicht nur Resonanzänderungen im π-Elektronensystem berücksichtigen.

In Tabelle 4 sind die *Valenzkraftkonstanten* $k(XY)$ und die *Wechselwirkungskonstanten* $k'(XY/XY')$ der Verbindungen CF_4, CCl_4, BF_3 und BCl_3 mit jeweils drei Wertepaaren des Lösungsbereichs angeführt, der unter Berücksichtigung von Corioliskonstanten und Isotopenfrequenzverschiebungen ermittelt wurde (9, 13, 21). Die Kraftkonstanten gehören zu Sätzen, die die in der Tabelle angegebenen Frequenzen liefern. Beim CCl_4 ist eine Eingrenzung des Lösungsbereiches durch Auswahlbedingungen für die Potentialenergieverteilung vorgenommen worden, die zur Übereinstimmung mit anderen Berechnungen führt (9, 14, 47).

Das Verhältnis der Wechselwirkungskonstanten zur Valenzkraftkonstanten liegt in den angeführten Beispielen etwa bei dem Wert 0,1 bis 0,15. Nur wenig kleinere Werte findet man für k'/k auch beim CO_2 und CS_2 (9). Zwischen diesem Verhältnis und der Änderung Δr_2 im Gleichgewichtsabstand r_2 einer Bindung infolge der Änderung Δr_1 in dem benachbarten Bindungsabstand r_1 besteht die Beziehung (35, 36)

$$\frac{k'(r_1/r_2)}{k(r_2)} = -\frac{\Delta r_2}{\Delta r_1}$$

In den vorliegenden Fällen ist $k(r_2) = k(r_1)$. Durch eine Verkürzung eines CF-Abstandes im CF_4 werden demnach die Gleichgewichtsabstände der drei übrigen Bindungen um $\sim 10\%$ dieser Verkürzung gedehnt. Entsprechendes gilt für die übrigen Beispiele der Tabelle und für CO_2 und CS_2. Man sieht, daß die letzteren mit einer Resonanz zwischen π-Elek-

Tabelle 4. *Lösungsbereiche für Valenzkraft- und Wechselwirkungskonstanten in* CF_4, CCl_4, BF_3 *und* BCl_3 *mit je drei Wertepaaren*

CF_4	$k_{(CF)}$	$k'_{(CF/CF)}$	k'/k
$\nu_1 = 909$ cm^{-1}	6,73	0,84	0,125
$\nu_3 = 1283$ cm^{-1}	7,04	0,73	0,104
$\nu_4 = 632$ cm^{-1}	7,37	0,62	0,084
CCl_4	$k_{(CCl)}$	$k'_{(CCl/CCl)}$	k'/k
$\nu_1 = 459$ cm^{-1}	2,97	0,47	0,158
$\nu_3 = 776$ cm^{-1}	3,16	0,40	0,126
$\nu_4 = 314$ cm^{-1}	3,37	0,34	0,101
BF_3	$k_{(BF)}$	$k'_{(BF/BF)}$	k'/k
$\nu_1 = 888$ cm^{-1}	7,05	0,89	0,126
$\nu_3 = 1454$ cm^{-1}	7,30	0,76	0,104
$\nu_4 = 480$ cm^{-1}	7,56	0,64	0,085
BCl_3	$k_{(BCl)}$	$k'_{(BCl/BCl)}$	k'/k
$\nu_1 = 471$ cm^{-1}	3,63	0,50	0,138
$\nu_2 = 954$ cm^{-1}	3,79	0,42	0,111
$\nu_3 = 253$ cm^{-1}	3,90	0,36	0,092

tronenzuständen durchaus nicht durch besondere Wechselwirkungskonstanten ausgezeichnet sind. In diesen Verbindungen haben die Substituentenatome gegenüber dem Zentralatom die größere Elektronegativität. Bei der Kürzung einer Bindung während der Schwingung *nimmt die Elektronendichte am Zentralatom zu.* Dadurch wird die effektive Kernladung des Zentralatoms verringert, die für die Gleichgewichtsabstände zu den übrigen Substituenten-Atomen mitbestimmend ist und diese somit vergrößert.

Wenn das beiden Bindungen gemeinsame Atom negativer ist als die Endatome, scheint die Änderung im Abstand r_1 als Folge einer Änderung im Abstand r_2 geringer zu sein. Nach neueren Berechnungen an aliphatischen Äthern ist die Kraftkonstante $k_{OC} = 5{,}09 \pm 0{,}07$ und $k'_{OC/OC} = 0{,}30 \pm 0{,}07$ mit $k'/k \sim 0{,}06$ (68). Dieser Zusammenhang muß an weiteren Verbindungen geprüft werden.

Zwischen nahezu unpolaren Einfachbindungen wie etwa den benachbarten CC-Bindungen im Propan, i-Butan und Tetramethylmethan ist die wechselseitige Bindungsbeeinflussung und damit das Verhältnis k'/k sehr klein. Schachtschneiders GVFF-Kraftkonstanten für gesättigte Kohlenwasserstoffe führen auf $k_{CC} = 4{,}3 - 4{,}5$ und $k'_{(CC/CC)} = 0{,}10$ mdyn/Å, wenn die Grundschwingungen zugrundegelegt werden (67). Mit harmonisch korrigierten Schwingungen beim Propan wurden nahezu die gleichen Werte erhalten (29).

Sehr klein sind auch die Wechselwirkungskonstanten zwischen zwei *benachbarten* CH-*Bindungen*. Im CH_4 berechnet man aus den Grundschwingungen und Coriolis-ζ-Konstanten $k_{CH} = 4{,}95$, $k'_{(CH/CH)} = 0{,}04$ mdyn/Å (22, 63). Die harmonischen Kraftkonstanten sind $\sim 10\%$ größer (45). Im C_2H_6 und seinen Homologen findet man nahezu die gleichen Werte (24, 67). Die Wechselwirkungen zwischen einer CH-Bindung und einer angrenzenden C—X- oder C=Y-Bindung sind für X = F, Cl, Br, $C\diagdown$ und $Y = (=C\diagup)$ oder (=O) ebenfalls sehr klein (7, 24, 67); sie werden oft mit dem Wert null in die Rechnung eingegeben, weil sich zeigte, daß die zur Verfügung stehenden Meßdaten bei Berücksichtigung ihrer Genauigkeit auf kleine von null abweichende Werte dieser Wechselwirkungskonstanten nicht ansprechen (7). Es ist demnach möglich, für eine Reihe von Bindungen die Wechselwirkung durch geeignete Wechselwirkungskraftkonstanten zu berücksichtigen oder die letzteren in einer Substitutionsreihe wie CX_nY_{4-n} ($n = 0-4$) mit X, Y = F, Cl, Br durch die Relation

$$k'(CX/CY) = a \cdot \sqrt{k(CX) \cdot k(CY)}$$

von den Valenzkraftkonstanten abhängig zu machen. Die Proportionalitätsfaktoren a sind dann von einem Glied dieser Reihe, an dem eine vollständige Bestimmung der Kraftkonstanten möglich ist, zu übernehmen. *L. H. Jones* ist nach diesem Prinzip bei Verbindungen vom Typ X=C=Y mit X, Y = O, S, Se, Te vorgegangen (36). Verwendet man beim CO_2 und CS_2 die beobachteten Grundschwingungen zur Berechnung der Kraftkonstanten und damit des Proportionalitätsfaktors a, so erhält man für die erste Verbindung 0,092, für die zweite 0,078 (9). Da a demnach nicht konstant ist, werden beide Werte als Grenzwerte für den entsprechenden Proportionalitätsfaktor im $O{=}C{=}S$ angesehen, aus dessen Valenzschwingungen sich mit dieser eingrenzenden Beziehung die zu den beiden a-Werten gehörenden folgenden Kraftkonstanten ergeben (9):

	I	II
$k\,(C{=}O)$	15,63	15,40 mdyn/Å
$k\,(C{=}S)$	7,20	7,35 mdyn/Å
$k'\,(CO/CS)$	0,96	0,82 mdyn/Å

Sie stehen mit den Ergebnissen einer unter Heranziehung von Isotopenfrequenzverschiebungen durchgeführten Berechnung in guter Übereinstimmung (74). Nach solchen Modellvorstellungen wurden auch Kraftkonstanten für die gemischt substituierten Glieder der Reihen CCl_4 — CBr_4 und BCl_3 — BBr_3 berechnet (10). Ermittelt man für die Endglieder der Reihen, CCl_4, CBr_4 sowie BCl_3 und BBr_3, die vollständigen $\mathfrak{F}$-Matrizen unter Verwendung von Zusatzdaten oder nach einem einschränkenden Prinzip zur Potentialenergieverteilung und setzt dann für die gemischt substituierten Verbindungen die Nebendiagonalglieder der $\mathfrak{F}$-Matrizen durch Relationen zu den Endgliedern der Reihe fest, so lassen sich die Valenzkraft- und Deformationskraftkonstanten der ganzen Reihe aus den beobachteten Frequenzen berechnen. Diese Kraftkonstanten bleiben für die einzelnen Bindungen weitgehend konstant (10).

Zwischen zwei Bindungen, die *kein* gemeinsames Atom haben, wird man die Wechselwirkungskonstanten in der Regel vernachlässigen können. Dadurch wird die Berechnung von größeren Molekülen erleichtert, weil in den $\mathfrak{F}$-Matrizen einzelne Elemente mit null eingesetzt werden können. Diese Vernachlässigung ist aber nicht bei Molekülen möglich, bei denen delokalisierte Bindungselektronen vorhanden sind. Ein gutes Beispiel hierzu ist das Benzolmolekül. Wenn man dessen Grundschwingungsspektrum mit der von *Mair* und *Hornig* (40) für die Rasse b_{2u} getroffenen Zuordnung durch ein UBFF wiedergeben will, muß man außer der Wechselwirkungskonstante von zwei benachbarten CC-Bindungen auch solche der Bindungen $C^1{-}C^2$ mit $C^3{-}C^4$ und $C^4{-}C^5$ berücksichtigen (56). Die Kraftkonstantenrechnungen wurden auch für ein durch Zusatzbedingungen eingeschränktes GVFF durchgeführt. *Scherer* gelangt dabei zu folgenden Kraftkonstanten (57):

$$k\,(CC) = 6{,}73 \qquad k'\,(C^1C^2/C^2C^3) = 0{,}83$$

$$k'\,(C^1C^2/C^3C^4) = -0{,}45 \qquad k'\,(C^1C^2/C^4C^5) = 0{,}28 \text{ mdyn/Å}$$

Califano und Mitarbeiter geben an (*49*):

$$k(\text{CC}) = 6,43 \qquad k'(\text{C}^1\text{C}^2/\text{C}^2\text{C}^3) = 0,75$$

$$k'(\text{C}^1\text{C}^2/\text{C}^3\text{C}^4) = -0,32 \qquad k'(\text{C}^1\text{C}^2/\text{C}^4\text{C}^5) = 0,34 \text{ mdyn/Å}$$

Es ist wünschenswert, zu einer noch genauer eingegrenzten Lösung zu kommen. Bereich und Vorzeichen der aufgeführten Kraftkonstanten kann man aber wohl als gesichert ansehen.

Die Wechselwirkung zwischen einer Deformations- und einer Valenzschwingung wird in der Potentialfunktion des GVFF durch die Glieder $k_{ra} \cdot \Delta r \cdot \Delta a$ berücksichtigt. k_{ra} hat hier die Einheit mdyn. Bezieht man die Winkeländerung auf die Bindungslängen r_1 und r_2, die den Winkel einschließen, so erhält man die Kraftkonstante der Wechselwirkung Bindung/Winkel ebenso wie die Valenzkraftkonstanten in mdyn/Å, gemäß $\Delta V = k_{ra}^{*} \cdot \Delta r \cdot \sqrt{r_1 \cdot r_2} \cdot \Delta a$, wobei $k_{ra}^{*} = k_{ra}(r_1 \cdot r_2)^{-\frac{1}{2}}$ ist. Wenn a zu einem Valenzwinkel vom Typ H—C—X gehört, bezieht man die Winkeländerung oft nur auf den CH-Abstand. Im folgenden führen wir nur Bindung/Winkel-Konstanten in der auf Bindungslängen bezogenen Einheit mdyn/Å an, lassen aber die Kennzeichnung solcher k_{ra}^{*} durch den Stern fort.

Die Kraftkonstanten k_{ra} können wieder auf die zugehörigen Valenz- und Deformationskonstanten k_r und k_a bezogen werden, d.h.

$$k_{ra} = q \cdot \sqrt{k_r \cdot k_a},$$

entsprechend der Relation, die bei der Wechselwirkung von zwei Bindungen angeführt wurde. Der Proportionalitätsfaktor q wird durch die Änderungen des Gleichgewichtsabstandes bzw. -winkels bei einer Auslenkung der zweiten Koordinaten bestimmt. Tabelle 5 enthält für einige gewinkelte symmetrische Moleküle die nach dem GVFF berechneten Kraftkonstanten, die einer Zusammenstellung von *Sawodny* entnommen worden sind (*52*).

Tabelle 5. *GVFF-Kraftkonstanten gewinkelter AB$_2$-Moleküle (52)*

	k_r	k_{rr}	k_a	k_{ra}	$k_{ra}/k_r \cdot k_a$
H_2O	8,45	−0,10	0,76	0,23 mdyn/Å	0,092
ClO_2(a)	7,02	−0,17	0,65	0,01 mdyn/Å	0,004
ClO_2(b)	6,84	0	0,61	0,15 mdyn/Å	0,072
SO_2	10,02	0,03	0,79	0,20 mdyn/Å	0,071
O_3	5,70	1,52	1,29	0,33 mdyn/Å	0,123
NO_2	10,41	2,02	1,10	0,54 mdyn/Å	0,160
F_2O	3,95	0,81	0,72	0,14 mdyn/Å	0,081

Das Verhältnis $k_{ra} : \sqrt{k_r \cdot k_a}$ liegt zwischen 0,07 und 0,14, wenn man den mit (a) bezeichneten Kraftkonstantensatz für ClO_2 ausläßt. Der mit (b) bezeichnete Satz des ClO_2, der zu einer besser mit den SO_2 vergleichbaren Kraftkonstante k_{rr} führt und der auch aus der Beurteilung der Potentialenergieverteilung abgeleitet wurde (9), fügt sich dagegen gut in den Vergleich ein.

Man kann demnach auch Wechselwirkungskonstanten vom Typ k_{ra} innerhalb bestimmter Bindungsgruppen in Relation zu den Diagonalkraftkonstanten setzen, wenn für die Proportionalitätsfaktoren ein umfangreicheres Zahlenmaterial zur Verfügung steht. Erschwerend ist hierbei aber, daß bei Redundanzbedingungen zwischen Winkelkoordinaten nur Kombinationen zwischen den Kraftkonstanten der inneren Koordinaten, die zu einer Redundanzbedingung gehören, zugänglich sind. Bei ebenen Molekülen wie BF_3 oder tetraedrischen wie CH_4 treten in den $\mathfrak{F}$-Matrizen der zu Symmetriekoordinaten kombinierten inneren Koordinaten die Wechselwirkungskonstanten Bindung/Winkel nur in der Kombination $(k_{ra} - k_{ra'})$ auf, wobei a der zu r anliegende, a' der gegenüberliegende Winkel ist. In der Tabelle 6 sind für CH_4, CF_4, CCl_4, BF_3 und BCl_3 die Relationen von $(k_{ra} - k_{ra'})$ zu den Symmetriekraftkonstanten der Valenz- und Deformationsschwingungen in den Rassen $f_2(CH_4$-Typ) bzw. $e'(BF_3$-Typ) aufgeführt. Beim CF_4, CCl_4, BF_3 und BCl_3 wurden diese Relationen mit den Kraftkonstanten ermittelt, die zu den schon in Tabelle 4 aufgeführten Lösungsbereichen gehören.

Außer beim Methan findet man in dieser Tabelle etwa zwei- bis dreimal größere Werte für die Relation zwischen Wechselwirkungskonstanten und den zugehörigen Valenz- und Deformationskraftkonstanten als bei den Verbindungen der Tabelle 5. Diese Tatsache wäre verständlich, wenn man für die beiden Kraftkonstanten k_{ra} und $k_{ra'}$ in der Linearkombination ein entgegengesetztes Vorzeichen erwarten könnte. Eine solche Annahme folgt in der Tat aus einer Deutung der Wechselwirkungskonstanten zwischen Bindung und Valenzwinkel als Größen, die Auswirkungen einer Hybridisierungsänderung durch Winkeldefor-

Tabelle 6. *Wechselwirkungskonstanten zwischen Bindung und Winkel in tetraedrischen und planaren Molekülen*

	$F_{33} = k_r - k'_{rr}$ mdyn/Å	$F_{44} = k_a - k'_{aa}$ mdyn/Å	$k_{ra} - k_{ra'}$ mdyn/Å	$(k_{ra} - k_{ra'})$ $: \sqrt{F_{33} \cdot F_{44}}$
CH_4	5,38	0,458	0,145	0,092
CF_4	$6,31 \pm 0,4$	$1,01 + 0,04$	$0,61 \pm 0,07$	$0,24 \pm 0,03$
CCl_4	$2,76 \pm 0,25$	$0,43 \pm 0,03$	$0,30 \pm 0,04$	$0,27 \pm 0,025$
BF_3	$6,54 \pm 0,4$	$0,52 \pm 0,02$	$0,32 \pm 0,12$	$0,17 \pm 0,07$
BCl_3	$3,36 \pm 0,2$	$0,25 \pm 0,01$	$0,22 \pm 0,06$	$0,24 \pm 0,06$

mation auf die Gleichgewichtsabstände berücksichtigen (*16, 33*). Man geht in dieser Modellbetrachtung davon aus, daß bei einer Winkeländerung *die bindenden Orbitale der Atombewegung folgen*, soweit es die Symmetriebedingungen erlauben. Vergrößert man etwa im ebenen Molekül BF_3 einen Winkel α_1 bei gleichzeitiger Verkleinerung von α_2 und α_3, so werden aus gleichwertigen sp^2-Hybriden der Gleichgewichtskonfiguration zwei Orbitale mit zunehmendem s-Anteil, die den vergrößerten Winkel α_1 einschließen, und ein Orbital mit zunehmendem p-Anteil, das ihm gegenüberliegt. Diese Hybridisierungsänderung führt zu einer Verkürzung des Gleichgewichtsabstandes der Bindungen am Winkel α_1 und zu einer Dehnung der gegenüberliegenden Bindung; daraus folgt ein positiver Wert von $k_{r\alpha}$ und ein negativer von $k_{r\alpha'}$.

Diese Überlegungen wurden von *Mills* in Ausweitung früherer Ansätze *Linnets* zur Reduzierung der Zahl der frei wählbaren Parameter in den Wechselwirkungen zwischen Bindungen und Valenzwinkeln ausgenutzt (*46*). Eine Wechselwirkungskonstante $k_{r\alpha}$ kann durch die Relation

$$k_{r\alpha} = -\left(\frac{\partial r}{\partial \alpha}\right) \cdot k_r$$ in Beziehung zur Ableitung $\left(\frac{\partial r}{\partial \alpha}\right)$ und zur Valenz-

kraftkonstante gesetzt werden. $\frac{\partial r}{\partial \alpha}$ wird nun durch $\frac{\partial r}{\partial \lambda}$ substituiert,

wobei λ gemäß der Gleichung $\Psi = \frac{s + \lambda \cdot p}{1 + \lambda^2}$ die Hybridisierung des zu r

gehörenden Orbitals charakterisiert. Wegen der Orthogonalitätsbedingungen für die Orbitale lassen sich die Wechselwirkungskonstanten aller Symmetriekoordinaten, in denen r und die Valenzwinkel des zentralen Atoms erscheinen, durch einen einzigen Parameter $\frac{\partial r}{\partial \lambda}$ ausdrücken.

Das Kraftfeld, in dem die Wechselwirkungen zwischen Bindungen und Valenzwinkeln diesen einschränkenden Bedingungen unterliegen, wurde von *Mills* als „*Hybrid-Orbital-Kraftfeld*" (HOFF) bezeichnet (*46*). Es ist bisher nur in CH-Verbindungen auf die Wechselwirkungen von H—C—H und H—C—X-Valenzwinkeln (X = C, F, Cl u.a.) mit den Bindungen am gleichen C-Atom angewandt worden und wurde zur Einschränkung des GVFF eingeführt, weil sich bei Verbindungen vom Typ CH_3X (X = F, Cl, Br, J, CH_3) trotz zahlreicher Meßdaten (Grundschwingungen, H/D-Substitution, Corioliskopplungskonstanten, Zentrifugaldehnungskonstanten) keine befriedigende Konvergenz auf eine eindeutige Lösung des GVFF ergab (*7*). Hier kann eventuell die genaue Messung von Frequenzverschiebungen durch ^{13}C-Substitution weiterführen. Die nach dem HOFF-Feld berechneten Kraftkonstanten zur Wechselwirkung der CH-Bindung mit den angrenzenden Winkeln sind stets klein, etwa 0,05 bis 0,1 mdyn/Å. Wenn sich bei den Berechnungen zeigt, daß die Kraftkonstanten in der Hauptdiagonale der $\mathfrak{F}$-Matrix auf derartige kleine

Wechselwirkungskonstanten praktisch nicht ansprechen, kann man sie völlig vernachlässigen. Im Gegensatz hierzu ist die Wechselwirkung zwischen der CX-Bindung und den angrenzenden Winkeln in den genannten Verbindungen größer. In Tabelle 7 sind die Symmetriekraftkonstanten der CX-Valenz- und der CH_3-Deformationsschwingung von CH_3F, CH_3Cl und CH_3Br und CH_3OH der Klasse a_1 und von C_2H_6 in der Klasse a_{1g} aufgeführt. Aus der zu diesen Symmetriekoordinaten gehörenden Wechselwirkungskonstante kann die Linearkombination $(k_{ra} - k_{ra'})$ ermittelt werden. (r = CX-Bindung, a = anliegender Winkel XCH, a' = gegenüberliegender Winkel HCH.)

Tabelle 7. *Wechselwirkung zwischen CX-Bindung und Valenzwinkeln in CH_3X-Verbindungen (Winkelkoordinaten sind auf den CH-Abstand bezogen worden)*

	$F(rCX) = F_r$ mdyn/Å	$F(\delta_s CH_3) = F_{a,a'}$ mdyn/Å	$k_{ra} - k_{ra'}$ mdyn/Å	$(k_{ra} - k_{ra'})$ $: \sqrt{F_r \cdot F_{a,a'}}$
CH_3F (7)	5,79	0,62	0,47	0,25
CH_3Cl (7)	3,12	0,55	0,37	0,27
CH_3Br (7)	2,90	0,50	0,32	0,27
CH_3OH (42)	5,27	0,59	0,42	0,24
CH_3CH_3 (24, 67)	4,45	0,53	0,26	0,17

Vergleicht man das Verhältnis

$$(k_{ra} - k_{ra'}) : \sqrt{F_r \cdot F_{a,a'}}$$

des CH_3F und CH_3Cl mit den entsprechenden Werten des CF_4 und CCl_4 in der Tabelle 6, so stellt man eine bemerkenswerte Übereinstimmung fest. Man ist daher sicher berechtigt, mit den gleichen oder gegebenenfalls gemittelten Proportionalitätsfaktoren in gemischt substituierten Verbindungen der Reihen $CH_4-CF_4-CCl_4$ die Wechselwirkung der C-Halogen-Bindung mit den Valenzwinkeln am C-Atom in Beziehung zu den Diagonalkraftkonstanten zu setzen und damit die Lösungsbereiche für die $\mathfrak{F}$-Matrizen einzuschränken. Methanol fügt sich gut in die Reihe der Methylhalogenide ein. Dagegen ist das genannte Verhältnis

$$(k_{ra} - k_{ra'}) : \sqrt{F_r \cdot F_{a,a'}}$$

für die CC-Bindung und die Valenzwinkel im Äthan, die sich aus den a_{1g}-Schwingungen im Gegensatz zu anderen Wechselwirkungskonstanten recht gut bestimmen lassen, merklich kleiner und leitet zu dem noch kleineren Verhältnis im CH_4 (vgl. Tabelle 6) über.

Man erkennt, daß es möglich ist, für bestimmte Bindungstypen die Wechselwirkung zwischen Bindungen und Valenzwinkeln an einem Atom durch Abhängigkeiten zu den Diagonalkraftkonstanten näherungsweise zu bestimmen. Dagegen kann zur Zeit noch sehr wenig über die Wechselwirkungskonstanten gesagt werden, die zu *zwei Valenzwinkeln* gehören. Wegen der Redundanzbedingungen lassen sich oft nur Linearkombinationen von Deformationskraftkonstanten und Wechselwirkungskonstanten berechnen. Beim CH_4-Typ treten in den $\mathfrak{F}$-Matrizen die Kombinationen $k_a - 2k_{aa'} + k_{aa''}$ sowie $k_a - k_{aa''}$ auf. (a' ist ein zu a anliegender, a'' ein gegenüberliegender Winkel.) Aus ihnen kann man $k_{aa'} - k_{aa''}$ als Kombination der Wechselwirkungskonstanten berechnen und zu der Diagonalkraftkonstante $k_a - k_{a''}$ in Beziehung setzen. Man findet:

	CH_4 *(22, 63)*	CF_4 *(23, 63)*	CCl_4 *(10, 14)*	
$k_{aa'} - k_{aa''}$	$-0{,}02$	$0{,}15$	$0{,}05$	mdyn/Å
$k_a - k_{aa''}$	$0{,}46$	$1{,}01$	$0{,}43$	mdyn/Å

Beim CF_4 und CCl_4 machen die Wechselwirkungskonstanten 12 bis 15% der Diagonalkraftkonstanten aus, beim CH_4, wo sich das Vorzeichen umkehrt, ~5%. Eine Begründung für den Vorzeichenwechsel ist noch nicht möglich, da bisher keine theoretische Deutung dieser Konstanten, aus denen sich etwa das Verhältnis $k_{aa'}$ zu $k_{aa''}$ abschätzen ließe, versucht wurde. Man muß deshalb die Kraftkonstanten der Winkel/Winkel-Wechselwirkung zur Zeit noch als kleine Korrekturgrößen in der $\mathfrak{F}$-Matrix ansehen, mit denen die Anpassung der berechneten Deformationsschwingungen an die beobachteten Frequenzwerte ermöglicht wird. Unter diesem Gesichtspunkt sind auch die Wechselwirkungskonstanten zwischen HCH-, HCC- und CCC-Winkeln am gesättigtem C-Atom zu bewerten, die *Schachtschneider* und Mitarbeiter in Normalkoordinatenanalysen linearer und verzweigter Kohlenwasserstoffe berechnet haben *(53, 67)*. Aus diesen Untersuchungen geht hervor, daß auch die Wechselwirkung zwischen Valenzwinkeln an benachbarten C-Atomen berücksichtigt werden muß, wobei sich zeigte, daß die Wechselwirkungskonstanten der trans-ständigen Valenzwinkel in der Gruppe

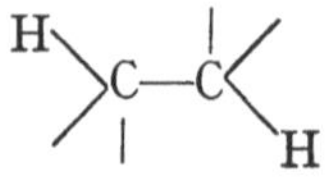

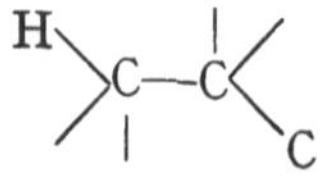

positives Vorzeichen besitzen, dagegen diejenigen der entsprechenden gauche-ständigen Valenzwinkel ein negatives Vorzeichen.

Schachtschneider hat in seinen Normalkoordinatenanalysen an gesättigten Kohlenwasserstoffen auch Vergleichberechnungen für Potentialfunktionen auf der Grundlage des GVFF einerseits und des UBFF andererseits durchgeführt. Bei einer Erweiterung des einfachen UBFF durch einige zusätzliche Wechselwirkungskonstanten vermag dieses die beobachteten Frequenzen praktisch ebenso gut durch einen übertragbaren Kraftkonstantensatz wiederzugeben wie das GVFF. Für die Valenzkraftkonstanten des UBFF werden auch hier tiefere Werte erhalten als für die des GVFF. Transformiert man aber die berechneten UBFF-Konstanten in Linearkombinationen der Kraftkonstanten des GVFF und löst nach den letzteren auf, so erhält man für alle Diagonalkraftkonstanten nahezu die gleichen Werte wie bei der direkten Anpassung der GVFF-Konstanten an die beobachteten Frequenzen. Die Repulsionskräfte zwischen nicht aneinander gebundenen Atomen, die beim UBFF angenommen wurden, tragen offensichtlich den weiter oben diskutierten Abhängigkeiten zwischen Valenz- und Deformationskraftkonstanten und den zugehörigen Wechselwirkungskonstanten des GVFF in einer noch nicht überschaubaren Weise Rechnung. Die Notwendigkeit, das UBFF zu erweitern, zeigt aber auch, daß nicht die ganze Wechselwirkung zwischen den Valenzkoordinaten auf diese Weise berücksichtigt werden kann.

Dieses Kapitel zeigte die Schwierigkeiten, die bei der Formulierung einer Potentialfunktion der Molekülschwingungen auftreten, wenn diese Funktion einerseits zu valenztheoretisch interpretierbaren und in sinnvoller Weise übertragbaren Kraftkonstanten führen soll, andererseits aber die Zahl der Kraftkonstanten so begrenzt werden muß, daß sie durch die verfügbaren Meßdaten genügend genau bestimmt sind. Das allgemeine Valenzkraftfeld erfüllt offenbar die Anforderungen in Bezug auf valenztheoretische Signifikanz und Übertragbarkeit der Kraftkonstanten, nicht dagegen in Bezug auf die Begrenzung ihrer Zahl. Durch eingrenzende Bedingungen über die Verteilung der Potentialenergie der Schwingungen auf die Valenzkoordinaten und über Vorzeichen und Größenordnung der Wechselwirkungskonstanten (die an einfachen Schwingungssystemen mit einer genügenden Anzahl von Meßdaten ausgearbeitet werden können), läßt sich aber in zunehmendem Maß die Zahl der freien Parameter in den $\mathfrak{F}$-Matrizen des GVFF reduzieren und damit die Lösungsmannigfaltigkeit auch für größere Moleküle einschränken. Das UBFF führt zwar in seiner einfachen Form auf eine kleinere Zahl zu bestimmender Kraftkonstanten, ist dann aber auch nur begrenzt anwendbar. Es bleibt denkbar, daß geeignete Zusatzglieder im UBFF zur Anpassung an speziellere Wechselwirkungen in verschiedenen Atomgruppierungen die Aufstellung eingeschränkter $\mathfrak{F}$-Matrizen ermöglichen, in welchen weniger Kraftkonstanten bestimmt werden müssen als beim

GVFF. Der UB-Ansatz würde damit Abhängigkeiten zwischen Wechselwirkungskonstanten und Diagonalkraftkonstanten des GVFF ausdrücken. Um eine allgemeine Tabelle von Valenz-, Deformations- und
Wechselwirkungskraftkonstanten für valenztheoretische Aussagen und
für die Vorausberechnung von Schwingungsspektren zu gewinnen, sollten
aber die nach dem UBFF berechneten Kraftkonstanten auf die Potentialfunktion des GVFF transformiert werden.

5. Ergebnisse der Kraftkonstantenberechnung für ausgewählte funktionelle Gruppen

Die in der Literatur veröffentlichten Kraftkonstantenberechnungen, die
sich nicht auf eine ausreichende Zahl an Meßdaten zur Bestimmung vollständiger $\mathfrak{F}$-Matrizen stützen können, führen auf zum Teil erheblich
streuende Werte der Valenz- und Deformationskraftkonstanten gleicher
Verbindungen oder Bindungsgruppen. Die Ursache dafür liegt in sehr
verschiedenen Annahmen bei der Berücksichtigung oder Vernachlässigung von Wechselwirkungskonstanten. Bei gleichbleibenden Einschränkungen in der Potentialfunktion können zwar in vielen Fällen die Valenzkraftkonstanten in einer homologen Substitutionsreihe verglichen werden,
doch ist man von einer generellen Möglichkeit zu einem Vergleich oder
zur Übertragung auch nur der Valenzkraftkonstanten noch weit entfernt.
Shimanouchi hat eine Tabelle von UB-Kraftkonstanten der *Bindungen
in Kohlenwasserstoffen*, ihren Halogenderivaten, Alkoholen, Säureamiden
und -estern zusammengestellt, mit denen die Frequenzverteilung in den
Spektren vieler Verbindungen in sehr befriedigender Weise berechnet
werden kann (*61*). Ein Vergleich seiner Bindungskraftkonstanten mit
denen eines einfachen oder eines um Wechselwirkungskonstanten erweiterten Valenzkraftfeldes ist dagegen nicht möglich, wie im vorigen
Abschnitt gezeigt wurde. Im folgenden sollen Kraftkonstanten des um
Wechselwirkungskonstanten erweiterten Valenzkraftfeldes für einige
Verbindungsgruppen zusammengestellt werden, bei deren Ermittlung
entweder eine ausreichende Zahl an Meßdaten zur Verfügung stand oder
Näherungsannahmen über die Wechselwirkungskonstanten gemacht
wurden, die aus geeigneten Vergleichverbindungen stammen, entsprechend den Ausführungen im vorigen Abschnitt. Die Valenzkraftkonstanten sind auf die erste Dezimale abgerundet, Deformationskraftkonstanten und Wechselwirkungskonstanten auf die zweite Dezimale.
Annahmen über zu vernachlässigende Wechselwirkungskonstanten und
ungenügende Lösungseinschränkung durch zusätzliche Daten können
die Unsicherheit bei einigen der folgenden Kraftkonstanten größer
machen als es dieser Stellenangabe entspricht.

Alle genannten Kraftkonstanten sind in mdyn/Å angegeben worden. Deformationskraftkonstanten wurden durch das Produkt der den Valenzwinkel einschließenden Bindungslängen bzw. bei Valenzwinkeln mit einer CH-Bindung durch das Quadrat des CH-Abstands dividiert und so in mdyn/Å erhalten. Analog wurde bei Wechselwirkungskonstanten zwischen Bindungen und Winkeln verfahren. In der Regel sind nur die Valenzkraftkonstanten, Deformationskonstanten, Wechselwirkungskonstanten zwischen benachbarten Bindungen und solche zwischen Bindungen und Winkeln aufgeführt, soweit diese größer als 0,1 mdyn/Å sind.

a) Kraftkonstanten in gesättigten Kohlenwasserstoffen

In neueren Arbeiten haben *Schachtschneider* und Mitarbeiter die Grundschwingungsspektren einer großen Zahl linearer und verzweigter Kohlenwasserstoffe zu einer Normalkoordinatenanalyse herangezogen (*53, 67*). Die Berechnungen wurden für ein modifiziertes UBFF und für ein Valenzkraftfeld mit einer größeren Zahl von Wechselwirkungskonstanten ausgeführt. Dabei wurden für gleichwertige Gruppen in den Verbindungen gleiche Kraftkonstanten angenommen. Diese gelten für die nicht auf Anharmonizität korrigierten Frequenzen. Die Valenzkraftkonstanten k_{CH} und k_{CC} variieren je nach der Zahl der H-Atome am C-Atom um $\pm 0,3$ mdyn/Å. In der folgenden Zusammenstellung sind Mittelwerte angegeben worden. Von *Duncan* berechnete Kraftkonstanten des Äthans, bei denen der Ansatz des HOFF benutzt und Corioliskopplungskonstanten mit ausgewertet wurden (*24*), bestätigen die folgenden abgerundeten Kraftkonstanten:

$k_{CH} = 4,7$	$k_{CC} = 4,4$	$k_{CC/CC} = 0,10$
$k_{HCH} = 0,45$	$k_{HCC} = 0,54$	$k_{CC/HCC} = 0,30$
$k_{CCC} = 0,48$		$k_{CC/CCC} = 0,27$

$k_{CC/HCH}$ ist durch Redundanzbedingung mit $k_{CC/HCC}$ verknüpft und bei dem vorliegenden Kraftkonstantensatz in $k_{CC/HCC}$ enthalten. Alle übrigen Wechselwirkungskonstanten sind kleiner als 0,1 mdyn/Å. Für eine genügend genaue Berechnung der Deformationsschwingungen können sie aber nicht vernachlässigt werden.

b) Halogenatome am gesättigten C-Atom

Aus den harmonisch korrigierten Grundschwingungen der Verbindungsreihe CH_3F, CH_3Cl, CH_3Br und CH_3J sowie der entsprechenden CD_3-Derivate wurden unter Berücksichtigung von Corioliskopplungskonstanten und unter den einschränkenden Bedingungen des HOFF Kraftkonstanten berechnet (7), aus denen die folgenden abgerundeten Werte entnommen sind:

	CH_3F	CH_3Cl	CH_3Br	CH_3J
k_{CX}	5,8	3,4	2,9	2,3
k_{CH}	5,4	5,4	5,4	5,5
k_{HCH}	0,49	0,49	0,48	0,47
k_{HCX}	0,76	0,62	0,55	0,48
$k_{CX/HCC}$	0,47	0,37	0,32	0,29

Die Kraftkonstanten k_{CH} und k_{HCH} sind hier $\sim 10\%$ größer als die unter a) aufgeführten Werte, da sie sich auf harmonisch korrigierte Schwingungen beziehen. Bei den C-Halogenkraftkonstanten ist dagegen nur ein geringer Einfluß der Anharmonizitätskorrektur zu erwarten. Ein Vergleich mit den in Tabelle 4 aufgeführten CF- und CCl-Valenzkraftkonstanten des CF_4 und CCl_4 zeigt eine Zunahme von k_{CF} um $\sim 20\%$ beim Übergang $CH_3F \rightarrow CF_4$, während k_{CCl} etwa gleich bleibt. In Übereinstimmung hiermit ist der Bindungsabstand C-Halogen im CH_3Cl und CCl_4 gleich, im CF_4 dagegen um 0,07 Å kürzer als im CH_3F. Kraftkonstantenberechnungen an mehrfach substituierten Halogenderivaten des Methans wurden in großer Zahl ausgeführt. Dabei wurde im allgemeinen eine Übertragbarkeit der Kraftkonstanten in der Verbindungsreihe vorausgesetzt, um alle Wechselwirkungskonstanten berücksichtigen zu können (76, 77). Inwieweit sich der Unterschied in k_{CF} beim CH_3F und CF_4 auch in anderen Fluorderivaten des CH_4 bemerkbar macht, kann daher nicht sicher gesagt werden.

c) CH_3-O-, CH_3-S- und $CH_3-N<$

Aus neueren Untersuchungen an aliphatischen Äthern (68) und am Methylalkohol (42) wurden die nachstehenden Kraftkonstanten entnommen. Mit diesen stimmen frühere Berechnungen *Sieberts* (64), bei denen CH-

	$O(CH_3)_2$		CH_3OH		$S(CH_3)_2$		$N(CH_3)_3$	
k_{CO}	=5,1	k_{CO}	=5,3	k_{CS}	=3,3	k_{CN}	=4,7
$k_{CO/CO}$	=0,3	k_{OH}	=7,5			$k_{CN/CN}$	=0,07
k_{COC}	=0,66	k_{COH}	=0,86	k_{CSC}	=0,30	k_{CNC}	=0,46
$k_{CO/COC}$	=0,34						
k_{HCO}	=0,74	k_{HCO}	=0,73	k_{HCS}	=0,53	k_{HCN}	=0,64
$k_{CO/HCO}$	=0,36	$k_{CO/HCO}$	=0,42			$k_{CN/HCN}$	=0,55
k_{CH} und k_{HCH} wie unter a)							

Valenzschwingungen abgespaltet und Einschränkungen in der Zahl der Wechselwirkungskonstanten gemacht wurden, in den Valenz- und Deformationskraftkonstanten befriedigend überein. Daher wurden aus *Sieberts* früheren Arbeiten die entsprechenden Daten für $S(CH_3)_2$, CH_3SH (*64*) und $N(CH_3)_3$ (*65*) mit in die Zusammenstellung übernommen. Neuere Berechnungen der Valenzkraftkonstanten mit zusätzlichen Daten sind nicht bekannt.

d) Äthylen und Derivate

Auf Seite **175** wurde bereits darauf hingewiesen, daß die Normalkoordinatenanalysen des Äthylens infolge der Unsicherheit über die Anharmonizitätskorrektur bisher zu recht unterschiedlichen Kraftkonstanten geführt haben. In der Klasse a_{1g}, in der die C=C-Valenzschwingung liegt und aus deren Frequenzen daher u. a. die Kraftkonstante $k_{C=C}$ zu berechnen ist, tritt eine zusätzliche Schwierigkeit auf. Die Anpassung an die beobachteten Frequenzen des C_2H_4 und seiner deuterierten Derivate ergibt unabhängig von der Anharmonizitätskorrektur zwei Lösebereiche, von denen einer auf die Kraftkonstante $k_{C=C} \sim 10{,}8$ mit einer großen Wechselwirkungskonstante der Koordinaten $\nu C{=}C$ und δCH_2 und der andere auf $k_{C=C} \sim 9{,}0$ mit kleiner Wechselwirkungskonstante führt (*17*). *Crawford* bevorzugt den ersteren Wert (*17*), ebenso *Cyvin* in einer Neuberechnung (*18*), *Strey* dagegen ebenso wie *Manneback* und Mitarbeiter den kleineren (*70*). In eigenen Untersuchungen wurde die Abhängigkeit der Symmetriekraftkonstanten $F(\nu C{=}C)$ und $F(\delta CH_2)$ von ihrer Wechselwirkungskonstante bei abgespaltenen CH-Valenzschwingungen im gesamten Bereich der Lösungsellipsen untersucht und dabei gefunden, daß die beiden genannten Lösungsmöglichkeiten am unteren und oberen Ende des realen Lösungsbereiches liegen. Demnach sind in beiden Fällen die Koordinaten $\nu C{=}C$ und δCH_2 in den Schwingungen bei 1623 und 1342 cm^{-1} stark gemischt. Für den Lösungsbereich von $k_{C=C} \sim 9{,}0$ spricht die mit dieser Lösung verknüpfte kleinere Wechselwirkungskonstante, da diese in Kohlenwasserstoffen im allgemeinen kleine Werte haben. Dieser Lösungsbereich ist daher bei der nachstehenden Auswahl von Näherungskraftkonstanten im C_2H_4, die an nicht auf Anharmonizität korrigierte Frequenzen angepaßt sind, verwandt worden. Die Wechselwirkungskonstanten der Koordinaten νCH und δHCH bzw. δHCC wurden wie bei gesättigten Kohlenwasserstoffen relativ klein gewählt. Sie stellen angenäherte Mittelwerte zwischen den Wechselwirkungskonstanten dar, die aus den entsprechenden Symmetriekraftkonstanten der Berechnungen *Streys* einerseits und *Crawfords* andererseits ermittelt werden können. Die Wechselwirkung zwischen Valenzwinkeln an zwei verschiedenen C-Atomen, die nicht vernachlässigbar ist, da sonst die

Deformationsschwingung der Rassen b_{1g} und b_{2u} nicht befriedigend wiederzugeben sind, ist in der Konstante $k_{HCC/HCC}$ — trans zusammengefaßt worden.

$$k_{C=C} = 9{,}15 \qquad\qquad k_{C=C/HCH} - k_{C=C/HCC} = -0{,}27$$
$$k_{CH} = 5{,}1 \qquad\qquad\qquad k_{CH/HCC} \quad\; 0{,}15$$
$$k_{CD} = 5{,}3 \qquad\qquad\qquad k_{CH/HCH} \quad\; 0{,}23$$
$$k_{HCH} = 0{,}36 \qquad\qquad k_{HCC/HCC} - \text{trans} \quad\; 0{,}05$$
$$k_{HCC} = 0{,}435$$

Diese Auflösung der Symmetriekraftkonstanten nach k_{HCH} und k_{HCC} ist nur möglich, wenn die Wechselwirkungen $k_{HCC/HCC}$ und $k_{HCH/HCC}$ von Valenzwinkel am gleichen C-Atom mit null eingesetzt werden.

Der vorstehende, relativ wenige Kraftkonstanten umfassende Satz erlaubt es, die planaren Grundschwingungen des C_2H_4 und C_2D_4 in befriedigender Übereinstimmung mit der Beobachtung zu berechnen. (Mittlere Abweichung 1,5%). Er steht in sinnvollem Verhältnis zu den Kraftkonstanten in gesättigten Kohlenwasserstoffen und zu den vergleichbaren Kraftkonstanten des Benzols. Eine genauere Fixierung vor allem der Kraftkonstanten $k_{CH/HCC}$ und $k_{CH/HCH}$ ist allerdings wünschenswert.

Halogenderivate des Äthylens wurden bisher fast nur Kraftkonstantenberechnungen nach dem UBFF unterworfen (*28, 41, 54, 55*). Nur für C_2F_4, C_2Cl_4 und C_2Br_4 liegen GVFF-Berechnungen vor (*8*), bei denen die Nebendiagonalglieder der $\mathfrak{F}$-Matrizen in Anlehnung an die Ergebnisse früherer UBFF-Berechnungen nach deren Transformation vorgegeben wurden. Diese Wechselwirkungskonstanten müssen noch durch weitere Untersuchungen bestätigt werden, da wegen der starken Kopplung in der $\mathfrak{G}$-Matrix auch in der $\mathfrak{F}$-Matrix ein starker Einfluß der Nebendiagonalglieder auf die Elemente der Hauptdiagonale zu erwarten ist.

e) Benzol

Nach UBFF-Berechnungen am Benzol (*56*) wurden in letzter Zeit auch VFF-Berechnungen mit Wechselwirkungskonstanten ausgeführt (*49, 57*). Die Kraftkonstanten k_{CC} und $k_{CC/CC}$ sind bereits auf S. 189 angegeben worden. Die nachstehenden weiteren Kraftkonstanten wurden von den Berechnungen *Scherers* übernommen (*57*).

$$k_{CH} = 5{,}1 \qquad\qquad k_{CC/CCC} = 0{,}21$$
$$k_{HCC} = 0{,}44 \qquad\qquad k_{CC/HCC} = 0{,}08$$
$$k_{CCC} = 0{,}51$$

Auch hier handelt es sich um eine vereinfachte Potentialfunktion, die aber eine gute Annäherung an die beobachteten Frequenzen des C_6H_6,

C_6D_6 und 1,3,5-$C_6H_3D_3$ ermöglicht. Zu ähnlichen Kraftkonstanten gelangten *Califano* und Mitarbeiter, die in ihre Untersuchungen Naphthalin, Phenanthren und Anthracen einbezogen (*49*).

Chlorbenzole wurden von *Scherer* untersucht (*57*). In ihnen liegt die Kraftkonstante k_{CCl} bei 3,8 mdyn/Å und damit 10% über ihrem Wert im CH_3Cl.

f) Acetylen und Derivate, Nitrile und Isonitrile

Beim Acetylen und Deuteroacetylen konnten aus den beobachteten Grundschwingungen durch Anharmonizitätskorrektur die harmonischen Frequenzen berechnet werden (*28a*). Diese Korrektur verursacht etwa 10% Zunahme in der Kraftkonstante k_{CH} und etwa 3% in der Kraftkonstante $k_{C\equiv C}$. Nach *Duncan* kann man für Methylgruppen an einer $C\equiv C$-Bindung im Rahmen der Genauigkeitsgrenzen den gleichen Kraftkonstantensatz verwenden wie bei gesättigten CH-Verbindungen (*24*). Dagegen sind die Valenzkraftkonstanten einer $C-C$-Bindung in der Gruppe $C-C\equiv C$ etwa 20% größer als diejenigen von $C-C$-Bindungen an gesättigten C-Atomen (*24*). Etwa um den gleichen relativen Betrag nimmt die Kraftkonstante k_{CH} beim Übergang von C_2H_6 nach $HC\equiv CH$ zu. Die Kraftkonstante einer CCl-, CBr- und CJ-Bindung an einer $C\equiv C$-Bindung ist um 50% größer als in dem jeweiligen Methylhalogenid (*24*). Dagegen lassen die Berechnungen *Duncans* keinen Einfluß der Substituenten auf die $C\equiv C$-Kraftkonstante erkennen (*24*). Die $C\equiv N$-Kraftkonstante ist etwa 15% größer als die $C\equiv C$-Kraftkonstante, die $N\equiv C$-Kraftkonstante der Isonitrile dagegen nur etwa 6% (*24*). Alle folgenden Kraftkonstanten gelten für die beobachteten Grundschwingungen ohne Anharmonizitätskorrektur.

$$
\begin{aligned}
&k_{HC\equiv} = 5{,}85 \qquad &&k_{C\equiv C} = 15{,}7 \qquad &&k_{HC/C\equiv C} = 0 \\
&k_{CC\equiv} = 5{,}3 \qquad &&k_{-C\equiv N} = 18{,}1 \qquad &&k_{C-C/C\equiv C} = 0{,}25 \\
&k_{ClC\equiv} = 5{,}2 \qquad &&k_{-N\equiv C} = 16{,}7 \qquad &&k_{CCl/C\equiv C} = 0{,}20 \\
&k_{BrC\equiv} = 4{,}2 \\
&k_{JC\equiv} = 3{,}4
\end{aligned}
$$

g) Verbindungen mit der C=O-Gruppe

In den letzten Jahren wurden wiederholt Kraftkonstantenberechnungen an Verbindungen mit C=O-Gruppen wie Aceton (*19*), Ameisensäure und Essigsäure (*48*), deren Methylestern (*72*), an Harnstoff (*75*) und anderen Säureamiden (*69*) veröffentlicht. Bei diesen Arbeiten wurde stets das UBFF zugrunde gelegt, da für Berechnungen mit dem gegebenenfalls eingeschränkten GVFF nicht genügend Daten zur Verfügung standen bzw. die Frage nach der Auswahl der zu berücksichtigenden Wechselwirkungskonstanten und deren Größenordnung völlig offen erscheinen mußte. Das UBFF zeigte auch bei diesen Berechnungen seine Brauchbarkeit, die beobachteten Frequenzen in den Spektren einer Verbindungsklasse durch eine begrenzte Anzahl von Kraftkonstanten befriedigend wiederzugeben und die Ermittlung der zugehörigen Schwingungsformen zu erlauben. Ein Vergleich der dabei erhaltenen Kraftkonstanten K_r und H_a für die Bindung r und den Winkel a mit den entsprechenden Kraftkonstanten einer VFF-Rechnung erfordert wieder die Transformation von der UB-Potentialfunktion auf die des GVFF, für die bei den hier betrachteten Verbindungsklassen noch keine Beispiele gegeben wurden. Wünschenswert ist in jedem Fall die Beschaffung zusätzlicher Meßdaten zur Eingrenzung der für die Wechselwirkungskonstanten zulässigen Bereiche.

Berechnungen nach dem eingeschränkten GVFF wurden für H_2CO und D_2CO mitgeteilt (12, 51). Da keine Anharmonizitätskorrektur vorgenommen werden konnte, sind die Ergebnisse ähnlich wie beim Äthylen mit einer schwer abschätzbaren Unsicherheit behaftet und differieren daher auch in den beiden zitierten Arbeiten. Die folgenden Kraftkonstanten wurden aus diesen Arbeiten durch Mittelung gebildet.

$$
\begin{array}{llll}
H_2C{=}O: & k_{C=O} = 12{,}7 \pm 0{,}6 & k_{C=O/HCH} - k_{C=O/HCO} = -0{,}43 \pm 0{,}15 \\
& k_{CH} = 4{,}4 \pm 0{,}1 & k_{CH/HCH} \qquad\quad = 0{,}1 \pm 0{,}1 \\
& k_{HCH} = 0{,}30 \pm 0{,}03 & k_{C=O/CH} \qquad\quad = 0{,}20 \pm 0{,}04 \\
& k_{HCO} = 0{,}57 \pm 0{,}04 &
\end{array}
$$

Bei der Auflösung der Symmetriekraftkonstanten nach k_{HCH} und k_{HCO} wurden die Wechselwirkungskonstanten der Winkelkoordinaten mit null eingesetzt, da sie wegen der Redundanzbedingung nicht ermittelt werden können. Die Kraftkonstante k_{CH} ist hier $\sim 10\%$ kleiner als im CH_4 und $\sim 14\%$ kleiner als im C_2H_4. Auch der niedrige Wert von k_{HCH} (im $C_2H_4 \sim 0{,}39$) fällt auf. Dagegen erscheint $k_{C=O}$ recht hoch. Diese Kraftkonstante ist etwa 2,5 mal größer als k_{CO} in Äthern und Alkoholen.

Vom $Cl_2C{=}O$ und $Br_2C{=}O$ wurden ebenfalls durch Bereichseingrenzungen Näherungswerte für die Kraftkonstanten eines eingeschränkten GVFF angegeben. Hier liegt $k_{C=O}$ eventuell noch etwas höher (13,3 $\pm$ 0,8). Dafür scheinen die Kraftkonstanten der C-Halogenbindung etwas kleiner als in den Alkylchloriden zu sein (38a).

In der Verbindungsreihe $H_2C{=}O$, $H_3C{=}CHO$ und $(CH_3)_2C{=}O$, wo auch die Spektren der deuterierten Derivate ausgewertet werden konnten, versuchten *Schachtschneider* und Mitarbeiter (15) durch das Prinzip der Übertragbarkeit einzelner Kraftkonstanten einen Satz von Valenzkraftkonstanten mit Wechselwirkungskonstanten zu berechnen. Es gelang aber nicht, eine genügend fundierte Lösung zu erhalten.

Schlußbemerkung

Es ist zu hoffen, daß die vorangegangene Zusammenstellung von VFF-Kraftkonstanten organischer Verbindungen in Zukunft noch beträchtlich erweitert werden kann, um eine ausreichende Basis zur Berechnung von Schwingungsspektren und Schwingungsformen in homologen Verbindungsreihen zu ermöglichen. Je besser dabei die Wechselwirkungskonstanten eingegrenzt werden können, um so besser sind auch die eigentlichen Valenzkraftkonstanten zur Beantwortung der Frage nach Bindungsbeeinflussungen durch Substituenteneffekte auszuwerten. Durch Näherungen, die sich später als unzulässig erwiesen, ist bisher mancher Fehlschluß aus Kraftkonstanten gezogen worden und damit ihre Aussagefähigkeit mit zum Teil sicher berechtigtem Mißtrauen betrachtet worden. Bedenkt man, daß erst in den letzten 10 Jahren die Möglichkeit geschaffen wurde, mit elektronischen Großrechnern größere Schwingungssysteme als bisher einer Normalkoordinatenanalyse zu unterwerfen, sowie Lösebereiche und Abhängigkeiten von der Genauigkeit der Meßdaten systematisch zu untersuchen, so ist man zu der Hoffnung berechtigt, daß die Normalkoordinatenanalyse am Anfang einer fruchtbaren Entwicklung steht. Zu den verbesserten Rechenmöglichkeiten kommen die Steigerungen im Auflösungsvermögen der Spektrometer und die leichtere Zugänglichkeit von Isotopen wie ^{13}C, ^{15}N und ^{18}O.

Möglicherweise sind auch von theoretischer Seite her durch bessere Unterbauung der Wechselwirkungskonstanten im GVFF oder durch geeignete Modifizierungen im UBFF Hilfen bei der Überwindung der Unbestimmtheiten in der Potentialfunktion zu erwarten.

In dem vorliegenden Beitrag wurde das GVFF als die vom chemischen Standpunkt aus geeignetste Potentialfunktion dargestellt, die bei Kraftkonstantenrechnungen anzustreben ist. Da die Grundlagen für seine allgemeine Anwendung noch nicht ausreichen, wird man sich auch die mehrfach herausgestellten Vorteile des UBFF, das gerade im Bereich organischer Verbindungen vielfach angewandt wurde, zunutze machen, um Schwingungsspektren zur Klärung von Zuordnungsfragen und Charakter einzelner Schwingungsformen vorausberechnen zu können.

Literatur

A. Monographien (Auswahl)

1. *Kohlrausch, K. W. F.:* Ramanspektren. In: Hand- und Jahrbuch der Chemischen Physik, Bd. 9. Leipzig: Akademische Verlagsgesellschaft 1943.
2. *Herzberg, G.:* Molecular Spectra and Molecular Structure, I. Spectra of Diatomic Molecules, II. Infrared and Raman Spectra of Polyatomic Molecules. New York, Toronto, London: D. Van Nostrand Company Inc. 1945.

3. *Wilson jr., E. Bright, J. C. Decius*, and *P. C. Cross:* Molecular Vibrations. The Theory of Infrared and Raman Vibrational Spectra. New York, Toronto, London: McGraw-Hill Book Company Inc. 1955.

4. *Brügel, Werner:* Einführung in die Ultrarotspektroskopie, 3. Auflage. Darmstadt: Dr. Dietrich Steinkopf 1962.

5. *Moser, Heribert, Josef Brandmüller:* Einführung in die Ramanspektroskopie. Darmstadt: Dr. Dietrich Steinkopf 1962.

6. *Siebert, Hans:* Anwendungen der Schwingungsspektroskopie in der anorganischen Chemie. Berlin-Heidelberg-New York: Springer 1966.

B. Veröffentlichungen in wissenschaftlichen Zeitschriften

7. *Aldous J.*, and *I. M. Mills:* Spectrochim. Acta *19*, 1567 (1963).

8. *De Alti, G., V. Galasso*, and *G. Costa:* Spectrochim. Acta *21*, 649 (1965).

9. *Becher, H. J.* u. *K. Ballein:* Z. Physik Chemie (Frankfurt) *54*, 302 (1967).

10. — u. *R. Mattes:* noch unveröffentlichte Untersuchungen.

10a. — — Spectrochim. Acta, *23A*, 2449 (1967)

11. *Beckmann, L., L. Gutjahr* u. *R. Mecke:* Spectrochim. Acta *21*, 141 (1965).

12. — — — Spectrochim. Acta *21*, 307 (1965).

13. *Chalmers, A. A.*, and *D. C. McKean:* Spectrochim. Acta *22*, 251 (1966).

14. *Chantry, G. W.*, and *L. A. Woodward:* Spectrochim. Acta *21*, 1007 (1965).

15. *Cossee, P.*, and *J. H. Schachtschneider:* J. Chem. Phys. *44*, 97 (1966).

16. *Coulson, C. A., J. J. Duchesne* et *C. Manneback:* Victor Henri Mémorial Volume, S. 15, 33. Desoer, Liège (1947).

17. *Crawford, B. L., jr., J. E. Lancaster*, and *R. G. Inskeep:* J. Chem. Phys. *21*, 678 (1953).

18. *Cyvin, B. N.*, and *J. S. Cyvin:* Acta Chem. Scand. *17*, 1831 (1963).

19. *Dellepiane, Giovanna*, and *J. Overend:* Spectrochim. Acta *22*, 593 (1966).

20. *Dennison, D. M.:* Rev. Mod. Phys. *12*, 175 (1940).

21. *Duncan, J. L.:* J. Mol. Spectry. *13*, 338 (1964).

22. —, and *I. M. Mills:* Spectrochim. Acta *20*, 523 (1964).

23. — — Spectrochim. Acta *20*, 1089 (1964).

24. — Spectrochim. Acta *20*, 1197 (1964).

25. — Spectrochim. Acta *20*, 1807 (1964).

26. — J. Mol. Spectry. *18*, 62 (1965).

27. *Edgell, W. F.*, and *R. E. Moynihan:* J. Chem. Phys. *27*, 155 (1957).

28. *Enomoto, S.*, and *M. Asahina:* J. Mol. Spectry. *19*, 117 (1966).

28a. *Eggers, D. F., I. C. Hisatsume*, and *L. van Alten:* J. Phys. Chem. *59*, 1124 (1955).

29. *Gayles, J. N. jr., W. T. King*, and *H. J. Schachtschneider:* Spectrochim. Acta *23A*, 703 (1967).

30. *Gordy, W.:* J. Chem. Phys. *14*, 305 (1946).

31. *Goubeau, J., D. E. Richter* u. *H. J. Becher:* Z. Anorg. Allgem. Chem. *278*, 12 (1955).

32. *Hansen, G. E.*, and *D. M. Dennison:* J. Chem. Phys. *20*, 313 (1952).

33. *Heath, D. F.*, and *J. W. Linnett:* Trans. Faraday Soc. *44*, 556 (1948).

34. *Hoskin, L. C.:* J. Chem. Phys. *45*, 4594 (1966).

35. *Jones, L. H.:* J. Mol. Spectry. *5*, 133 (1960); *8*, 105 (1962).

36. — Inorg. Chem. *6*, 429 (1967).

37. *McKean, D. C.:* Spectrochim. Acta *22*, 269 (1966).

38. *Kivelson, D.*, and *E. Bright Wilson jr.:* J. Chem. Phys. *21*, 1229 (1953).

38a. *Lehmann, W. L., L. Beckmann*, and *L. Gutjahr:* J. Chem. Phys. *44*, 1654 (1966).

39. *Levin, I. W.,* and *S. Abramowitz:* J. Chem. Phys. *43*, 4213 (1965); *44*, 2562 (1966).
40. *Mair, R. D.,* and *D. F. Hornig:* J. Chem. Phys. *17*, 236 (1949).
41. *Mann, D. E., L. Fano, J. L. Meal,* and *T. Shimanouchi:* J. Chem. Phys. *27*, 52 (1957).
42. *Margottin-Maclou, M.:* J. Chim. Phys. 215 (1966).
43. *McDowell, R. S.:* J. Mol. Spectry. *21*, 280 (1966).
44. *Meal, J. H.,* and *S. R. Polo:* J. Chem. Phys. *24*, 1126 (1956).
45. *Mills, I. M.:* Spectrochim. Acta *16*, 35 (1960).
46. — Spectrochim. Acta *19*, 1585 (1963).
47. *Morino, Y., Y. Nakamura,* and *T. Iijima:* J. Chem. Phys. *32*, 643 (1960).
48. *Nakamoto, K.,* and *S. Kishida:* J. Chem. Phys. *41*, 1554 (1964).
49. *Neto, N., M. Scrokko,* and *S. Califano:* Spectrochim. Acta *22*, 1981 (1966).
50. *Overend, J.,* and *J. R. Scherer:* J. Chem. Phys. *32*, 1289 (1960).
51. *Pillai Krishna, M. G.,* and *F. F. Cleveland:* J. Mol. Spectry. *6*, 465 (1961).
52. *Sawodny, W.:* Angew. Chem. *78*, 571 (1966).
52a. — *A. Fadini,* and *K. Ballein:* Spectrochim. Acta *21*, 995 (1965).
53. *Schachtschneider, J. H.,* and *R. G. Snyder:* Spectrochim. Acta *19*, 117 (1963).
54. *Scherer, J. R.,* and *J. Overend:* J. Chem. Phys. *32*, 1720 (1960).
55. — — J. Chem. Phys. *33*, 1681 (1960).
56. — — Spectrochim. Acta *17*, 719 (1961).
57. — Spectrochim. Acta *20*, 345 (1964).
58. *Schmid, E. W.:* Z. Elektrochem. *64*, 533 (1960).
59. *Shimanouchi, T.:* J. Chem. Phys. *17*, 245, 734, 848 (1949).
60. — J. Chem. Phys. *26*, 594 (1957).
61. — Force constants of small molecules. Journal of Pure and Applied Chemistry 7, 131—145 (1963).
62. —, and *I. Suzuki:* J. Chem. Phys. *42*, 296 (1965).
63. — *I. Nukagawa, J. Hiraishi,* and *M. Ishii:* J. Mol. Spectry. *19*, 78—108 (1966).
64. *Siebert, H.:* Z. Anorg. Allgem. Chem. *271*, 65 (1952).
65. — Z. Anorg. Allgem. Chem. *273*, 161 (1953).
66. — Z. Anorg. Allgem. Chem. *273*, 170 (1953).
67. *Snyder, R. G.,* and *J. H. Schachtschneider:* Spectrochim. Acta *21*, 169 (1965).
68. —, and *G. Zerbi:* Spectrochim. Acta *23A*, 391 (1967).
69. *Suzuki, I.:* Bull. Chem. Soc. Japan *33*, 1359 (1960).
70. *Strey, G.:* Dissertation, Universität München, 1963.
71. *Thomson, H. W.,* and *J. W. Linnet:* J. Chem. Soc. *1937*, 1384.
72. *Toriyama, K.,* and *T. Shimanouchi:* International Symposium on molecular structure and spectroscopy, Tokio 1962.
73. *Urey, H. C.,* and *C. A. Bradley:* Phys. Rev. *38*, 1969 (1931).
74. *Verdier, P. H.,* and *E. Bright Wilson jr.:* J. Chem. Phys. *30*, 1372 (1959).
75. *Yamaguchi, A., T. Miyazawa, T. Shimanouchi,* and *S. Mizushima:* Spectrochim. Acta *10*, 170 (1957).
76. *Zaki El-Sabban, M., A. Danti,* and *B. Zwolinski:* J. Chem. Phys. *44*, 1770 (1966).
77. —, and *B. Zwolinski:* J. Mol. Spectry. *22*, 23 (1967).

Eingegangen am 12. Juli 1967

Titel-Nr. 4896

SPRINGER-VERLAG
BERLIN·HEIDELBERG·NEW YORK

STRUCTURE AND BONDING

Editors: C. K. Jørgensen, Cologny; J. B. Neilands, Berkeley;
Sir Ronald S. Nyholm, London; D. Reinen, Bonn; R. J. P. Williams, Oxford

Vol. 1

With 75 figures. 281 pages 8vo. 1966
Soft cover binding DM 48,–; US $ 12.00

Contents: C. K. Jørgensen: Recent Progress in Ligand Field Theory. — D. F. Shriver: The Ambident Nature of Cyanide. — J. B. Neilands: Naturally Occuring Nonporphyrin Iron Compounds. — B. B. Buchanan: The Chemistry and Function of Ferredoxin. — R. E. Feeney, S. K. Komatsu: The Transferrins.— S. Ahrland: Factors Contributing to (b)-behaviour in Acceptors. — R. F. Hudson: Displacement Reactions and the Concept of Soft and Hard Acids and Bases. — C. K. Jørgensen: Electric Polarizability, Innocent Ligands and Spectroscopic Oxidation States. — R. J. P. Williams, J. D. Hale: The Classification of Acceptors and Donors in Inorganic Reactions.

Vol. 2

With 79 figures. IV, 250 pages 8vo. 1967
Soft cover binding DM 48,–; US $ 12.00

Contents: M. Weissbluth: The Physics of Hemoglobin. — G. M. Maggiora, L. L. Ingraham: Chlorophyll Triplet States. Some Theoretical Considerations on Triplet Formation. — U. Weser: Chemistry and Structure of some Borate Polyol Compounds of Biochemical Interest. — E. Bayer, P. Schretzmann: Reversible Oxygenierung von Metallkomplexen.

Vol. 3

IV, 115 pages 8vo. 1967
Soft cover binding DM 28,–; US $ 7.00

Contents: D. Babel: Structural Chemistry of Octahedral Fluorocomplexes of the Transition Elements. — K. Fajans: Degrees of Polarity and Mutual Polarization of Ions in the Molecules of Alkali Fluorides, SrO, and BaO. — C. K. Jørgensen: Relations between Softness, Covalent Bonding, Ionicity and Electric Polarizability.

Vol. 4

With approx. 77 figures. Approx. 220 pages 8vo. 1968
Soft cover binding DM 48,–; US $ 12.00

Contents: S. Fraga, C. Valdemoro: Quantum Chemical Studies on the Submolecular Structure of the Nucleic Acids. — D. F. C. Morris: Ionic Radii and Enthalpies of Hydration of Ions. — F. Hulliger: Crystal Chemistry of Chalcogenides and Pnictides of the Transition Elements.